防空作战空地协同理论与方法

曹泽阳　徐　刚　高虹霓　王久一　孙　文　著

国防工業出版社

·北京·

内 容 简 介

空地协同是防空作战的核心问题之一，无论是在理论层面还是在技术层面，都存在着许多需要深入探究的问题。本书主要分为空地协同基础理论和实现高效空地协同的技术途径两个部分。第一部分（第1、2章）重点介绍了防空作战空地协同的概念与作用、发展演变、主要任务、特点、规律、要求、内容、方式及运行机制等，并提出了实现高效空地协同的三个前提条件；第二部分（第3~7章）重点围绕这三个前提条件，分别阐述了实现作战空域划设、空地信息共享和空地协同行动联合控制的主要方法与途径。为便于实践应用，还给出了空地协同基础模型和空域时空冲突检测与消解的基本方法。本书具有深入浅出、图文并茂、理技融合的特点。

本书可供空中交通管制、防空指挥信息系统及数据链开发等领域的科研人员和工程技术人员参考使用，也可供高等院校相关专业师生学习使用。

图书在版编目（CIP）数据

防空作战空地协同理论与方法 / 曹泽阳等著．
北京：国防工业出版社，2024．7．-- ISBN 978-7-118-13365-3

Ⅰ．E824

中国国家版本馆 CIP 数据核字第 20243NG860 号

※

国防工業出版社 出版发行

（北京市海淀区紫竹院南路 23 号　邮政编码 100048）

北京虎彩文化传播有限公司印刷

新华书店经售

*

开本 710×1000　1/16　**印张** 14¾　**字数** 276 千字

2024 年 7 月第 1 版第 1 次印刷　**印数** 1—1400 册　**定价** 99.00 元

国防书店：(010)88540777　书店传真：(010)88540776

发行业务：(010)88540717　发行传真：(010)88540762

前　　言

人类战争史充分表明，作战协同是联结诸作战要素的纽带，是诸参战力量最大程度地释放作战能量、形成整体作战效能的关键，是达成作战胜利的基本条件之一。《战争领域里的难题——作战协同》(刘四海等，2008) 一书中指出：作战协同问题不仅与作战理论的每一分支都有紧密联系，而且是整个作战理论体系中最复杂、最不易把握的领域。作战协同的范围如此广泛、作用如此重要、关系如此复杂，每一个作战力量在与其他力量共同作战时均会涉及，且需要站在各协同作战力量运用之上从更高的视角去深入理解和准确把握。但这一交叉领域的问题还没有得到普遍关注和重视，表现为每一个作战力量的协同理论大多呈现为作战原则中的协同要求以及与相关协同力量概略的协同方法等，真正的深层次协同问题既缺乏系统、深入的理论层面研究，也缺乏对协同行动的指导性，更难与如何达成高效、精确、自主协同的技术解决途径精准对接，使得作战协同成为战争领域里一个既十分重要但又没有系统解决的作战难题。

联合作战的本质是协同，防空作战由于参战力量多元，作战地域广阔，时空转换迅速，指挥关系交错，作战协同十分复杂，其集中体现在防空作战中的空地协同。由防空作战空地协同的发展演变可以看出，军事技术进步、防空武器装备发展以及指挥协同手段变革三者共同的激励，持续驱动空地协同实践与理论的发展演进。德国著名物理学家赫尔曼•哈肯 (Hermann Haken) 的协同理论认为“协同促成有序”，进而产生强大的系统协同效应。空地协同可达成诸多防空作战力量间无缝衔接和体系融合，实现防空作战顺畅高效，提升防空作战的体系效能，而传统的概略指挥、粗放式空地协同显然不能适应信息化战争防空作战之需要，已成为防空作战体系效能发挥的主要瓶颈之一。

防空作战空地协同理论与方法是防空作战理论的重要组成部分，是组织防空作战筹划与指挥控制活动的基本遵循，对防空作战实践的深入推进具有重要的理论指导作用。本书总体可分为两个部分：第一部分 (第 1、2 章) 是防空作战空地协同的基础理论，第二部分 (第 3~7 章) 是防空作战高效空地协同的主要实现途径与技术。其中，第一部分界定了防空作战空地协同的概念、构成要素与地位作用，梳理总结了防空作战空地协同的四个发展演变阶段，提出了空地协同的主要任务和实施高效空地协同的三个前提条件，剖析了空地协同的特点、规律，深入探讨了空地协同在空域、信息和火力三个方面的典型协同模式，归纳了空地协同方式、运行机制及其组织方法；第二部分重点围绕实现防空作战高效空地协同提出的三个前提条件，分别探讨了作战空域划设技术、空地信息共享技术和空地协同行动联合控制技术的具体实现方法。其中，第 1 个前提条件——作战空域划设 (第 3 章)，给出了空域划设的依据、原则和特点，分别提出了联合防空类、地面防空类、空中交战类、交通管制类和限制性空域的种类及其划设方法；第 2 个前提条件——基于空地数据链支持的空地信息共享 (第 4 章)，在简要介绍了数据链系统及其任务、要求的基础上，重点分析了基于数据链支持的空地信息网构建以及空地信息感知、融合、分发与流转的方法；第 3 个前提条件——基于空战场管控的空地协同行动联合控制 (第 5 章)，介绍了空战场管控的基本任务，重点分析了空战场管控系统、管控通行规则、管控方式及空战场高效管控的支撑条件。在上述基础上，给出了涉及防空作战空地协同的部分计算模型 (第 6 章)，包括空域规划、空地信息协同、火力协同运用以及协同兵力动态嵌入/退出控制等常用模型。此外，空战场管控中一个十分关键的技术问题——空域时空冲突的检测与消解单列一章 (第 7 章)，作为第 5 章内容的延续，主要参考外军冲突检测与消解的相关理论与经验，提出了基于地理坐标的通用立体方格参考系统，并分别给出了计划协同阶段、临机协同阶段空域冲突预先与实时检测、消解的方法。

理论是行动的先导，机械化战争时代依托半自动化指挥甚至手工指挥手段而演变发展起来的传统协同理论体系，在面对具有智能化特征的信息化战争所涌现出的“网络中心战”“多域作战”“马赛克战”“云作战”等诸多新的作战概念时，由于协同效率低下而难以适应。美国海军的“协同交战能力”(CEC) 系统是“网络中心战”在防空领域的一个典型应用范例，其既有作战概念的引领，又有具体的技术实现途径。借鉴外军成功的理论与实践经验，新的时代背景下防空作战空地协同要实现嬗变，不仅需要空地协同作战理论的发展与引领，更需要空地协同关键技术的集成、创新与实践。本书作者多年来一直关注并研究这一领域，力图在空地协同理论方面有所推进，同时更注重如何在军事理论与协同技术之间搭起一座桥梁，以达到理技融合、战技结合的撰写初衷。

本书共 7 章，第 1、2 章由曹泽阳撰写，第 3、7 章由徐刚、王久一撰写，第 4 章由孙文撰写，第 5、6 章由高虹霓、徐刚撰写，全书由曹泽阳进行统稿。在本书撰写过程中参考和引用了许多专家学者的公开学术研究成果，尤其在协同技术领域的不少文献对我们启发颇多并反哺于空地协同理论的研究，借此对相关文献作者的创新性劳动表示诚挚的感谢。

防空作战空地协同涉及的内容、领域极其广泛，作者的研究视角也有较大的局限性，对某些新问题的观点表述不一定十分恰当和准确，真诚希望相关领域专家学者提出宝贵的意见和建议。

作者

2024 年 6 月

目　　录

第 1 章 绪　　论

联合作战的本质是协同，或者更准确地说是诸多作战力量的多域、跨域协同，通过协同达成诸多作战力量间无缝衔接和体系融合，以提升联合作战的体系效能。由世界防空作战技术与战术发展演变的历程不难看出，空地协同是联合防空作战的核心，是组织联合防空作战的关键环节和实现联合防空作战顺畅高效的主要途径，防空作战空地协同的发展依然遵循“技术决定战术”这一基本规律，并不断驱动空地协同实践与理论的发展演进。

1.1 防空作战空地协同概念与作用

概念是研究问题的逻辑起点。防空作战空地协同概念的内涵、本质及其构成要素的相互关系，是深入研究防空作战空地协同理论与方法的思维活动基点，具有十分重要的基础作用。

1.1.1 防空作战空地协同的概念

1. 防空作战空地协同的定义

“协同”一词，最早见于《汉书·律历志》，其中有“咸得其实，靡不协同”。《三国志·吕布传》中有语“将军宜与协同策谋”。这里的“协同”是指共同谋划、协力同心、互相配合。《辞海》将其解释为“同心合力；互相配合”。可见，“协同”是配合、协作和一致行动，通过群体间或组织内的相互协助、协调行动以达到整体效果大于个体效果之和的目的。在军事对抗领域，作战协同有着十分特殊且重要的地位和作用。在 2014 年版《中国军事百科全书·作战》中，作战协同是指各种作战力量共同遂行作战任务，按照统一计划在行动上进行的协调配合。按协同力量的规模和层次，可分为战略协同、战役协同和战斗协同；按参加协同的力量类别，可分为军种或兵种之间的协同、军种或兵种内部之间的协同、部队与地方各种力量之间的协同等。

空地协同是作战协同的一种重要样式，空地协同是指空中作战力量与地面作战力量共同遂行作战任务，按照统一计划在作战行动上进行的协调配合。按照作战协同力量所处的行动空间，可分为地、海、空、天、电相互之间的协同，如空地协同、空海协同、空空协同、空天协同以及与网电行动之间协同等。其中，空地 (海) 协同由于涉及不同军 (兵) 种防空力量在空、地 (海) 两个最重要防空行动空间上的行动协调与配合，在协同行动的筹划和组织上较为复杂，是防空作战协同中一种最重要、最普遍的协同样式。空地协同、空海协同具有防空行动协调与配合上的相近性，本书将空地协同、空海协同统称为空地协同。按照空地协同的作战目的和作战样式，空地协同可分为近距航空火力支援中的空地协同、空中遮断中的空地协同和防空作战中的空地协同。

近距航空火力支援中的空地协同，是指航空兵在支援地面部队或海上部队作战时，对敌前沿或浅近纵深内、直接影响己方部队当前行动的地面 (海上) 目标实施空中突击行动中的协调与配合，又称为空中支援空地协同或陆空协同。

空中遮断中的空地协同，是指以空中火力对敌战略或战役、战术纵深一定区域实施覆盖和隔断性打击作战行动中与己方地面部队的协调与配合。

防空作战中的空地协同，是指为发挥防空作战体系的整体作战效能，在联合防空指挥员及其指挥机关的统一指挥下，空中与地面 (海上) 诸防空力量按照统一的协同计划在抗击、反击和防护行动中的协调与配合，简称为防空作战空地协同。其中，空中交战力量主要包括装备各型歼击机、特种作战飞机 (如预警机、预警指挥机和专用干扰机等) 的空中抗击力量和装备各型轰炸机、歼击轰炸机、特种作战飞机 (侦察机、预警指挥机和专用干扰机等) 的空中反击力量。地 (海) 面防空力量主要包括装备各型地面警戒雷达、地 (舰) 空导弹、高炮、对空电子战设备的地面抗击力量以及装备各型战役战术弹道导弹、巡航导弹和远程火箭弹的地面反击力量。

要准确把握和理解联合防空作战、防空作战协同和防空作战空地协同之间的相互关系：

(1) 防空作战协同是联合防空作战的核心问题。防空作战协同是一个防空作战效益增值的过程，只有经过科学合理的组合，并经过周密细致的组织计划，才能使诸军兵种防空力量聚合成密切协同的联合防空作战体系，形成功能互补的整体作战能力，产生“整体大于部分之和”的作战效果。因此，从一定意义上讲，联合防空作战的本质是诸军兵种防空力量之间的协同作战，或者说防空作战协同是联合防空作战的核心问题。其协同的好坏，不仅影响诸军兵种整体防空效能的发挥，而且对联合防空作战的进程乃至作战全局都将产生重大影响。

(2) 空地协同是防空作战协同的主要样式。防空作战空地协同包括空地防空力量之间、空中交战力量之间及地面防空力量之间的协同，具有参战力量多、作战空域广、反应时间短、指挥协同复杂的显著特点。如果说防空作战协同是联合防空作战的核心问题，那么防空作战空地协同又是联合防空作战的重中之重，决定着联合防空作战效能的高低，甚至联合防空作战的成败。

(3) 空地协同的指挥主体是联合防空作战指挥员。防空作战空地协同是联合防空作战指挥员及其指挥机关的一项重要作战指挥活动，既是联合防空作战的重点也是指挥的难点，联合防空作战指挥员在关注防空作战行动的同时，应重点关注防空作战力量之间的协同指挥与行动协调，重点是空地协同的指挥与行动协调。

(4) 空地协同既是指挥问题又是行动问题。联合防空作战指挥员及其指挥机关针对战前各种情况制定空地协同计划，组织和演练空地协同动作，在作战过程中针对随时出现的新情况调整和制定新的协同计划，组织新的协同行动，离开了联合作战指挥员及指挥机关的有效调控，防空作战协同计划就难以实施，可见防空作战空地协同是一个指挥问题。同时，防空作战空地协同又需要不同军兵种防空作战力量之间的相互配合，是一个达成默契的作战行动过程，指挥员及指挥机关制定的协同计划再好，如果作战力量之间在行动上不能积极有效地配合，最终也不可能达成作战目的。为此，防空作战空地协同又是一个行动问题。

2. 防空作战空地协同的分类

按照防空作战的任务层级或兵力规模，可分为战略级空地协同、战役级空地协同和战术级空地协同。其中，战略级空地协同，是指各战略集团为完成全局性任务，按照统一的战略计划在空地行动上进行的战略协调与配合，通常由统帅部或战略级指挥机构组织实施；战役级空地协同，是指诸战役防空力量在遂行战役任务时，按照统一计划在空地行动上进行的战役协调与配合，通常由战役级指挥机构组织实施；战术级空地协同，是指诸军兵种防空部队、分队为遂行共同的战斗任务在空地行动上进行的协调与配合，通常由战术级指挥机构组织实施。

按照防空作战的行动阶段，可分为抗击行动中的空地协同、反击行动中的空地协同和防护行动中的空地协同。其中，抗击行动中的空地协同，是指在防空作战抗击阶段，为达成防御作战目的，空中交战力量与地面防空力量之间在防御行动上的协调与配合；反击行动中的空地协同，是指在防空作战反击行动中，为削弱或摧毁敌空袭兵力，空中进攻力量、地面远程火力打击力量与地面防空力量之间在进攻行动上的协调与配合；防护行动中的空地协同，是指在防空作战防护阶段，为降低或消除空袭造成的后果，空中、地面防空力量与人民防空力量间在空袭警报、隐蔽疏散、伪装防护、抢修抢救等方面的协调与配合。其中，抗击行动中的空地协同，参战力量多、指挥时间短、协同要求高，是防空作战空地协同的主要协同行动。

按照防空作战空地协同的时机，可分为计划协同和临机协同，是空地协同的基本方式。其中，计划协同是指依据预先制定的协同计划组织实施的协同，是防空作战空地协同的主要方式。临机协同，是指在防空作战进程中针对突发或意外情况而临时组织实施的协同。

按照防空作战空地协同的内容，可分为空域协同、信息协同和火力协同。空域协同，是指为最大程度地利用作战空域，保证己方空地作战行动在空间、时间上的有序顺畅，战前对作战空域进行联合划设，作战实施阶段按照作战空域使用规则对作战力量的空域使用或用空行动实施监管与控制的组织与协调。其中，作战空域是指为实施空中或对空作战行动而划定的航空空间范围，是防空作战的一种重要作战资源。信息协同，是指各种防空作战力量在情报感知、目标识别、频谱管控和网电对抗等信息行动上所进行的协调与配合。火力协同，是指诸防空力量共同遂行作战任务时，按照统一计划、命令或指令在火力运用上所进行的协调与配合。按照火力协同的信息交链程度，可具体划分为战术级、跟踪级和制导级三种。

按照参与协同的兵力数量，可分为一对一协同、一对多协同和多对多协同。其中，一对一协同，是指一个空中交战兵力与一个地面防空兵力在作战行动上的协调与配合；一对多协同，是指一个 (或多个) 空中交战兵力与多个 (或一个) 地面防空兵力在作战行动上的协调与配合；多对多协同，是指多个空中交战兵力与多个地面防空兵力在作战行动上的协调与配合。

空地协同分类如图 1.1 所示。鉴于篇幅，本书重点研究在联合防空作战抗击行动中的战役战术级空地协同。

3. 防空作战空地协同的要素

防空作战空地协同的要素包括协同组织者、协同对象、协同手段和协同信息，四个要素构成空地协同体系的基础，它们共处一个作战协同系统之中，相互依赖，相互依存，不可分割。

协同组织者是协同的主体，包括协同指挥员、指挥机关和协调机构，主要负责空地协同行动的筹划和具体组织，既是防空作战各参战力量的上位行动协调机构，又是防空作战最高组织者的下位命令执行机构，在空地协同中起着至关重要的作用。协同组织者与协同对象构成指挥与被指挥关系，协同组织者必须具备诸防空作战力量运用和空地协同的全面、系统的知识与长期的实践经验，以及熟练运用指挥信息系统的能力素质。

协同对象是空地协同的客体，包括参与防空作战的空中与地面抗击力量、空中与地面反击力量等。协同对象之间没有上下级的隶属关系和指挥与被指挥关系，但协同对象之间具有协同关系，协同关系具体分为种属控制关系、主从制约关系和平行协商关系。在防空作战的不同阶段，协同对象的重点或主体有所侧重。在防空作战抗击阶段，协同对象的重点主要是以歼击机为核心的空中交战力量与以地 (舰) 空导弹武器系统为核心的地 (海) 面防空力量之间的协同；在防空作战反击阶段，协同对象的重点主要是轰炸机、歼击轰炸机的空中进攻

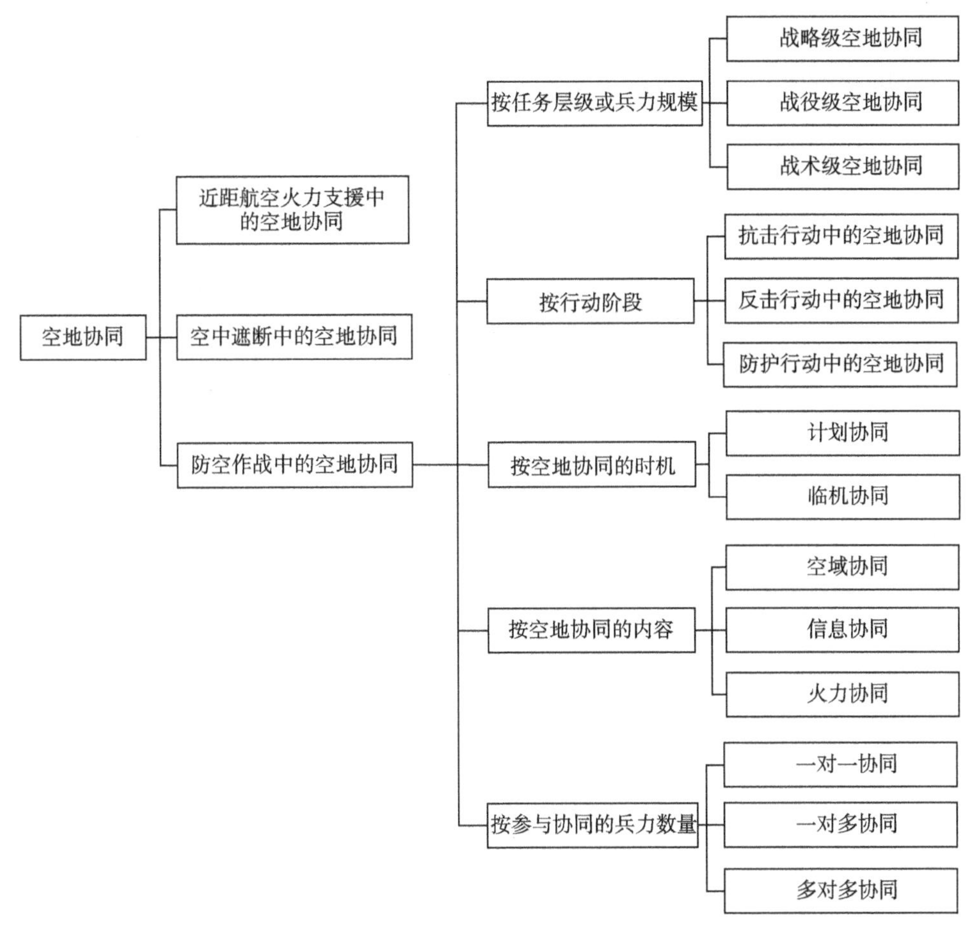

图 1.1 空地协同分类

力量之间，以及空中进攻力量与战役战术弹道导弹进攻力量之间的协同；防护行动贯穿于防空作战全过程，重点以军队抗击力量与人民防空的末端防空力量之间的协同为主体。

协同手段是协同组织者、协同对象之间指挥与被指挥活动中使用的工具和方法的总称，主要包括以空地数据链、机间数据链、地面防空数据链为标志的信息传输网络系统，以及以协同任务规划、空战场管控和指挥决策控制为核心的指挥信息系统。协同手段的发展水平决定了空地协同的模式和方法。先进的协同手段是实现空地协同有序、灵活和高效的重要“硬件”保障。

协同信息是空地协同的基础，是指与空地协同有关的各种情况、数据和指令等，主要包括空域划设参数、空中敌情、协同兵力状态、协同指示/指令、协同请求/呼叫、协同行动效果等空地信息。协同信息质量决定协同决策的优劣和协同行动的效果，实时、精准、连续、全面的协同信息是实现空地协同自主、高效、敏捷的重要“软件”保障。

4. 防空作战空地协同的本质

协同理论是系统科学的重要分支理论，德国著名物理学家赫尔曼•哈肯 (Hermann Haken) 是协同理论的创立者。协同理论认为，组成系统的各要素之间、要素和系统之间、系统和系统之间、系统与环境之间存在着协同作用，即合作、同步、协调和互补。在复杂的系统中，各要素之间存在着非线性的相互作用。当外界控制参量达到一定的阈值时，要素之间互相联系、相互关联将代替其相对独立性，相互竞争占据主导地位，从而表现出协调、合作，其整体效应增强，系统从无序状态走向有序状态，即“协同导致有序”，从而产生强大的系统协同效应 [1]。

本质是某类事物区别于其他事物的基本特质，抓住事物的基本特质对于准确把握事物的内在运行机制与发展演进脉络具有重要的指导意义。防空作战空地协同，是通过具有不同作战功能特性、处于不同作战空间的防空体系力量要素之间的多域协同作战，期望产生显著的体系协同效应和共振效应，极大地提高防空体系效能的涌现性。这种协同效应主要体现为：

一是防空体系力量要素间的功能互补和作战效能叠加。防空体系不同类别力量要素之间，可通过协同消除彼此的功能短缺或能力“短板”，达到功能互补之目的；相同或相近类别力量要素之间，可通过协同消除由于自身数量不足而带来的作战体系“资源紧缺”问题，从而达到作战效能叠加之目的。可见，具有相同或不同作战功能的多个作战力量要素之间的协同配合，既保证了作战功能的互补又弥补了作战效能的不足，甚至可以产生单个作战力量要素所不具有的新的体系作战能力。

二是防空体系力量要素间的作战行动有序和一致。作战是参战力量通过作战行动聚集和释放作战能力，以实现作战目的的过程。作战功能互补或作战效能弥补只能在行动过程中实现，依据协同理论只有通过各参战力量的有序行动才能最大程度地发挥出来。

因此，防空作战空地协同的本质是将无序、分散的作战行动转换为有序、一致的作战行动，并使防空体系作战功能得以互补、作战效能得以叠加或新的作战能力得以涌现。

1.1.2 防空作战空地协同的作用

防空作战进入空天信息时代，多军兵种联合作战已成为基本作战形态，在面对作战空域内涌现的多机种、多武器、多方向、多层次立体化战场态势时，以第一、二代防空装备的概略指挥、概略协同为主要方式的空地协同，制约联合防空作战效能的发挥，无法满足第三、四代防空武器装备发展的作战需要。因此，防空作战空地协同是信息时代联合防空作战顺利实施的关键，决定着联合防空作战的进程与成败。其作用主要体现在以下三个方面。

1) 避免发生误击误伤等严重冲突事件

以美军为例，美军虽然拥有世界上最先进的指挥控制协同系统，仍然未能避免误伤事件的产生，在伊拉克战争期间，就接连发生了 3 起严重的误伤友军事件。2003 年 3 月，美军的“爱国者”防空导弹击落了一架英军“旋风”战斗机，2 名飞行员丧生；同月，“爱国者”防空导弹制导雷达锁定了 1 架美军的 F-16 战斗机，F-16 飞行员在收到被地面雷达锁定的告警信息后，随即向己方“爱国者”制导雷达发射了 1 枚导弹，将其击毁；4 月，美军 1 架从“小鹰”号航母上起飞的 F/A-18C“大黄蜂”战斗攻击机在飞越伊拉克卡尔巴拉上空时被自己的“爱国者”防空导弹击落，飞行员丧生。由此可见，只有实时、精准、高效的空地协同，才能保证联合防空作战行动不打乱仗、不产生严重的冲突事故，是组织实施空地协同的基本目的。

2) 确保联合防空作战行动的有序高效

联合防空作战，无论是空中作战行动还是对空作战行动，具有作战行动力量多元、作战地域分布广阔、空域使用时空交错、作战节奏转换迅速、指挥协同关系复杂等特点，通过对空地行动的有效调控，使各参战力量在行动的空间、时间上协调一致行动，最大程度地保持各参战力量的用空行动自由，及时发布空中相撞预警，给出规避方案，及时消解行动冲突，避免发生空中相撞事故，实现对作战空域资源的合理使用和高效利用。空防信息的空地共享，可形成统一的空战场态势图，较之以往相对分离的地面防空和空中交战，在空地数据链、空战场管控和空地信息网的支持下，避免出现对敌空中目标的“漏打”或“重复射击”等问题，空地火力协同运用能力可实现质的飞跃，使原来“不敢想、无法做”的火力协同方式、方法有了实现的技术手段，空地火力协同样式得到极大的丰富。

3) 提升联合防空作战的整体效能

联合作战协同组织实施的好坏，决定着联合作战乃至整个战局的进程和成败，越是先进的军队，其协同作战能力就越强。恩格斯在《反杜林论》中曾引用了拿破仑关于“骑兵”的精辟论述，“两个马木留克兵绝对能打赢三个法国兵；一百个法国兵与一百个马木留克兵势均力敌；三百个法国兵大都能战胜三百个马木留克兵，而一千个法国兵则总能打败一千五百个马木留克兵”。马木留克兵单兵素质较高，但相互配合意识较差，不善于协作，其单兵作战能力很强，协同作战能力很弱；法国兵虽然单兵素质一般，但其军队纪律严明，服从意识强，相互之间善于配合，因而协同作战能力较强。可见，作战协同能力对联合作战行动效果具有极其重要的作用。

此外，具有先进的防空武器装备并不等于具备联合防空作战协同作战能力。先进的防空武器装备为组织实施联合防空作战空地协同提供了较好的物质基础，但由于联合防空作战协同规模大、层次高、范围广、领域多，空地协同组织十分复杂，协同作战能力受协同机制、协同手段、协同信息、指挥员能力素养甚至联合作战文化等诸多因素的共同影响。因此，联合防空作战空地协同既是一个复杂的理论学术问题，又是一个复杂的实践应用问题，成为一个世界性的军事指挥难题。

1.2 防空作战空地协同的发展演变

恩格斯曾指出，一旦技术上的进步可以用于军事目的并且已经用于军事目的，它们便几乎强制地，而且往往是违反指挥官的意志而引起作战方式上的改变甚至变革。“技术决定战术”这一规律，反映在防空作战空地协同领域，表现为军事技术的进步推动防空武器装备、指挥协同手段的变革，而防空武器装备、指挥协同手段的变革又推动战场协同信息共享能力的提升，三者的共同激励不断驱动空地协同实践与理论的发展演变。按照防空武器装备、指挥协同手段和协同信息共享水平的发展脉络，防空作战空地协同理论与实践可以划分为机械化发展阶段、机械化与信息化交融发展阶段、信息化发展阶段和智能化发展阶段四个阶段。

1. *以手工指挥概略协同为特征的机械化发展阶段*

第一次世界大战歼击机、高射炮开始初步应用至 20 世纪 50 年代中期，是以手工指挥、概略协同为主要特征的防空作战空地协同机械化发展阶段。

在第一次世界大战期间，防空兵器数量少、种类简单，主要是早期的歼击机、高射炮、探照灯和拦阻气球。由于没有雷达，甚至在歼击机上也没有无线电台，防空作战形式比较简单，空中情报主要由地监哨分队和探照灯分队承担。空袭兵器临空后，用临空观察来指挥战斗，后来采用打旗语信号、摇动反光板做动作示意，利用高射炮炮弹炸点来指示目标等方法指挥歼击航空兵作战。防空兵器有了歼击机、高射炮和拦阻气球以后，没有统一的防空指挥机构，防空部队基本上是各自为战。为了解决防空兵力协同作战问题，尽可能发挥歼击机、高射炮和拦阻气球各自的优长，当时对这三种兵器使用的原则是：歼击航空兵为第一梯队，用于远距离作战；高射炮兵为第二梯队，用于近距离作战；拦阻气球配置在目标区上空和重要方向上，以威胁、阻滞空中敌人。为了解决高射炮兵和歼击航空兵的协同作战问题，出现了区分空域的协同方法，即在歼击机巡逻区和高射炮火力区之间规定“安全线”，之后又出现区分高度的协同方法 [2]。

在第一次世界大战之后，歼击机、高射炮等防空兵器数量获得了惊人的增长。由于空气动力、无线电等技术的进步，防空兵器有了质的飞跃，出现四项重大发明：一是单翼歼击机的发明，它比双翼机速度快，机动性能强；二是无线通信电台开始加装到作战飞机上，地面可以对空中飞机实施话音指挥引导；三是雷达的发明，标志着对空侦察、引导手段上的一次革命，大大提高了歼击航空兵、高射炮兵的作战能力；四是高射炮射击指挥仪的发明，大大提高了高射炮的射击速度、射击精度和对机动目标的射击能力。无线电和雷达的出现，为组织指挥大规模防空作战奠定了物质技术基础，使指挥方式发生了质的变化。在第二次世界大战期间，歼击航空兵的空战方式发生了变化，由早期防空的单机空战转变为在地面指挥引导下的编队空战。高射炮普遍装备炮瞄雷达，可以对不可见的目标实施瞄准射击，传统的拦阻射击作用逐渐降低。为了密切协同，一些国家成立了防空指挥机构，统一指挥防空诸兵种部队作战，并制定歼击航空兵、各种口径高射炮兵和拦阻气球之间，歼击航空兵与雷达、探照灯部队 (分队) 之间作战协同的原则和方法 [2]。

这一时期空地协同的主要特征：螺旋桨歼击机、高射炮、雷达、探照灯等防空兵器从开始出现到大规模应用，防空作战由早期的要点防空向大型要地防空转变；雷达的投入使用使防空指挥员可以较早掌握空中情况，指挥人员通过手工计算战术诸元和制定简要的协同计划，指挥员可通过对空话音手段概略指挥和引导己方歼击机迎战；为加强空地协同，防止误伤己方飞机，提高协同作战能力，歼击机与高射炮采取区分高度、区分目标、区分方向等概略协同方式组织防空作战。受当时科学技术水平的限制，其作战模式属于典型的“平台中心战”。

2. 以防空指挥信息系统应用为标志的机械化与信息化交融发展阶段

20 世纪 50 年代中期至海湾战争结束之前，是以防空指挥信息系统应用为标志的空地协同机械化与信息化交融发展阶段。

20 世纪 50 年代中期开始，随着航空技术、计算机技术的飞速发展，以美国、苏联为代表的军事强国其喷气式歼击机、雷达、通信性能得到极大的发展，开始出现以应对高空轰炸机为主的第一代地空导弹武器系统，防空作战的规模更加庞大、体系结构更加完善、指挥控制更加复杂，单靠话音对空指挥和飞行员大致位置报告已远远不能满足实时传送大量信息的作战需求。

为了应对苏联飞机的突然袭击和核打击，美军于 20 世纪 50 年代中期开始建设“赛其”半自动地面防空系统 (semi-automatic ground environment，SAGE)。“赛其”系统是世界上第一个指挥自动化系统，首次将地面警戒雷达、通信设备、电子计算机等连接起来，实现了防空作战目标数据处理、航迹显示以及对歼击机的半自动化指挥引导，该系统的建成和使用被认为是军事领域的一次革命性变革和指挥自动化系统的里程碑。以“赛其”系统为代表的第一代指挥自动化系统以承担单一的战术指挥控制任务为使命，功能相对单一，主要解决情报获取、传递、处理和指挥手段等环节的自动化问题。从 20 世纪 70 年代到 90 年代初海湾战争结束，美军以各军兵种为主导分别建立了各自的专用指挥自动化系统，实现了各军兵种内部指挥、情报和通信的集成，基本解决了军兵种独立作战的指挥控制问题，但各军兵种指挥信息系统间相对独立运行，不能互联互通，缺乏跨军兵种的信息共享和协同作战能力 [3,4]。

同一时期，苏联研制了“天空一号”(Небо-1) 半自动化本土防空指挥自动化系统。“天空一号”是一个自动化程度较低的半自动化指挥系统，需要人工进行目标分配，同时处理的目标数仅为 10 批，指挥控制的容量为 10 个 C-75 地空导弹营。20 世纪 70 年代初，苏联的“矢量”(Вектор) 地空导弹指挥自动化系统投入使用，该系统能同时处理 40 批目标，指挥控制 14 个地空导弹营。相比“天空一号”系统，“矢量”系统是真正意义上的防空指挥自动化系统，目标数据处理和分配任务均由计算机自动完成，能够处理的空中目标数和指挥的导弹营数都有所增加，同时解决了指挥自动化系统与武器系统的交链问题，可实现对武器系统的直接控制，以及雷达信息源与防空指挥自动化系统之间、防空指挥自动化系统与地空导弹武器系统之间的数据信息自动互传。“谢涅什”(Сенеж-э) 防空指挥自动化系统，是在“矢量”指挥自动化系统基础上改进的，能同时处理 87 批目标和指挥控制 C-75、C-125、C-200 共 17 个地空导弹营以及 6 架空中战斗机，其最大特点是能够对地空导弹、歼击机实施统一指挥，其后续改进型均秉承了这一特点。20 世纪 80 年代，苏联研制的“贝加尔”(Байкал-М1э) 地空导弹指挥自动化系统，可指挥控制 C-75、C-125、C-200、C-300ПМУ、C-300ПМУ-1 共 5 个型号 16 个导弹营的 144 个火力通道。83M6E 旅战术级指挥自动化系统，可指挥控制 C-200、C-300ПМУ、C-300ПМУ-1 共 6 个地空导弹营，同时处理 100 批空中目标 [5]。此外，苏联的“多面手”(Универсаи-1э) 防空合成师级指挥自动化系统具有同时指挥数个地面和空中防空群的作战指挥能力。该系统主要由 2 个战斗指挥舱 (综合指挥舱和航空兵指挥舱) 和 4 个保障舱 (信息舱、通信舱、信息处理舱和供电舱) 组成，能同时处理 300 批空中目标，监视半径 3200km。其中，综合指挥舱可指挥装备“贝加尔”“谢涅什”“矢量”或 83M6E 自动化指挥控制系统的共计 12 个旅 (团)。航空兵指挥舱可指挥装备“边界”航空兵战术指挥自动化系统的 4 个歼击航空兵团，能够与 3 架 A-50 预警机实施指挥与信息交换，并对空中 10 批苏-27 或米格-31 实施指挥引导 [5]。

指挥信息系统首先应用于防空领域，防空指挥信息系统也从最初的 C^2(指挥、控制) 到 C^3(指挥、控制、通信)，再到 C^3I(指挥、控制、通信、情报)、C^4I(指挥、控制、通信、计算机、情报)、C^4ISR(指挥、控制、通信、计算机、情报、侦察、监视)、C^4KISR(指挥、控制、通信、计算机、杀伤、情报、侦察、监视)，成为军队战斗力的倍增器，不仅直接关系到指挥控制问题，而且直接影响到防空信息战、火力战，缩短了“发现—定位—瞄准—攻击—评估”周期，极大地提高了防空作战指挥协同的效能 [6]。

经过越南战争和第三、四次中东战争等较大规模的地区性冲突，军事强国对防空作战重要性的认识提高到了一个新的高度，空袭与反空袭作战的形式和内容都发生新的变化，全方位、全空域、大密度、高强度空袭成为空袭作战的一种典型模式，第一代、第二代地空导弹和歼击机已很难适应这一新情况。20 世纪 70 年代，出现了以美国“爱国者”和苏联 C-300 为代表的大空域、多通道、机动式第三代地空导弹武器系统，以及以美国 F-16、F-15 和苏联米格-29、苏-27 为代表的第三代作战飞机，军事强国开始构建以第三代防空装备为骨干的防空体系。

在世界军事强国防空武器装备和指挥信息系统同步发展的同时，20 世纪 60 年代初至 80 年代出现了与防空指挥信息系统配套的第一、二代专用数据链。数据链作为防空指挥信息系统的重要组成部分，主要解决指挥信息系统的战场情报获取、传输、处理、显示以及在单一军种内的协同控制问题。数据链的出现与应用对防空作战空地协同起到了十分重要的技术推动作用。

第一代数据链以 Link1 为代表，于 20 世纪 60 年代初投入使用，可实现雷达站间的点对点情报协同，主要解决雷达情报数据传输问题。美军将其用于“赛其”半自动化本土防空系统之间传输雷达情报，使防空预警反应时间从 10min 缩短为 15s。北约将其用于“奈基”地空导弹武器系统之间传输雷达情报。

第二代数据链以 Link4 和 Link11 为代表，Link4 于 20 世纪 60 年代投入使用，主要用于美国海军对舰载飞机的指挥引导，以取代话音指挥控制，可增大可控飞机的数量，实现舰机之间的作战协同。Link11 于 20 世纪 70 年代投入使用，用于舰船间、舰船与飞机间、舰队与海军陆战队间及舰队与陆地间的双向情报交换，实现了海军各平台之间的协同，主要解决单一军种内部指挥控制系统对作战平台的态势分发和指令控制问题 [7]。

这一时期空地协同的主要特征：喷气式歼击机、地空导弹武器系统等新型防空兵器出现并大规模应用于局部战争，第三代防空装备逐渐成为防空体系的骨干；防空指挥信息系统出现并在第一、二代数据链的应用推动下军种内的指挥控制与协同能力得到快速提升，防空战场情报的获取、传输、处理和显示均自动完成，主要采用自动引导、指示方式指挥控制歼击机交战和地空导弹拦截作战，尽可能地避免了地面防空火力误伤己机。这一时期防空指挥信息系统和数据链的出现，使空地协同作战能力得到较大的提升，但防空指挥信息系统、数据链系统处于“烟筒式”发展阶段，仍然没有完全摆脱传统的“平台中心战”典型特征。

3. 以协同交战数据链应用为标志的信息化发展阶段

海湾战争之后空地数据链得到广泛应用至今，主要是以协同交战数据链广泛应用为标志的空地协同信息化发展阶段。

海湾战争后，美军在联合作战条令的强力牵引下，开始着力打破三军各自专用数据链的“篱笆”，形成协同探测、协同识别和协同打击的协同作战能力，以实现军种之间数据链的互联互通互操作，标志着数据链的发展开始进入崭新的发展阶段，并成为防空战场上决定胜负的关键因素之一。

第三代数据链以 Link16 为代表，实现了各军种数据链的互联互通。美军根据越南战争、海湾战争中各军种数据链互不相通而造成的协同作战能力差，甚至常常出现误炸误伤的严重情况，开发了 Link16 数据链并于 1994 年投入使用，其通信容址、抗干扰力和抗毁性均大幅提高，可实现各军种数据链的互联互通，增强联合作战的能力，主要解决各军种联合作战问题，支持全网态势统一、扁平化指挥和战术协同 [8]。

第四代数据链以美国海军的协同交战能力 (cooperative engagement capability，CEC) 系统为代表，实现了作战体系的协同交战新模式。CEC 是一种用于舰艇编队协同防空的作战系统，可将海上、空中和岸基作战单元中传感器和武器平台直接交链，增强对目标的协同探测与识别能力，支持火控级精度的协同跟踪，可通过精确、实时的信息引导实现舰空火力协同作战。第四代数据链主要解决各类传感器与武器系统网络化协同问题，打破了传统的作战平台、传感器和武器系统之间的硬闭环，实现不同平台之间对目标的协同探测、协同识别、协同制导等网络化协同作战能力，是数据链发展的一次质的飞跃。美军数据链的发展历程见图 1.2[7]。

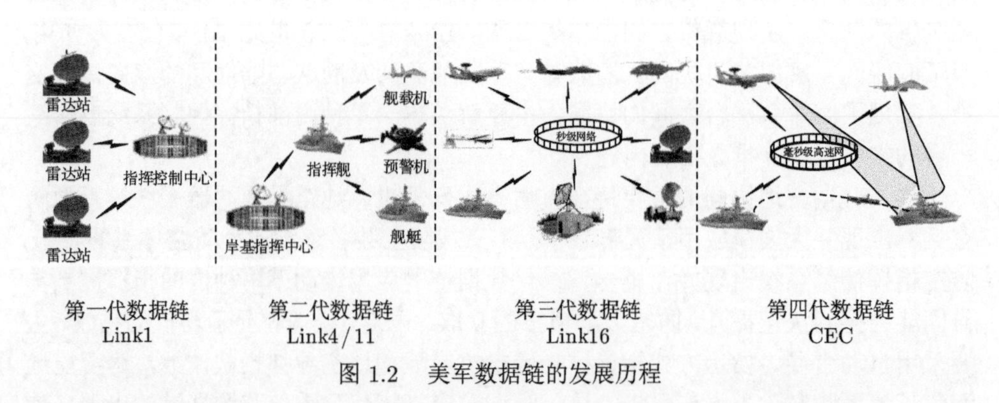

图 1.2 美军数据链的发展历程

苏军数据链几乎与美军同时起步，典型代表是其航空指挥控制数据链，先后发展了四代，但在技术先进性和装备体系化方面存在一定差距。苏联在 20 世纪

50 年代和 60 年代分别发展了第一代“蓝天”和第二代“蓝宝石”航空指挥控制数据链，这两个系统都工作在 VHF 频段，可分别引导控制 3 个批次和 12 个批次飞机。后来又改进成第三代“彩虹-I”(SPK-68) 和第四代“彩虹-Ⅱ”(SPK-75)，可分别引导 12 批次和 30 批次飞机，主要装备在 A-50 预警机和苏-25、苏-27、苏-30 等先进战机上，与机载火控、飞控系统紧密交链，其引导指令可直接控制火控雷达的开机和扫描，以及直接控制飞控系统。此外，还有用于导弹控制的“代码”指挥系统数据链以及用于 C-300 地空导弹的“贝加尔”系统数据链，可对地空导弹旅、营实施快速指挥。苏军/俄军数据链的突出特点是自成体系、实用性强 [9]。

这一时期防空指挥信息系统开始由传统的“星型结构”向“网络结构”的体系架构转型。1991 年海湾战争后，美军针对“烟筒式”指挥信息系统导致联合作战行动中军兵种间协同困难问题，通过跨军兵种综合集成手段，着手开展第三代指挥信息系统建设，第三代指挥信息系统是一种层次化联网的树形结构，一定程度上解决了跨军兵种协同作战能力问题。进入 21 世纪，战争形态演变对作战能力提出了新的需求，交战双方更加强调以信息为主导的体系与体系之间的对抗，为此美军提出了“网络中心战”(network-centric warfare，NCW) 等新型作战理论，并依托全球信息栅格 (global information grid，GIG) 这一全新的信息基础设施，构建了以网络为中心的扁平化组网结构，网络化体系结构成为第四代指挥信息系统的核心特征。

随着计算机技术、网络信息技术、电子技术和航空技术的高速发展，第三代防空武器装备成为防空体系主体，装备的信息化水平得到极大改进和提高，防空作战思想逐渐由传统的“平台中心战”向“网络中心战”转变，更加注重体系能力的提升。进入 21 世纪，以美国 F-22 为代表的第四代隐身作战飞机服役为标志，空防体系开始跨入以隐身与反隐身为基本特征的第四代空防体系。

在防空武器装备、技术以及第三、四代数据链的推动下，这一时期的空地协同理论得到迅猛发展，主要体现为：① 健全的联合防空作战空地协同指挥体系。空地协同指挥体系建立在联合作战指挥体系上，是其不可分割的一部分。1991 年美军参谋长联席会议发布《美国武装部队的联合作战》，标志着美军出现了真正意义上的联合作战。② 完善空地协同条令、法规。美军对空地协同理论的研究主要体现在对作战空域管控的相关条令和研究中，美军参谋长联席会议从 1994 年开始相继发布《联合空中作战指挥与控制》《多军种一体化作战空域指挥控制程序》《联合空中交通管制》和《作战地带空域控制联合条令》等，标志着空地协同理论的发展成形。此后经过多次修订，相关理论表述更加成熟。③ 以建立成熟的空域管控机制作为空地协同作战的基础。联合出版物 JP3-01《抗击空中和导弹威胁》条令明确：空域控制机构提出空域控制范围和有关空域使用优先顺序和限制方面的建议，并经联合部队指挥官批准。空域控制计划的执行是通过空域控制命令进行，空域控制命令用于识别空域的使用者及避免发生冲突和误伤。标准化的空域控制与协调程序确保了空地协同的有效开展，不仅减少了混乱，而且有利于提高制空作战任务的整体效果。

这一时期空地协同的主要特征：第三代防空武器装备的信息化水平得到极大提升，以隐身飞机服役为标志的第四代防空体系开始构建。防空作战由传统的“平台中心战”向“网络中心战”转变，以协同交战数据链应用为主要标志，实现了空战场信息共享、火控级信息交链等基于网络化的协同作战能力，并能够以精确、实时的信息引导实现空地火力协同作战。同时，空地协同条令、法规得到完善与发展，空域管控机制成为空地协同作战的基础。

4. 以作战云应用为标志的智能化发展阶段

信息时代世界各国越来越注重创新运用“改变游戏规则”的颠覆性前沿技术设计未来战场，并持续不断创新作战理论，更新认知理念引导军队建设发展。美国空军在 2013 年提出了“作战云”的作战概念，并迅速获得美国国防部、海军及其他军种认可，逐渐成为美军应对 21 世纪下一场信息化战争的新方略，防空作战理念开始由“网络中心战”向“云作战”转变。“作战云”是一种基于云计算的快速整合、运用作战资源，实现分散聚合迅速，全时全域精确打击的作战理念和方法。其目的是通过继承“网络中心战”获取信息的优势，实现从信息优势向火力分配、目标毁伤转化的行动优势，大幅缩减“侦—控—打—评”周期链，获得作战能力整体跃升。基于“作战云”技术的“云作战”将是一种全新的作战样式，呈现出作战资源动态分散聚合、作战信息实时处理分发、辅助指挥决策智能高效、火力打击全域集中精确的新面貌。“云作战”依赖于云计算技术，具有超大规模、虚拟化、高可靠性、通用性和成本低廉等特点，用户只要通过网络连接到云中心，就可以像“用水用电一样”使用各种资源和服务，可有效改善信息基础设施重复建设、系统互操作能力差和资源利用率低等现实问题，被称为信息领域的又一次划时代革命。

可见，作战概念正经历着从传统“平台中心战”到“网络中心战”，再到未来颠覆性的分布式、协同化“云作战”的演变历程，对防空作战各个发展阶段均产生了重大影响。三种作战概念在体系架构、武器平台、作战信息、指挥方式和战争形态的对比见表 1.1[10]。

同时，人工智能正从理论步入现实，智能化军队、自主化装备、无人化战争的未来战争形态画面渐渐呈现，制智权制高点的争夺战业已打响。人工智能具有广泛渗透性、交叉融合性和主流迁移性，使“智能实体”具有更强的态势感知、决策支持、自主运控能力，使体系具有更强的协同能力。可以预见，在未来机械化、

表 1.1　三种作战概念的对比

对比项	平台中心战	网络中心战	云作战
体系架构	星型结构	网络结构	云端/云计算
武器平台	功能单一的武器平台	①功能单一的武器平台；②部分功能综合的武器平台	集信息、情报、侦察、打击为一体的分布式协同平台
作战信息	①以单平台传感器获取信息为主；②可少量获取其他平台信息	信息资源实现网络高速共享和分发，由指挥控制网提供决策信息	各平台给云端均提供决策信息，云端为各平台提供信息与计算服务
指挥方式	集中控制，集中执行	集中控制，分散执行	集中指挥、分布式控制和分散执行
战争形态	机械化战争	信息化战争	智能化战争

信息化、智能化深度融合的智能化战争当中，疆场博弈的胜负将取决于智能化作战力量数量多、质量优、链条快、维度广、域度宽、体系壮、演化快等综合最优的一方。在云计算、移动互联网、大数据、高性能计算等新理论、新技术的共同驱动下，人工智能技术加速发展，将成为引领未来战略性技术、国际竞争的新焦点和经济发展的新引擎，武器装备智能化、无人化、自主化和自组化趋势明显，将人工智能引入作战体系，综合运用知识推理技术，将大幅提升联合作战协同能力，智能作战平台必将渗透并应用于未来联合作战的全过程，作战理念、作战模式也将伴随武器装备智能化的发展发生根本改变，对未来防空作战空地协同带来革命性影响。

1.3　防空作战空地协同的主要任务

防空作战空地协同任务是组织联合防空作战空地协同的目的和出发点，主要包括防止误判误射误伤我机、保障己方行动有序顺畅、提供空地信息支援共享和实现空地火力协同抗击。其中，防止误判误射误伤我机是空地协同的基本任务，保障己方行动有序顺畅是空地协同的核心任务，提供空地信息支援共享是组织联合防空作战的保障任务，实现空地火力协同抗击是空地协同追求的更高级目标任务。

1. 防止误判误射误伤我机

在防空作战中误判误射误伤我机友机事件屡见不鲜。因此，防止误判误射误伤我机是防空作战空地协同最基本、最首要的任务。

综合目标识别是防止误判误射误伤我机事件发生的主要途径。在传统防空作战样式中，目标识别主要是通过单一的敌我识别器直接问答方式，并参考敌、我空情通报来判别敌我，由于识别手段有限，可靠性不高，误判概率较大。在联合防空作战中，先进数据链系统的应用，使战场空间内的空中目标均可采取数据链网络识别方式进行敌我识别和目标类型判别。在识别过程中，空地协同力量主要利用各自的敌我识别询问器、雷达和光电传感器，从目标的不同维度获取直接属性信息，并通过数据链系统实现信息融合共享，飞机的定位导航功能也可实时提供己方飞机在战场上的运行轨迹和状态，大大增强了目标综合识别的准确性，为联合防空作战行动提供可靠依据。

2. 保障己方行动有序顺畅

联合防空作战空地协同需要各参战力量协调一致的行动配合，按照统一行动计划，利用指挥控制信息系统实时掌握、传递和处理战场信息，及时对可能或已经发生冲突的位置、高度、程度、后果等做出判断，启动指挥控制程序，组织协同决策，确定空地协同方法，检测与消解空域冲突，迅速发布协同命令指示，保证各参战力量空地行动的自由和有序顺畅地实施，以提高联合防空作战效能。可见，通过有效的空地协同，保障己方空中行动和对空行动有序顺畅是联合防空作战顺利实施的行动保障，也是联合防空作战空地协同的任务。

防空中相撞是确保己方行动有序顺畅的基本任务和要求。联合作战空战场攻防行动交织，军用、民用、空地和敌我双方使用空域情况十分复杂，各类航空飞行器空中位置和飞行轨迹随时都在发生改变，为确保作战行动的顺利实施，防止各类航空器空中相撞是基本前提，也是空战场管控的基本任务和要求。为确保作战过程中的空域使用安全，需要通过作战空域划设、空域监测与空域控制等措施实现对联合防空作战行动的指挥，战场空域管控是防止空中相撞、消除矛盾冲突的重要手段。

3. 提供空地信息支援共享

空地信息支援共享是实现联合防空作战空地火力共管、互控的前提。先进数据链系统的应用，使得防空作战中目标信息传递的时空精度大大提高，火力运用也从单一平台单打独斗向火力异构互控方向发展。空地信息支援共享任务，是在空地协同行动中，空基 (或陆基) 作战单元利用自身平台优势，通过探测、跟踪获取高精度来袭目标信息，并直接发送给参与协同的另一陆基 (或空基) 作战单元，引导其发现、捕获、跟踪和攻击该目标。只有具备完成信息引导任务能力的作战单元，才能在适当条件下完成互控任务。同时，由于未来防空战场态势瞬息万变，火力协同需求具有不确定性，任何参战的协同单元都应具备完成信息引导任务的能力。因此，空地信息支援共享是实现防空作战高效空地协同的基本保障任务。

数据链是支持空地信息支援共享的重要途径。数据链是武器装备效能发挥的倍增器，作为作战指挥的“神经网络”，可在多军兵种不同作战平台之间构建起陆、海、空、天、电立体交叉式的信息传输网络，建立紧密的战术链接关系，将传统“烟筒式”信息传输模式转变为“扁平式”网络传输模式，将分散配置的各种作战平台感知的战术情报信息通过数据链进行实时传输和交换，实现情报资源共享，任何一个作战单元均可共享信息网络推送的统一战场态势，各级指挥员能在第一时间获取各种战术信息，为多军兵种协同作战提供有效信息保障机制，大大提高作战力量的协同作战能力。

4. 实现空地火力协同抗击

实现空地火力协同抗击是联合防空作战空地协同追求的高级目标。防空作战主要是通过对敌空袭兵器实施联合火力打击以阻止敌达成空袭目标，空地联合火力打击是达成联合防空作战目的的重要途径。空地火力协同作为空地协同的重要内容，是发挥空地协同效能的集中体现，充分发挥空地火力优长，灵活运用不同的火力协同方法，可实现空地火力整体效能最大化。在空地协同体系中先进数据链系统的应用，将原本相对分离的空地火力平台连接成一体，可实现空地火力平台互为战术支援打击和火力互控攻击的火力协同抗击模式。前者与传统的战斗协同方法类似，只是在数据链支持下时空界限和目标区分更加详细和精准；后者则是全新的火力打击方式，是利用先进数据链系统实现空地武器装备的“互操作”平台控制，实现对空中目标协同火力打击。

空地火力协同的目标是实现空地火力共用、互控。空地火力协同是利用先进数据链系统将空地作战力量进行整合，通过精确的信息共享和准确的实时调控，扭转各自为战的格局，实施动态空地火力衔接，强化空地战术配合，最终实现空地火力的共用和互控。空地火力共用和互控的关键是共享火控级精度信息。火控级精度信息是指能够直接用于空空、地空导弹等精确制导武器跟踪、攻击目标的高精度目标信息。通常情况下，火力单元实施射击的目标信息由本身制导雷达产生，并在本系统控制回路内应用，对信息精度的影响主要来源于自身武器系统及作战条件。在组织协同作战时，当火力单元因故无法自主获取目标信息时，其射击目标的依据必然来源于其他支援单元，此时影响目标信息精度的因素除以上两方面外还包括支援单位目标探测精度、信息传输时延和坐标转换补偿精度等，只有各方面因素均符合作战要求时，火力单位才能对目标实施有效攻击，这时的目标信息才能被称作火控级精度信息，协同行动才能称为精确协同。

1.4　防空作战高效空地协同的前提条件

联合防空作战参战力量多元、防空兵器类型众多、战场空间广阔、对抗行动激烈、战场环境复杂，对诸军兵种联合防空作战力量之间的协同提出了比以往任何时期都高的要求。机械化战争时代的空地协同效率不高，其主要原因可概括为作战空域划设粗略、空地信息掌控和空战场管控不实时、不精准。如果将防空作战空地协同类比于一个城市的交通道路管理，那么高效的城市交通管理离不开道路交通标志齐备、交通信息实时采集和交通疏导及时有效三个基本条件。为此，在联合防空作战中，实现高效的空地协同应当树立“空域划设为先，信息共享为基，联合管控为要”的三位一体现代协同理念，这是确保联合防空作战行动顺畅、精准和有序的三个前提条件。

1. 周密的作战空域预先划设

周密的作战空域预先划设是实施高效空地协同的首要条件。作战空域是联合防空重要、有限的作战资源，要确保联合防空作战行动在这一有限的空间内展开且能够相互协调配合，必须要对作战空域资源实施高效管理和有序调配。联合防空作战的一个特点就是作战力量的多样性和作战空域的有限性，如何在有限空域资源中协调好众多防空作战力量开展战斗行动，是联合防空作战实现高效空地协同首先需要面对的问题。世界军事强国十分重视对作战空域的使用与管理，制定了全面、详尽和规范的空域划设和使用规则的法规条令，并在实践中不断改进完善，为联合防空作战组织复杂、多样的协同行动提供依据。实践证明，周密的作战空域划设有利于充分发挥各型防空武器装备作战效能，保证作战行动有序实施；有利于识别敌我，避免误射误伤和贻误战机；有利于简化组织协同方式，确保在复杂战场环境中按照各自的作战空域与使用规则进行协同。

作战空域预先划设是确保防空作战行动有序灵活的基本保障，是作战准备阶段计划协同的重要内容。“凡事预则立，不预则废”。如果把作战空域资源比作一座城市道路交通资源，那么空域预先划设就相当于城市交通道路需要预先划设道路交通标线、设置交通标志牌和信号灯，道路交通信号划设是否完备、科学、合理，显然将对城市交通运行效率具有重大影响，是道路交通高效运行和管理的一项最基础工作，如图 1.3 所示。反之，如果一座城市道路交通标志、交通信号灯、交通标线等交通信号设置不合理甚至就没划设，行驶的车辆行为就缺乏约束和限制，那么在城市道路实际运行过程中即便投入再多的交通警力实施疏导 (类似战时空战场管控)，交通警察 (类似空战场管控人员) 再如何努力，交通运行效率也不会高，甚至会陷入一片混乱甚至瘫痪。因此，空域划设是空域管控的基础和保障 [11]。在联合防空作战行动中，各军兵种防空力量对于作战空域的用空需求和使用方式各不相同，各类作战行动在空间、时间上往往又相互交错，要避免在作战行动中出现作战空域使用上的冲突和矛盾，必须在战前协同计划制定阶段，依据防空作战行动计划预先对作战空域进行系统、详尽和规范的划设，以规范各类防空力量的作战行为。因此，科学合理的作战空域预先划设是实施防空作战空地协同的重要前提，以作战空域划设为先导的预先协同思想对提高空地协同效率具有十分重要的作用。

作战空域预先划设的基本要求是完备、详尽和规范。由于在联合防空作战的抗击、反击和防护行动中，诸防空力量对于作战空域的用空需求和使用方式千差万别，作战空域又具有空间、时间使用上的双重属性，在作战空域划设时空上不能有矛盾和冲突，否则将会对联合防空作战诸行动的顺利实施产生很大的负面影响，甚至发生误击误伤和空中相撞。因此，作战空域的划设要完备和详尽，尽可能地将不同作战力量的行动安排在不同的作战区域或时间段，避免行动时空交叉，空域划设的大小应与各作战力量实施作战和机动所需空间相适应，空域划设的种类、参数和标识应统一规范，便于各参战力量识别、理解和执行。

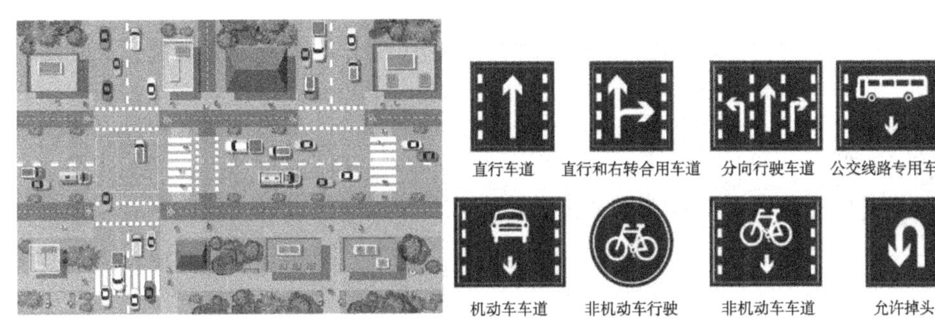

图 1.3 空域划设类比城市道路设置各类交通标线、标志牌

2. 高度的空地信息实时共享

高度的空地信息实时共享是实现高效空地协同的信息保障。信息主导是防空作战的基本要则，只有拥有信息优势，才能拥有防空作战决策优势、行动优势和胜战优势。比利时著名物理学家普利高津 (Prigogine) 的耗散结构理论 (dissipative structure theory) 认为，远离平衡态的开放系统只有通过与外界不断地进行信息、能量和物质的交换，才会产生系统的自组织现象，并逐渐由无序向有序方向转化 [12,13]。防空作战体系是一个典型的开放系统，要使防空作战空地协同行动有序顺畅就应不断地获取战场信息，正如城市交通管理中心要对城市道路车辆实施有效疏导，就需要通过分布于城市各条道路上的监控探头实时采集道路拥堵信息，经综合处理后及时发布一样。在信息化空防战场上，信息优势体现为对空防战场态势的全面掌握并在各参战力量之间形成高度信息共享，空地信息主要包括情报信息、指控信息和协同信息。在统一、共享的空战场态势图支持下，才能对联合防空作战空地诸行动实施及时有效的监视、调控，及时发现、消解作战行动冲突，避免发生空中相撞和误击误伤事件，有效组织空地火力实施协同抗击。因此，实时、精准、可靠的空地信息是实现高效空地协同的重要信息保障。

空地数据链是实现空地信息实时共享的最重要途径。任何划时代的战争形态变革，都有其标志性的新武器，以数据链为核心的信息网络是信息化战争的标志性装备，可有效打破传统的“信息孤岛”，是获得信息优势，提高作战平台快速反应能力和协同作战能力，实现高效、精准、实时作战指挥的关键设备。防空作战空地协同的发展实践表明，数据链是实现高效空地协同的重要手段和发展途径。在信息化战场上，利用数据链系统将分布在陆、海、空、天的各种侦察探测系统、指挥控制系统有机结合，通过数据链“扁平化”的信息传递模式，实现诸作战力量之间的横向信息交流与共享，各指挥终端的指挥员能够通过信息网络进行实时信息交流，各作战单元指挥员依托协同信息网络和统一战场态势图，缩短了战术信息有效利用时间，使得“传感器至射手”信息流真正实现，从而使诸作战力量间无缝链接成为可能。

空地信息共享的基本要求是实时、精确和可靠。外军空地数据链系统的发展历程表明，通过数据链技术上的压倒性优势，用技术牵引战术，以战术整合力量，可以达成实时、精准、可靠协同的目的。其具体要求体现为：通过数据链达成空地信息的互联、互通，使空地作战力量能够实时共享空域作战信息；通过全维空天信息感知体系，在统一时间和空间基准下，确保数据精准传输，实现信息有效融合，形成精准战场态势；推进空地数据链向无节点网络化方向发展，增强战场生存能力，为空地协同行动提供持续、可靠的信息支撑。

3. 精准的空地行动联合管控

精准的空地行动联合管控是高效空地协同的手段保障。空地协同的核心目的是对防空作战空地行动实施精准的管理与控制。信息化战争的空中战场态势异常复杂，敌我双方攻防行动交织，打击手段软硬结合，打击方式立体多维，呈现出管控对象多元复杂、管控范围空天一体、管控方式灵活多样、管控过程贯穿始终的特点。随着军民各类空中力量的日益增长，空域资源和用空需求的矛盾越加突出，必须通过采取空战场管控的手段来控制作战全局、塑造作战态势，正如城市交通管理中心会根据城市各道路的拥堵情况，通过及时调配警力、控制流量等管控手段对道路车辆进行指挥疏导，以保证道路交通顺畅有序一样。为此，必须在联合作战部队的指挥机构中建立空域协同指挥控制机构进行统一指挥，协调各参战力量对共同空域的不同用空需求。空域协同指挥控制机构应具备一定的授权，可随时监视可能发生的行动冲突，保持对空域的态势感知能力，并能针对空域使用过程中发生的冲突及时采取相应的空域协同控制行动，消解空域冲突，平衡、协调和整合作战力量行动，在有限的作战空域内尽可能地满足联合作战部队的任务行动需求。

空战场管控是联合防空作战空地行动精准管控的重要手段。空战场管控是指挥员及指挥机关为维护空战场秩序、确保联合防空作战顺利实施、提升联合防空作战效能，对空战场资源进行管理配置，对作战行动进行管制和控制的活动。空战场管控在统领全局和对作战资源进行宏观调配的同时，更注重对具体作战行动的精确控制，已成为一种重要的联合作战指挥控制活动。军事强国已充分认识到空战场管控对实现高效作战协同的核心地位与作用，美国空军条令《战斗地带空域控制》就明确指出：所有军种对自己建制内的空中兵器均有空域需求，联合空中作战成功的关键因素是在联合作战区内必须由单一指挥官负责制定、执行和管理一个有序使用空间的综合计划。

空地行动联合管控的基本要求是做到安全、有序。防止空中相撞、防止误击误伤我机是确保联合防空作战行动顺利实施的前提，也是空地行动联合管控的基本要求。针对联合防空作战攻防行动交织、空地火力衔接紧密的作战特点，为了更有效地控制和利用好空战场，发挥协同作战效能，应系统协调各类防空作战行动、集中制定空域协同计划、尽可能减少对空域使用的限制，确保己方空地作战行动有序、协调。

第 2 章　防空作战空地协同基本理论

防空作战空地协同理论是指导和推动空地协同实践发展的理论基础，是组织联合防空作战筹划与指挥控制活动的基本遵循，对防空作战实践的深入推进具有十分重要的作用。空地协同效能的高低直接反映联合防空作战指挥员的多域联合筹划能力与指挥控制能力，对防空作战的进程和结局具有决定性影响。

2.1　防空作战空地协同的特点

防空作战空地协同是典型的多域协同作战，在具有智能化特征的信息化战争中，防空作战协同兵力多元，空域资源有限，协同信息多样、行动转换迅速，杀伤链跨平台，协同组织十分复杂。空地协同的上述特点存在于空地协同活动过程中，表现在空地协同活动的不同侧面。只有正确认识和把握空地协同的特点，才能更加深刻地理解和高效地组织空地协同行动。

1. 协同兵力多元，行动多域交错

防空导弹、高炮、电子对抗、雷达以及空中各类作战飞机等多元兵力在陆、海、空、天、电、网多维战场空间组织联合防空作战协同行动，空中、地面、硬杀伤、软对抗等各型兵力交织在一起，在作战纵深上外层远程截击、中层火力会攻、内层联合阻歼同步展开，构成了一幅多维、多域、大纵深的联合防空多元兵力行动场景。不同的防空武器特性各异、指标不同、异地分布又行动交错，要避免己方各类行动在空间域、电磁域或时间域上产生自扰互扰，确保各类作战行动顺畅有序实施，以夺取和保持制空权，就必须统合多元防空力量、协调兵力运用与火力运用、精准控制各类行动，对多维、多域战场实施有效的综合管控，指挥协同十分复杂。

2. 空域资源有限，管控任务繁重

空域是联合防空作战的一种有限核心资源，是协调联合作战行动的重要枢纽。空战场管控是提高空域使用效率的有效手段，是夺取、保持和利用制空权的关键所在，只有对作战空域实时有效的监视与控制，才能找出存在的主要矛盾，尽最大可能消除冲突并最大程度保证己方安全，确保己方各类空域用户行动的顺利实施，实现对多种作战力量联合行动的有效控制。实时管控首先需要快速精准鉴别空情态势，通过飞行计划和雷达监视等手段，对空中目标进行探测跟踪、敌我属性识别和威胁判断评估，能否掌握战场实时空中态势将直接关系到能否对各类空

域用户的空域使用活动实施有效控制。其次是高效组织作战空域管制。依据防空作战计划和空域控制计划，需要对在空任务飞机实施指挥引导和对地面用空兵力与火力实施管制。可见，在有限的作战空域内对各种用空行动实施有效管控，其监控、协调和控制的任务十分繁重。

3. 协同信息多样，交互共享困难

信息是沟通空地平台作战联系的桥梁，没有信息的传递与交流，就没有空地间的协调活动。在信息流运行链路上，包含信息感知、融合、分发与流转等多个环节。信息感知通过处于陆、海、空、天不同空间位置的各类平台传感器获取空战场多样信息，各类信息经过传递经融合处理后形成情报、指控和协同三大类信息：情报信息决定协同兵力对战场态势的感知与判断；指控信息用于下达协同任务、调节协同关系、组织协同行动和评判协同效果；协同信息是组织自主协同时所发出的协同意向与协同响应。各防空兵力在不同时段、任务和行动中所需的信息种类、精度和时限均不相同，需构建空空、空地、地地之间信息传递、融合与分发的高速信息网络，并解决信息网络的时间对准、空间统一以及不同时延数据的有效融合问题，方能满足不同用户的信息需求。可见，信息链路的构建、协调与交互十分困难。

4. 行动转换迅速，决策控制短促

美军著名军事理论家约翰 · 博伊德 (John Boyd) 的 OODA[O-观察 (observe)，O-判断 (orient)，D-决策 (decide)，A-行动 (act)] 制胜理论认为：敌对双方相互较量看谁能更快、更好地完成“观察–判断–决策–行动”的循环程序。制胜的关键是一方率先完成一个 OODA 循环，率先采取行动，让对手始终处于“OO”或“OOD”死循环之中而无法做出决策和行动。防空武器装备具备快速反应、高机动、高精度、高速度等现代作战性能，为组织快速攻防转换、空地转换、火电转换等防空协同行动提供了物质基础。在激烈空防对抗中要做到先机发现、先机发射、先机摧毁，必须实时监控战场态势的急剧变化，指挥控制节奏同步运转，协同指令下达简练直达，以缩短指挥决策周期，提高指挥协调效率。

5. 杀伤链跨平台，协同技术复杂

以“平台中心战”为主要特征的传统作战平台探测、跟踪、发射、制导和毁伤构成了一个平台各环节紧耦合的自闭环杀伤链，平台各分系统在杀伤链上环环相扣、紧密耦合，由于作战平台的杀伤链自闭合，平台与平台之间的杀伤链无法实现环节交叉和资源调度。基于“网络中心战”的作战平台是一个网络化作战系统，作战平台的传感器、指控、火力均是高速信息网的一个接入节点，基于网络协同技术各平台之间可实现互联互通互操作，从而实现由传统的单平台杀伤链自闭环向杀伤链跨平台动态闭环转变，互联互通互操作网络节点接入已成为组织高效、实时、精准协同的通用技术标准。美海军的“协同交战能力”(CEC) 系统本质是一种革命性的数据链路，它通过平台网络节点的“协同工作单元”(cooperative unit，CU) 实现互联、互通、互操作和统一协同作战行动。从作战域的角度来看，CEC 系统是武器控制层数据链，与 Link16 的兵力控制级战术数据链有着本质的区别。在跨平台协同链路上，各类信息的收集、融合、分发与使用需要高速信息网络 + 数据链的实时传输，以及作战平台与高速信息网络的无缝链接支持，只有这样各类信息才能进入武器平台的杀伤链控制层，从而形成平台之间协同探测、协同跟踪、协同制导、超视距协同作战等网络化协同体系的全新作战能力。

2.2 防空作战空地协同的规律

防空作战空地协同规律，是防空作战空地协同的组织者、协同对象、协同手段和协同信息等协同诸要素间相互作用、相互制约的内在联系。空地协同规律具有作战协同规律所具有的客观性、必然性、从属性和稳定性等一般特征，同时防空作战空地协同作为一种特殊的作战实践活动，还具有反映空地协同自身运用特性的特殊规律。只有正确认识并遵循防空作战空地协同规律，才能在空地协同实践中减少盲目性，增强自觉性，提升防空作战空地协同理论的指导水平。防空作战空地协同规律体现为空地协同行动的整体性、有序性、时效性、灵活性要求与空地协同机制、协同手段、协同信息、协同组织者之间的内在关系。

1. 协同机制决定空地协同行动的整体性

协同机制决定空地协同行动的整体性，是指空地协同行动的整体性取决于协同机制的科学构建水平，并依赖于顺畅的指挥协同关系的确定。整体性是决定空地协同成效的基础和前提，既受制于协同机制的建立与运行，又依赖指挥协调编组形式、协同关系的确定和调整。古希腊哲学家亚里士多德曾提出“整体大于各部分相加之和”。耗散结构理论认为，一个耗散结构系统内部各要素之间的关系是非线性的，这种非线性间的相互作用会产生相干效应和临界效应，从而形成系统的整体效应。整体效应既可能 $1+1>2$，也可能 $1+1=2$，还可能 $1+1<2$，这取决于非线性作用之间能否产生“正”相干效应的内部协同机制。良好的运行机制包括完善的协同体制、合理的机构设置、明确的职权分工及相互的关系界定，协同体制决定着整体结构的优化，协同机构是支配与协调各协同力量的核心要素，职权是对协同机构内部功能相互作用力度与范围的分工。不同的指挥协调编组形式决定着系统结构，不同的系统结构又决定着不同的整体功能，在一定程度上决定和制约着空地协同整体效能的发挥。指挥协同关系是协同主体、客体按一定顺序连成一体的纽带，其共同构成联系紧密、高度融合

的作战协同整体。

2. 联合管控决定空地协同行动的有序性

联合管控决定空地协同行动的有序性，是指空地协同行动的有序性取决于对空战场诸力量要素空地行动的有效联合管控程度，并依赖于空地协同行动规则的制定与执行。赫尔曼 • 哈肯的协同理论认为，一个系统的常在形态是无序的，熵是对系统无序程度的一个度量，一个孤立系统的自发运动总是向着熵增 (即更加无序状态) 的趋向演化，而系统有序必须是在系统外部信息流、物质流的干预控制之下强制建立的 [12]。有序性是构建一种相互制约和自觉规范的系统调控功能，空战场联合管控是构建空地协同行动有序性的关键，可确保协同兵力在联合空地行动的各个关键时节始终围绕作战目标发挥恰当的角色定位效应。为规范作战空域管控，美国空军颁布 JP3-52《交战地区联合空域管制概则》、FM3-100.2《多军种一体化作战空域指挥控制程序》及 FM3-52.3《联合空中交通管制》等空战场管控相关联合出版物；美国陆军为了有效协同陆军防空炮兵与空军航空兵之间的战斗协同，颁布了 FM3-52《空域控制》手册，明确在联合作战行动中空地协同、空域管控的相关概念、任务、规则、计划和执行方法等。防空作战空战场管控规则是组织实施作战空域联合管控的基本行动准则，空地协同的有序运行必须建立在科学、合理的空域管控规则基础之上。

3. 信息共享决定空地协同行动的时效性

信息共享决定空地协同行动的时效性，是指空地协同行动的时效性取决于对空地信息的实时精准掌控程度，并依赖于空地数据链的发展水平。空战场作战节奏转换快捷，提高协同效能的关键之一是要提升空地协同行动的时效性，高度共享的协同信息是提高协同时效性的前提。要实现有效的协调控制，必须及时、准确、全面地获取对指挥员判断情况、指挥决策有价值的各种时效信息。在信息的快速采集、传递和利用方面，传统的空地协同手段无论在信息获取精度、传递速度和处理效率上都无法满足信息化战争空地协同的时效要求。只有多维立体的战场监视系统、畅通可靠的网络化通信系统、精准高效的指挥控制系统以及作战平台规范、标准的互联互通信息接口，才能为实施有效的空地行动协调与控制提供高质量、高时效的协同信息，并借助于对空战场有效掌控和利用的信息优势，迅速转换为决策优势、行动优势和胜战优势，是防空作战信息制胜的重要体现。

4. 指挥素养决定空地协同行动的灵活性

指挥素养决定空地协同行动的灵活性，是指空地协同行动的灵活性取决于协同组织者的联合作战指挥素养，并依赖于高素质复合型联合指挥人才的培育选拔。

联合防空作战空地协同兵力多元、行动多域交错，空地行动的控制协调将变得十分复杂，这就要求协同组织者在组织协同行动时更加沉稳和灵活。美国数学家维纳的控制论认为，为了在不断变化的环境中维持一个系统自身的稳定，系统内部应当具有自动反馈与调节的机制。协同组织者是作战系统内及时发现下属行动偏差、准确实施反馈控制的关键。联合防空作战指挥员作为空地协同的组织者，既是战前协同计划的制定者又是战中临机协同的决策者。实施灵活有效的指挥与协同，取决于联合防空作战指挥员对战场态势的全面掌控、对诸防空力量作战运用的深刻理解以及果敢坚定的心理应变能力，这种卓越的指挥协调才能要求联合作战指挥员必须具有深厚的理论积淀和丰富的联合指挥实践经验，对其指挥能力素质的要求远远超过单一兵种指挥人员。为此，美军建立了军官“岗位轮换”的人事制度，这种岗位轮换分为工作岗位轮换 (主要指军政、军令系统的岗位轮换，军兵种、部队、机关和院校之间的人才交流) 和地区岗位轮换 (主要指内地与边远地区、本土与海外驻军的轮换)，形成了军官任职岗位的常态化流动机制，是美军联合作战指挥能力高人一筹的一个重要原因。可见，指挥人才跨军兵种、跨地区、跨院校的多岗位历练，是促进联合作战指挥人才专业化、职业化和精英化成长的一个重要培育途径。

2.3 防空作战空地协同的要求

技术决定战术 [14]，数据链作为信息时代先进的通信链路和互联互通互操作的技术标准，使空地协同手段发生了质的飞跃，直接影响和决定空地协同的运用模式和方式，推动空地协同理念、协同机制的变革，改变与信息化战争联合防空作战需求相悖的机械化战争传统的空地协同格局。

1. 由传统的“概略式协同”向“多域协同”转变

联合防空作战体系各构成要素均有其独特领域的功能属性，空地协同目的是使防空体系各要素的作战功能属性得以互补或加强。美军“网络中心战”则将作战空间划分为物理域、信息域和认知域，其中物理域是指处于陆、海、空、天不同物理空间的各类作战平台，信息域主要指网络空间和电子战领域，认知域是指作战人员的知觉、感知、理解、决策等意识思维领域，上述三重空间域思想为联合作战提供了理论指导。2012 年美军在《联合作战进入概念》(*Joint Operational Access Concept*) 中，首次提出“跨域协同” (cross domain synergy) 作战思想，称其为联合作战进入概念的核心要义。“跨域协同”是指在陆、海、空、天、电、网等不同领域互补性地而不是简单叠加性地运用多种能力，使各领域之间互补增效，通过在多个领域建立优势，从而获得完成任务所需要的行动自由。未来的联合作战必将是在陆、海、空、天、网各领域互补性地运用军事力量，互相弥补脆弱性，形成联合作战体系优势。海湾战争中美军“爱国者”防空导弹系统能够较成功地拦截伊拉克“飞毛腿”弹道导弹，有赖于美军的导弹预警卫星 DSP、陆基远程预警雷达以及位于美国本土和澳大利亚的指挥信息系统之间的密切协同，确保“爱国者”防空导弹系统从发现弹道目标到成功拦截仅用时 4.5min。机械化战争传统的防空作战空地协同，受协同手段和协同理念的多重制约，协同领域种类单一，协同兵力耦合不紧，作战体系功能的互补性或加强性特征不显著，作战体系的整体潜能很难得到充分发挥。

多域协同作战是联合防空作战空地协同的基本作战模式，这种多域协同主要体现为以下几点。首先是协同领域多维扩展。打破了兵种、领域之间的行动界限，最大程度地利用陆、海、空、天、电、网等多领域联合作战能力，同步实现空域、信息和火力的多维度协同，以夺取物理域、信息域及认知域的综合作战优势。其次是体系要素高度融合。联合防空作战体系是一个由多元要素构成的复杂系统，赫尔曼•哈肯的协同理论认为，复杂系统并不强调“量”，而是强调“质”，这个“质”是决定和影响系统的因素 (协同论称之为序参量)，简单系统与复杂系统的区分不在于数量，而在于系统构成要素不能或缺，以及各要素在系统结构形成中的共存方式。多域作战要求美军各军兵种具备“T”型作战能力，即横向能与其他军兵种进行融合，纵向能将其他军兵种优势融入自身能力。在未来作战行动中各军种、多领域间的无界限融合，将成为多域作战的核心要素。因此，多域协同是防空作战空地协同的首要要求。

2. 由传统的“粗放式协同”向“精确协同”转变

传统防空作战受装备技术和通信手段的限制，空地协同主要以战前计划协调、战中话音指挥引导为主，战场态势、目标诸元等信息的交互精确性和交换容量极其有限，作战飞机一旦升空，基本按既定方案实施，战场应变能力差；地面防空兵力在面对火力范围内的敌我空中飞机缠斗时，由于难以判断敌我和准确掌握我机位置，要有效组织空地协同十分困难。这种“粗放式”协同方式空地协同效率低、效果差，极大地限制了联合防空作战体系效能的发挥。随着空地数据链的广泛应用，使传统防空作战空地协同在技术手段上实现了重大突破，给防空作战空地协同理念、协同内容和协同方式带来了革命性变革，打破了传统“粗放式”的空地协同格局，使空地“精确协同”的新形态成为可能。

“精确协同”的物质基础是先进的高速、宽带数据链系统。数据链是信息化战场的神经中枢，也是防空体系连接各作战单元的信息高速路。没有数据链就无法实现信息中心与作战单元、作战单元与作战单元间的直接数据交换，如果作战单元无法从外界获取具备足够时空分辨率的目标信息，也就无法实现真正意义上的火力协同。即使拥有数据链系统，如果系统性能不能满足高速、宽带的要求，其在信息转换和传递过程中所附加的时延误差会降低目标信息精度，也难以达成“精确协同”的要求。俄军成功精准歼灭车臣非法武装头目杜达耶夫就是数据链运用的典型战例。1996 年车臣战争中，俄军 A-50 预警机截获杜达耶夫的手机通信信号，准确测定出其所在位置数据，引导苏-25 战机发射导弹，炸死了正在进行手机卫星通信的杜达耶夫 [9]。因此，满足作战精度要求的先进数据链系统是建立精确协同体系、实现高效火力协同的物质基础。

3. 由传统的“非实时协同”向“实时协同”转变

实时协同，是为应对未来防空作战高速、敏捷和多变的节奏特点，在高速空地数据链的支持下，通过战术单位、火力单位与指控/信息中心直接信息联通，实现战场态势共享和作战指令的平行传递，构建“侦察—打击一体化”的指控模式，以达成“发现即摧毁”的协同效应。

协同探测与实时共享战场态势信息是实时协同的前提。战场态势信息是指挥员做出科学决策、组织高效指挥的基本依据。空天战场目标的高速、隐身与复杂电磁环境交织，使得防空作战指挥的时空被进一步压缩。如果没有战场态势信息的协同探测和实时共享，在有限时间内，面对全空域、多批次空天目标的联合打击，防空方难以及时完成目标引导、目标搜索、跟踪识别、指挥控制、导弹制导、毁伤效果判断、转移火力等防空行动。因此，只有实现战场态势信息的实时共享，才能有效压缩指控决策周期，增强协同抗击的时效性和应变能力。

“侦察—打击一体化”指控模式是实时协同的关键。传统的指挥控制模式是集权模式，呈现为阶梯式树状结构。如图 2.1 所示，由于目标情报信息及上级指令信息要经过多层传递，侦察与打击脱节，指令互动间接完成，延迟多、周期长，难以达成空地间实时协同的作战效果。

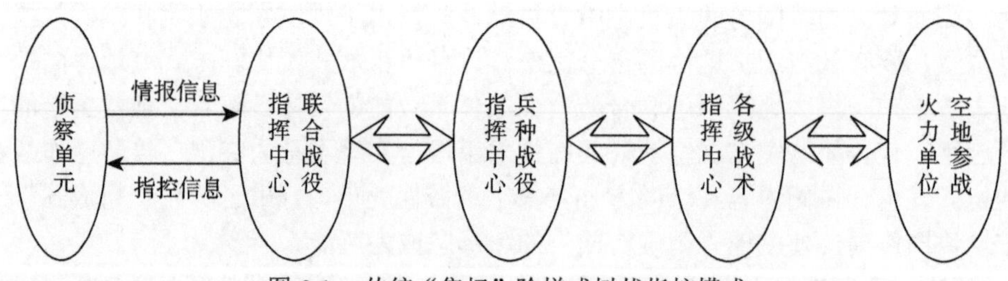

图 2.1　传统“集权”阶梯式树状指控模式

“侦察—打击一体化”指控模式是扁平化网状结构。如图 2.2 所示，在战场态势信息共享的基础上，各级指挥控制层均与传感器端、火力端建立直接指令互动，实现指令信息的平行传递，模糊越级指挥与逐级指挥的界限，强化指挥控制的时效性，从而达成实时协同所追求的“发现即摧毁”终极目标。

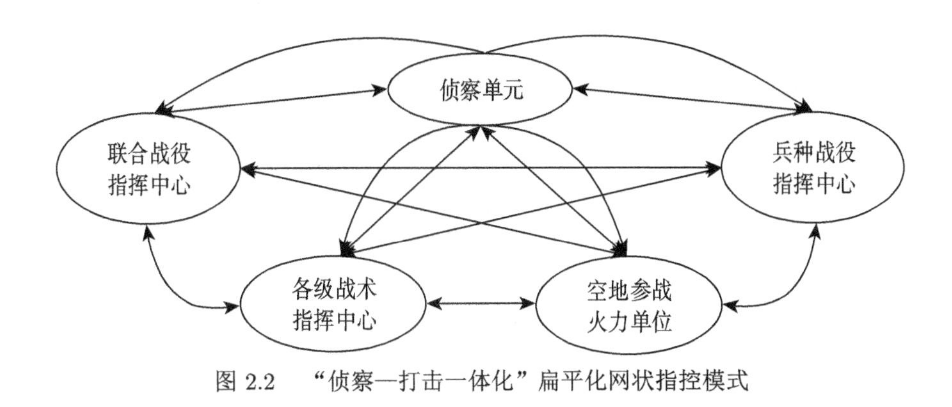

图 2.2　“侦察—打击一体化”扁平化网状指控模式

“实时协同”与“非实时协同”的本质区别在于协同信息的时空传递架构上。未应用数据链的信息分发与流转方式如图 2.3 所示，各类传感器采集的战场信息，通过有线、无线通信 (电) 或物理传递方式送达信息中心，信息中心经过人工或机器辅助分析进行信息提取与融合，形成相应的战场或目标情报信息，再以广播方式或点对点通信方式传送到各级指控中心，各级指控中心根据自身作战任务需要对信息进一步提取和处理，并以话音或数据指令方式发送给所属作战单元。这一过程呈现树状信息传递结构，节点多、延时长、时效差。

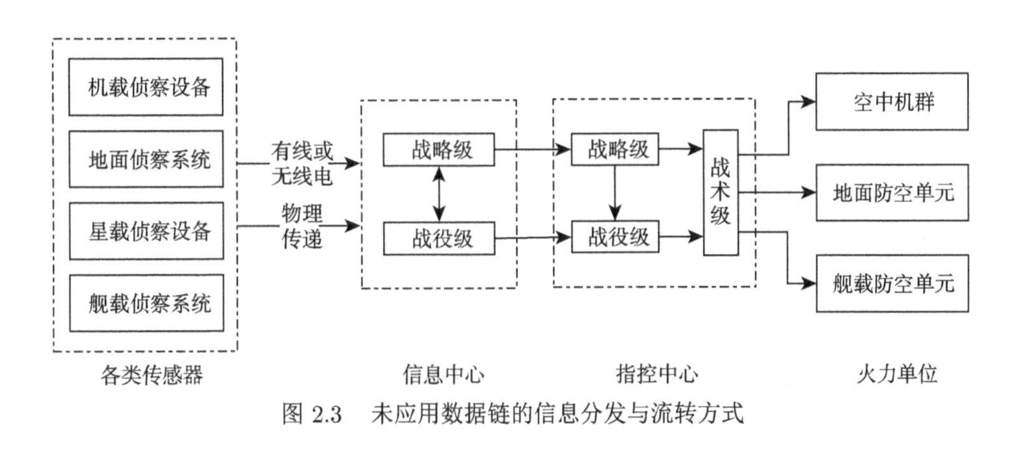

图 2.3　未应用数据链的信息分发与流转方式

数据链的应用则以网络化信息传递架构改变了这一信息分发与流转方式。如图 2.4 所示，各类信息可按传统方式进行传递与分配，但信息传输基本依赖有线或无线数据链路，时间延迟量级由分钟级缩至秒、毫秒级；同时，根据协同行动的需要，各数据终端间亦可建立直接信息链路，即射手端与信息采集端、射手端之间或信息采集端之间均可建立直接的信息交互链路，使信息的时效性有了质的飞跃，从而保证空地兵力的实时、动态协同。

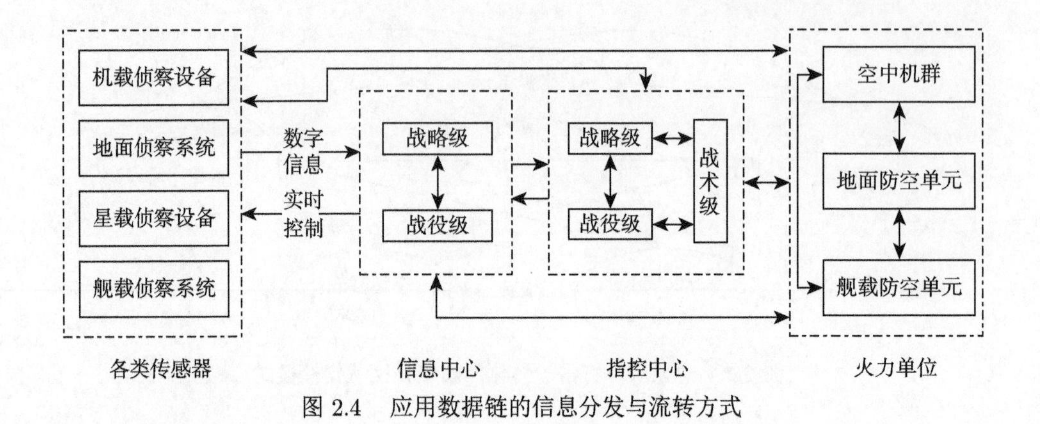

图 2.4　应用数据链的信息分发与流转方式

4. 由传统的“集中式协同”向“自主协同”转变

以往受战场感知能力和协同手段限制，战场空间内的防空力量分布基本为静态格局，即建立协同关系的作战力量结构在作战过程中是相对固定不变的，协同行动主要按预先的协同计划、指挥控制流程组织实施，无法根据战场变化随时增减，相应的火力单位及基本战术单位也只能依托传统的树状指挥控制结构实施协调，称为集中式协同。

战场数据链的应用，使传统的集中式协同方式、战场控制格局有了全新的改变。自主协同是利用先进数据链系统分布、开放、无节点的网络化结构布局，将防空协同探测网、指挥控制网和拦截打击网融为一体，作战平台可根据协同任务需求随时随地采取“热插拔”方式嵌入或脱离协同作战体系。“自主协同”是网络技术的战术应用形式和作战指挥“分布式 + 扁平化”结构的实现模式，其表现为：防空体系在先进数据链有/无线通信链路的通联下构成一个高速局域网络，网内的每个作战单元 (包括传感器、信息中继、指控、火力单元等) 既是网络资源的享用者，也是网络资源的提供者。当网外作战单元根据任务需要进入这个防空作战网络时，通过申请、识别、确认、接口地址分配和接入等一系列自动化指令程序，新的作战单元即可动态嵌入防空网，并与网内其他作战单元直接进行协同动作。

可见，数据链使防空体系构建呈现动态、开放式格局，打破了传统协同兵力数量和指挥控制关系的限制，作战单元可实现防空体系“热插拔式”动态嵌入，增强了协同兵力运用的灵活性。同时，数据链使作战单元与指控中心共享统一战场态势信息，具备同等的战场感知力，协同指挥将更加主动和灵活。例如，伊拉克战争期间，美军参战的战斗机和轰炸机大多安装了目标数据实时接收系统，可在飞行途中通过卫星数据链接收来自情报中心的实时数据，并对攻击导弹制导数据进行实时修正。战后统计表明，只有三分之一的飞机是按起飞前制定的计划作战，其余三分之二的飞机是在升空后根据收到的新指令打击“紧急时敏目标”，显著提高了空中打击效果。此外，数据链还使指挥控制权可实现动态转移，即可根据战场态势将指挥控制权由指挥中心快速移交至某一局部区域内的地面或空中战术指挥平台，由位于一线的地面或空中战术指挥平台高效组织战术协同行动。

2.4　防空作战空地协同的内容

联合作战协同涉及各作战兵力间、作战行动间、作战方向间、作战样式间、作战领域间以及作战与各种保障间的协同，但其最核心和根本的是各种协同兵力在作战行动上的协调与配合。防空作战空地协同，体现为各协同兵力在空域使用、信息组织和火力运用三类主要行动上的协调与配合。依照防空作战空地协同的特性，三类协同行动又涵盖了各自具体的行动内容，如图 2.5 所示。

2.4.1　空域协同

按照空域协同的内容和时机，可分为战前作战空域划设和战中作战空域管控。空域协同的本质是战前如何科学、合理地划设有限的空域资源，战中空域协同重点是围绕空域使用如何高效、快捷地协调空中和对空作战行动。空域协同的目的是通过空域划设与管控，及时检测和消解用空矛盾，避免误伤己机和空中相撞事件的发生，保障己方空地作战行动顺畅、有序。

1. 作战空域划设

作战空域划设是战前联合防空作战准备阶段的一项十分重要的基础性和先导性工作，是制定协同计划的核心内容之一。空域本身是一个自然空间，并没有特定的作战属性，一旦将空域作为防空作战资源，就需要将空域赋予特定的作战使用属性并制定各类空域使用规则，就如同城市道路交通高效管理的前提，是预先对城市道路划设各种交通标线、设置各类交通标志牌和交通信号灯。空域划设应根据空地双方具体作战任务、用空需求，并结合各类防空武器平台性能特点，精确划定联合防空类、地面防空类、空中交战类、交通管制类和限制性等不同用途、类别的空域，并明确空域申请、建立、使用的流程和方法，以及使用该空域的具体用户、使用规则、使用程序、运用方法及空域启闭时间要求。在空域划设过程中，需要运用兵棋推演系统或任务规划系统对各类作战协同行动进行时空冲突检测，并通过空域、时间的调整或作战行动的优化完成冲突消解。

作战空域划设应当具有种类完备性、位置精准性和时空动态性。传统的空域划设，空域类型简单、位置粗略和功能单一，同时受协同手段的限制，空中飞机只能通过概略引导、明显地标等方式粗略掌握自身相对划定特定空域的空间位置，地面防空火力也无法实时、准确掌握空中我机位置，既限制了地面防空火力的灵活运用，也造成空地协同行动粗放、非实时和协同效率低下，无法满足现代空战

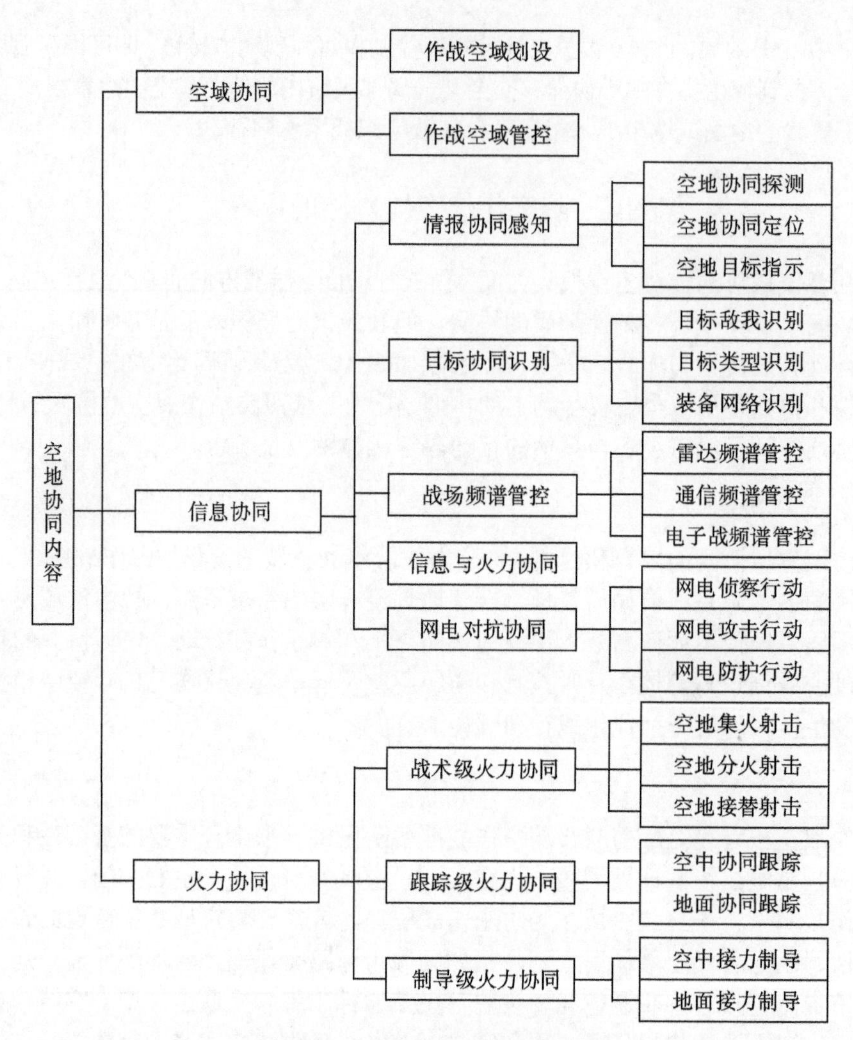

图 2.5　防空作战空地协同的内容

场管控的需要。随着数据链的广泛应用，从根本上解决了作战飞机的战场态势感知能力，使飞行员可实时获取自身与划设空域的精确相对位置关系，进而使空中飞机能够在划设的战场空域自由、灵活、自主地采取各类行动，并实现与地面防空火力实时、精准、高效的空地协同。此外，作战空域划设也不是静止和一成不变的，可根据作战进程、战场情况和作战行动的变化对已不适宜的原有空域进行适当调整，并向所有空域用户及时通报新建、更改、删除空域以及空域启闭时间等最新空域信息，同时下发空域动态划设的最新数据包。因此，划设空域具备种类完备性、位置精准性和时空动态性，是组织空地作战行动的重要依据，为防空作战实施阶段空域的精准管控打下良好的基础。

2. 作战空域管控

作战空域管控是防空作战实施阶段组织协调用空行动的主要途径，是组织临机协同的重要手段。为提升联合防空作战效能、维护战场秩序、确保作战顺利实施，以战前划设的作战空域为基本依据，综合利用监视、协调和控制手段，协调空地各类作战行动，确保有序、安全、高效地使用空域。作战空域管控的基本依据是划设的各类作战空域及其用空规则，就如同城市道路交通管理是以各种道路交通标线、交通标志和交通信号灯为交通执法的基本依据，并依此对城市车辆行驶行为进行管理与控制。可见，作战空域管控的实质是依据划设的空域及其使用规则对空地行动进行实时监视与控制的活动。

作战空域管控应当做到实时、高效和精准。作战空域管控主要是规定空域使用规则、程序和方法，通过防空作战指挥信息系统中的空战场管控分系统，实时掌握战场态势、高效组织指挥决策和精准进行行动控制，动态监控、管理和适时启闭作战空域，实施作战行动检测和消解行动冲突，临机处置各种突发和意外情况，达成空地协同的“精确、实时、自主”要求，保证己方作战行动的有序顺畅，提升空地协同的整体协同效应。

2.4.2　信息协同

信息协同是空地信息实时、高度共享的主要途径，是实现高效空地协同行动的信息保障。信息协同的内容主要包括情报协同感知、目标协同识别、战场频谱管控、网电对抗协同和信息与火力协同。

1. 情报协同感知

情报协同感知，是指为获取全面、实时、准确的战场情报信息，空地各类传感器在信息获取、传输、处理与分发行动上的协调配合。情报协同感知是信息协同的基本内容，是保障空地协同行动顺利实施的基础。以空地数据链为基本支撑，通过建立完善的战场情报空地信息网，实现地面防空武器和机载雷达、光电传感器的实时信息共享，完成空地互为支撑、协同配合的情报感知行动。

按照情报协同感知的目的，可分为空地协同探测、空地协同定位和空地目标指示三种类型。

(1) 空地协同探测：指空地传感器根据平台特点和装备性能不同，合理配置、区别任务、互补不足，全方位、实时探测战场信息的协调行动。图 2.6 和图 2.7 分别是目标处于地物遮蔽区和地平线以下遮蔽区的空地协同探测示意图。图 2.8 是当地面雷达站配置于山顶等高处时，由于受雷达探测波束下限角的限制，对低于雷达波束下限角区域的“负高度”目标空地协同探测示意图。图 2.9 是地面雷达受到敌干扰压制的空地协同探测示意图。

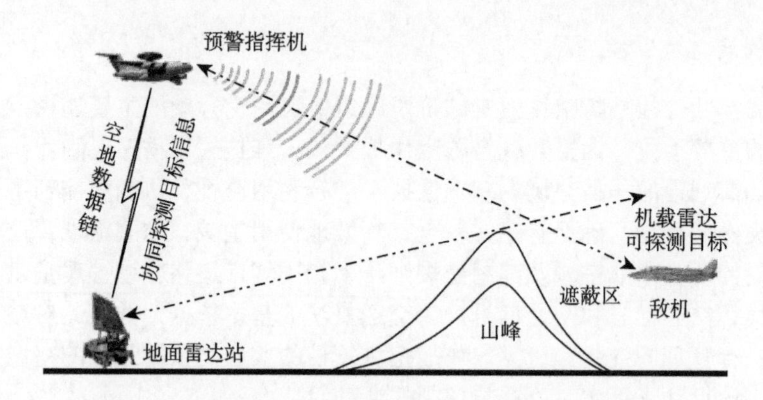

图 2.6　对处于地物遮蔽区目标的空地协同探测示意图

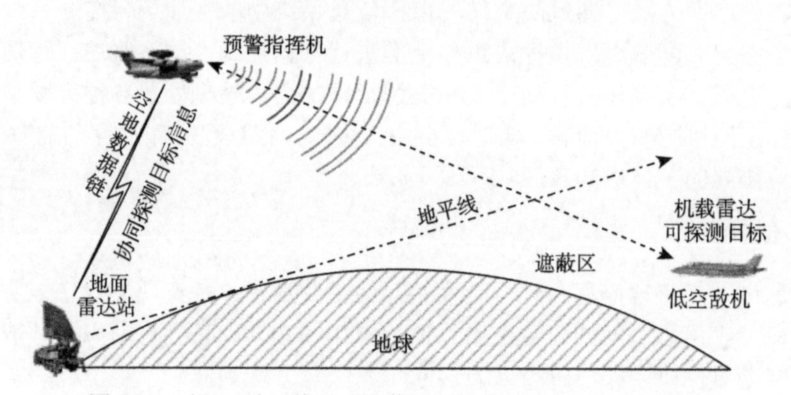

图 2.7　对处于地平线以下遮蔽区目标的空地协同探测示意图

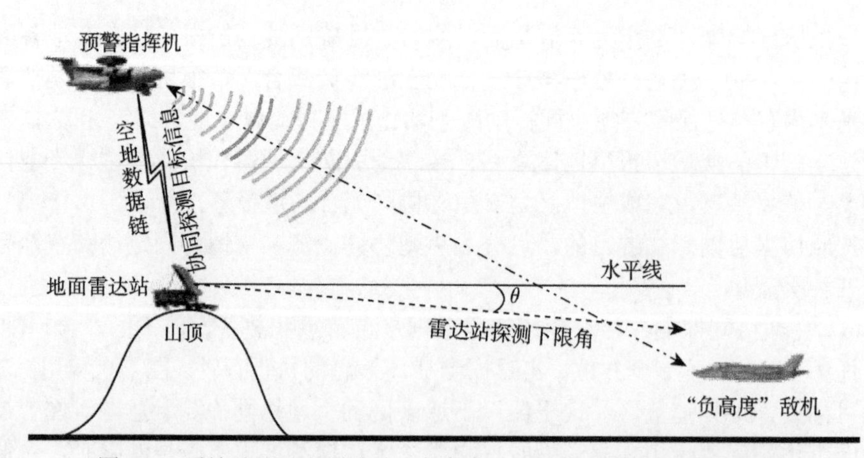

图 2.8　雷达站处于山顶时对“负高度”目标的空地协同探测示意图

(2) 空地协同定位：指当空地探测平台均遭到空中敌自卫干扰时，组织空地探测平台传感器同时对该干扰源被动跟踪，利用空地探测平台测量的干扰源角度信息和空地平台相对位置信息解算出空中干扰源的位置信息，如图 2.10 所示。

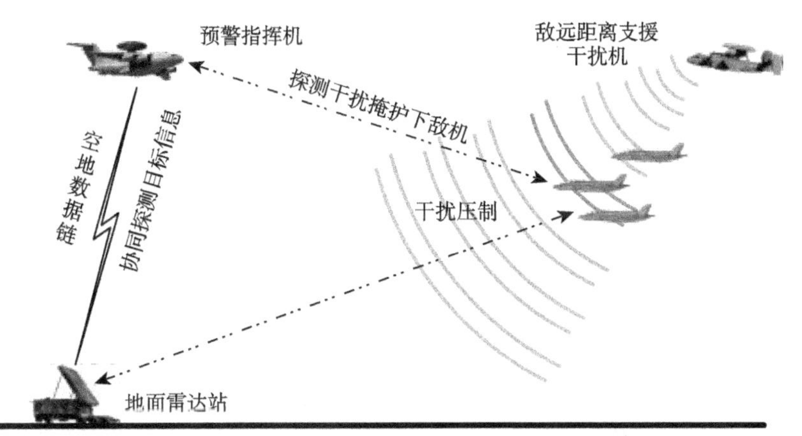

图 2.9　地面雷达受到敌干扰压制的空地协同探测示意图

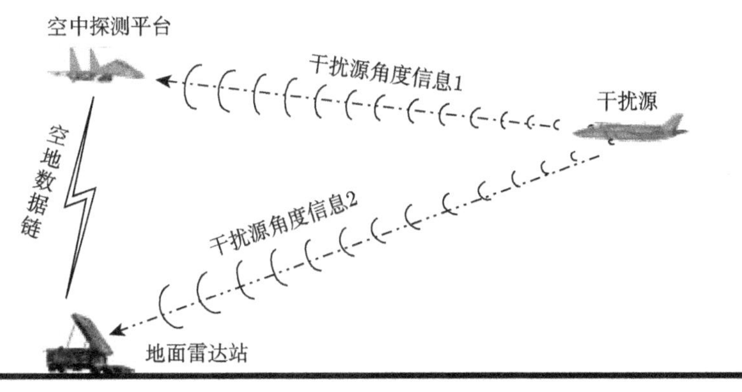

图 2.10　空地协同定位空中干扰源示意图

(3) 空地目标指示：指空中 (地面) 协同平台为地面 (空中) 作战平台快速捕获目标而采取指示该目标空间位置的空地协调行动。图 2.11 为飞机为地面雷达进行目标指示示意图，同样地面雷达也可为空中飞机指示敌机位置，以尽可能压缩己方雷达开机暴露时间并快速捕获目标。

2. 目标协同识别

目标协同识别是指充分利用各类情报资料和战场信息，正确判断目标的属性、类型和网络身份，为精准掌控战场敌我态势和组织火力协同打击提供可靠依据。目标协同识别既可利用敌我识别器询问空中目标属性，根据应答信号判断敌我，也可利用雷达和光电传感器系统，获取目标飞行诸元或特征，通过对比敌情资料、查

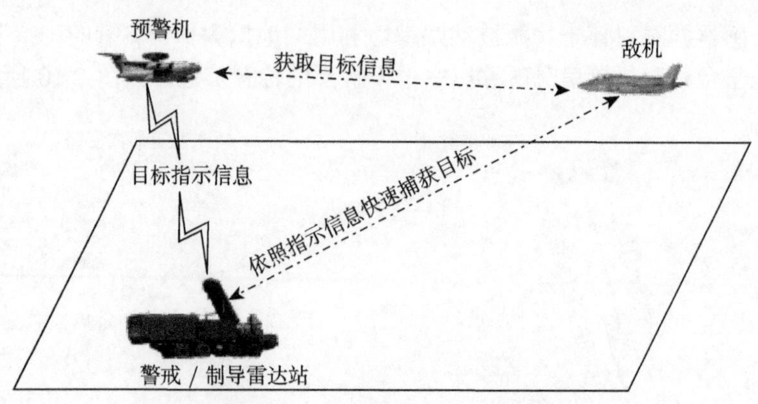

图 2.11　空地目标指示示意图

询我机位置等对敌空袭兵器的机型、弹型、编队类型等进行综合判断。以数据链为支撑的信息网络拓展了目标识别的信息来源，也提供了多样化的识别手段，使目标识别的可靠性和准确性发生质的飞跃，对推动空地目标协同识别起到重要作用。目标协同识别主要包括目标敌我识别、目标类型识别和装备网络识别三个方面。

(1) 目标敌我识别：指利用数据链网络和敌我识别器系统，对空中目标的敌我属性进行判断。其内容包括技术识别和联合识别两部分。技术识别是指地面防空火力单位或空中作战飞机直接运用敌我识别器对空中目标进行询问和应答判断敌我。联合识别是指利用数据链网络获取的我机空中位置实时信息并结合敌我识别器的识别结果进行判断，可最大程度地减少敌我机误判的发生，是在数据链支持下目标协同识别的首选方式，如图 2.12 所示。

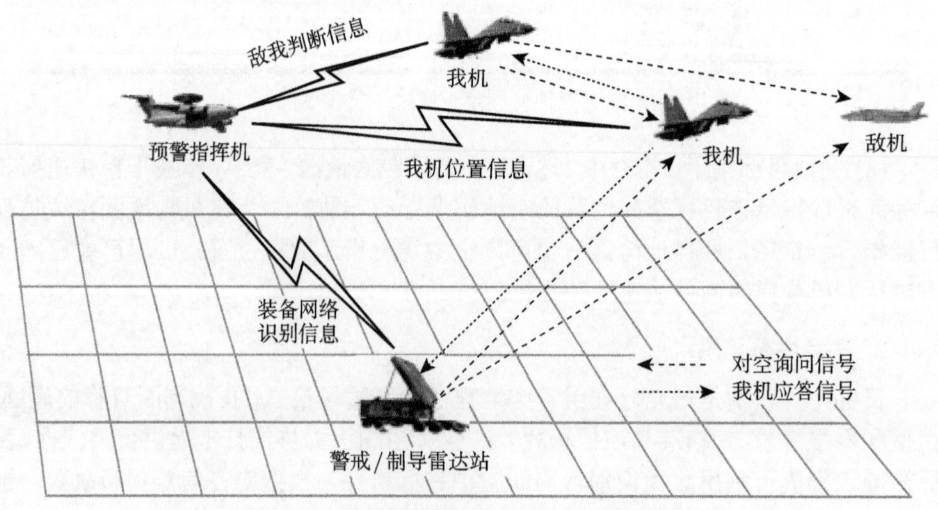

图 2.12　空地协同网络目标协同识别示意图

(2) 目标类型识别：指利用空地多种传感器信息和敌情资料，对敌空袭装备的机型、弹型、编队类型等属性进行综合判断，为各级防空指挥员指挥决策提供基本依据。

(3) 装备网络识别：指己方各装备通过数据链连接构成协同武器网，每个装备入网都分配一个具有唯一性的网络地址 ID 号作为网络身份的装备识别码，协同作战时可利用这一网络身份识别码并结合数据链传送的己方平台空中实时位置完成平台敌我属性、平台类别及具体型别的自动识别，是组织自主协同时快速判断、选择己方协同平台的基本方法，如图 2.12 所示。例如，Link16 数据链网络内的每一个装备平台均分配有一个地址号 (JU) 及敌我识别 (IFF) 代码、平台类型、任务识别等平台识别信息。

3. 战场频谱管控

战场频谱管控，是指为避免地面、空中各用频装备之间的电磁互扰自扰而对各用频装备所实施的用频指配、电磁环境监测和频率冲突协调的行动，以保证空地用频装备工作的协调有序。由于战场频谱资源有限，通过规划各类防空用频装备的使用频率、辐射方向、辐射时段和辐射能量，能够避免互扰、强化互补，实现各类用频装备协调一致地发挥作用。其中，频率协同法是实施电磁频谱管控的基本方法，也是使用较为广泛和有效的电磁频谱管控方法。

战场频谱管控是防空作战信息协同的一项重要内容，更是防空作战能够顺利实施的信息保障条件。战场频谱管控具体包括以下三方面。① 雷达频谱管控。雷达频谱管控是指为避免己方各型雷达装备之间用频互扰，对战场区域内的地面、空中各型雷达的频域、空域、时域和能域所进行的监控、配置和协调。雷达频谱管控是空地作战兵力在同一空域内实施联合抗击作战的重要保障。② 通信频谱管控。通信频谱管控是根据保障任务、通信距离等统一通信装备的频段、体制，严格控制各类通信装备的工作时间、发射功率，确保空地间的互联互通，解决战场通信频谱资源有限与多样化通信需求之间的矛盾。③ 电子战频谱管控。空地电子战装备是实施电子防空的主体，其中电子进攻装备用于对空中敌机实施电子干扰和压制，是防空作战夺取制电磁权的重要装备。地面或空中电子战装备如果在频率、方向、时机上使用不当会对己方飞机、地面雷达和通信造成严重干扰。因此，需要通过实时检测、协调空地电子战装备间、电子战装备与其他防空装备间的电磁频谱冲突，避免或消除电子战装备对己方其他作战装备的不利影响，以提高电子防空与火力防空的协同作战能力。

4. 网电对抗协同

网电空间是未来战场的虚拟空间，网电对抗是防空作战的一种重要作战样式。在信息化战争条件下，制信息权作为网电空间优势的最直接体现，统领主导其他战场制胜权，网电信息攻防通常首先展开并贯穿作战全程。没有制信息权就没有制空权，也就没有防空行动的自由权。网电空间对抗在不费一枪一炮的情况下即可获取十分可观的军事效益。

网络空间对抗担负的主要任务包括：组织实施电子对抗情报和网络情报的联合侦察，为联合防空作战行动提供情报支援；综合利用电子干扰、反辐射摧毁、网络攻击等手段，对敌指挥信息系统实施网电火力一体攻击；组织电子防御和网络防护，干扰、迟滞和阻断敌空天攻击，保护己方防空指挥信息系统安全。

网电对抗协同行动应按照上级作战意图，在联合防空指挥机构的统一指挥下，重点遂行以下三类行动任务：

(1) 网电侦察行动。不间断实施全维信息侦察行动，重点掌握敌 C4ISR 系统作战频谱和战场网络参数，核查网络漏洞和攻击目标；将病毒提前植入敌信息网络系统，隐蔽潜伏获取信息并伺机发动攻击；利用已经控守的敌网络信息系统，延伸己方联合预警探测“触角”，有效弥补侦察监视盲区，为防空作战行动提供信息保障支援。

(2) 网电攻击行动。利用各种电磁进攻手段压制敌空中指挥控制系统，开辟空中进攻走廊；利用提前植入敌方的网络病毒和木马，对平时掌控的重要网络目标实施病毒攻击和接管控制，瘫痪核心军事指挥控制网络和基础信息系统；使用有线和无线网络攻击手段，在敌指挥控制系统信息层和链路层，实施寻的式、应答式灵巧攻击，突破敌网络安全防御机制；通过破译身份认证密码，突破网络安全防御，接管敌方系统管理员权限，实施信息篡改、伪造，发布虚假指令，扰敌指挥决策；在敌重要目标附近安放目标定位传感器、电子侦察干扰装备、计算机病毒注入装置，实施特种信息攻击。图 2.13 为空地协同对敌预警指挥机实施电子压制示意图。

(3) 网电防护行动。组织空地软硬电子对抗力量，综合使用光电防护设备，对敌进攻和信息支援装备实施电子干扰和打击，削弱敌信息支援和精确打击能力；运用信道加密技术，启动空地数据链组网系统抗干扰工作模式，避免指挥通信被窃听和干扰；部署使用网络防火墙和安全隔离网闸，利用主机安全管理软件、网络防病毒软件和补丁自动分发系统，加强信息网络防护；运用组网系统动态重组网络，调配信息流向，避敌定向式干扰；积极参加网络安全保密联合行动，对各类网络攻击行动进行协同处置，确保网络体系整体安全。

5. 信息与火力协同

作战空间的物理域与信息域最具有互补性，其产生的协同效应也最为显著。信息与火力协同，是指以防空导弹、高射炮和机载空空导弹、航炮等为主体的物理域火力防空装备与信息域的电子防空装备在作战行动上的协调与配合。其

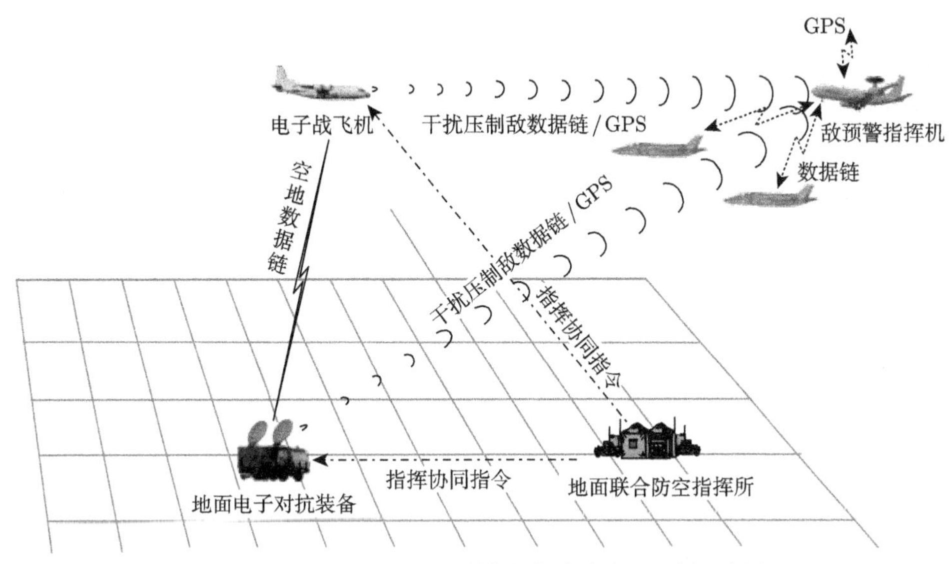

图 2.13　空地协同对敌预警指挥机实施电子压制示意图

中，电子防空是指综合运用电子对抗手段，削弱、抑制、破坏敌方空袭兵器电子信息设备和系统使用效能的行动，包括电子侦察、电子进攻和电子防御行动。信息与火力协同，是火力防空“硬摧毁”与电子防空“软对抗”的有机结合，火力防空在总体上具有被动性，单纯的火力防空已无法适应信息化战争背景下的联合防空作战需求，电子防空可为火力防空提供信息侦察、电子进攻和电子防护支援，火力防空可为电子防护提供火力掩护，两者优势互补，相得益彰。信息与火力协同是联合防空作战协同的一种重要模式，更是联合防空作战体系效能的新增长点。

按照电子防空装备的类型，信息与火力协同可分为“火力防空 + 电子侦察”型、“火力防空 + 电子进攻”型和“火力防空 + 电子防护”型三种协同编组形式。其中，“火力防空 + 电子侦察”型是指在复杂战场电磁环境下，电子防空侦察装备为火力防空的预警雷达、目标指示雷达、火控雷达等提供远方空中目标信息等空情保障。“火力防空 + 电子进攻”型是指电子防空的各类电子干扰压制装备对敌空中飞机的机载雷达、数据链、话音通信和 GPS 等实施主动干扰压制，降低或破坏敌作战装备效能，配合火力防空力量对其实施火力打击。“火力防空 + 电子进攻”型是信息火力协同的主要形式。“火力防空 + 电子防护”型是指利用电子防空的光电告警设备、各类烟幕对火力防空装备或阵地实施的电子防护行动，对提高火力防空的生存能力具有十分重要的作用。

信息与火力协同通常采取目标协同法，即根据敌空中目标的性质、威胁程度及作战企图，将目标同时分配给电子防空和火力防空力量实施共同抗击的协同作战方法。信息与火力协同抗击示意图见图 2.14，包含 2 个典型示例：①电子防空进攻装备主动对低空、超低空进袭敌机的测高雷达 (无线电高度表) 实施干扰，迫使其爬升，从而为己方火力防空提供射击条件；②电子防空进攻装备对敌机载雷达、数据链或 GPS 实施干扰压制，造成敌信息致盲，为我机使用空空导弹对其攻击创造机会。由上述 2 个典型示例可以看出，在电子防空与火力防空的协同作战中，防空火力虽然依赖于电子防空的信息保障和信息攻防，但由于电子防空不能对敌实施硬杀伤，只有火力摧毁才能削弱敌空袭作战能力，因此，在信息火力协同作战中，应树立信息服务火力、保障火力、围绕火力防空组织电子防空的作战理念。

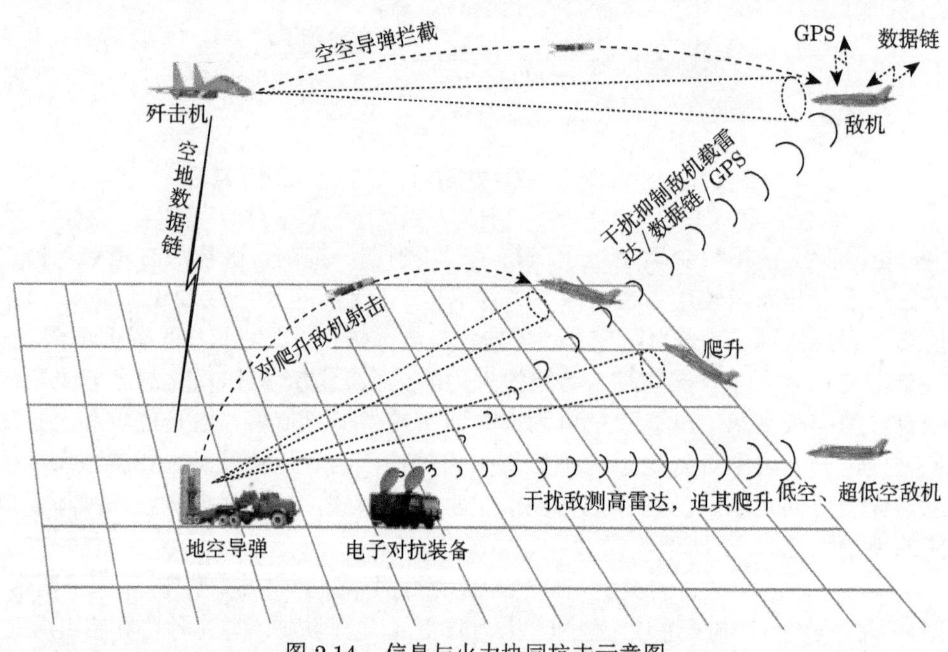

图 2.14　信息与火力协同抗击示意图

2.4.3 火力协同

火力协同是在空地信息的支援下，空中与地面火力打击力量依据选定的火力协同模式对同一空中目标组织协同拦截的行动。空地火力协同运用主要根据协同任务、武器性能和空中态势环境等情况确定。按照协同武器平台间火力协同的交链程度或协同复杂度，可分为战术级、跟踪级和制导级三类火力协同模式。其中，战术级火力协同是指挥情报层协同，跟踪级火力协同是跟踪控制层协同，制导级火力协同是制导回路层协同。制导回路层的火力协同是火力协同的高级阶段，也是美海军“协同交战能力”(CEC) 的主要协同形式。

1. 战术级火力协同

战术级火力协同，又称为指挥级火力协同，是在联合防空指挥信息系统的统一指挥下，空地火力平台对空中目标在火力发射时机上的一种火力协同打击方式。战术级火力协同的目的是通过对空地火力平台的联合运用，发挥空地火力平台的各自优长，分别从空中、地面对同一目标实施协同射击，以提高空地协同作战的整体效能。战术级火力协同具体可分为空地集火射击、空地分火射击和空地接替射击三种协同模式。

从协同信息的交链程度上看，战术级火力协同是基于空中情报信息通报或上级统一指挥指令下协调火力发射时机的一种火力协同模式，火力协同相对比较简单，是空地火力协同的初级发展阶段。

1) 空地集火射击

空地集火射击，是指空中飞机和地/海面防空火力单元对同一个空中目标在大致相同的时间内实施空对空与地对空共同射击的火力协同方法。实施空地集火射击的前提条件是空中飞机和地/海面防空火力单元对该目标具有共同的发射区或杀伤区，可由地面联合防空指挥所或空中预警指挥机具体组织实施，如图 2.15 所示。

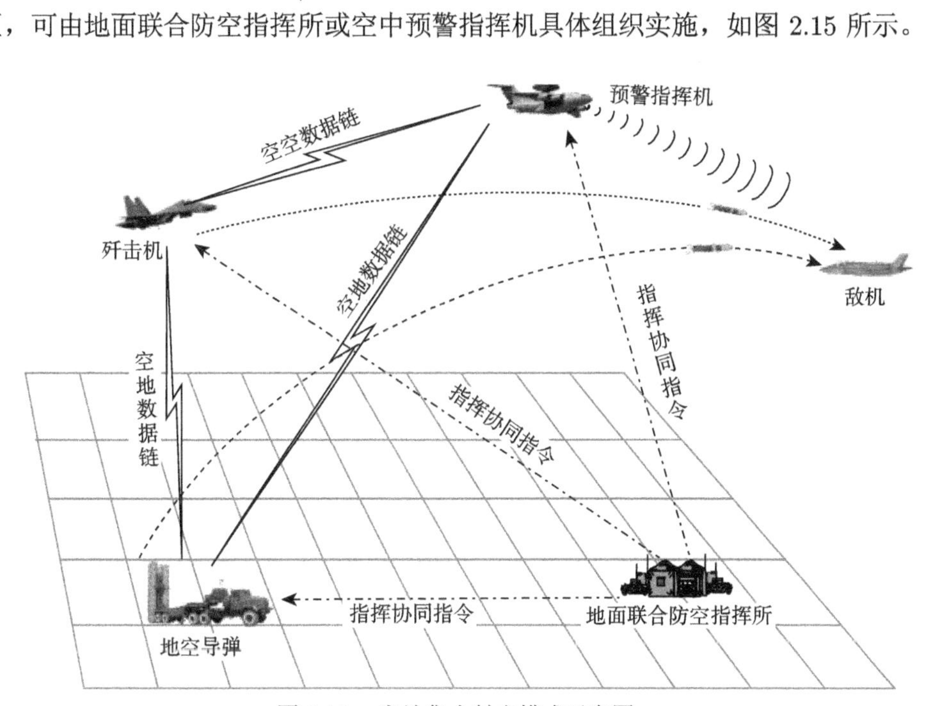

图 2.15　空地集火射击模式示意图

2) 空地分火射击

空地分火射击，是指在同一作战空域内的空中飞机与地/海面防空火力单位按照任务区分，分别射击进入该空域内不同目标的火力协同方法。空地分火射击可由地面联合防空指挥所或空中预警指挥机具体组织实施，如图 2.16 所示。

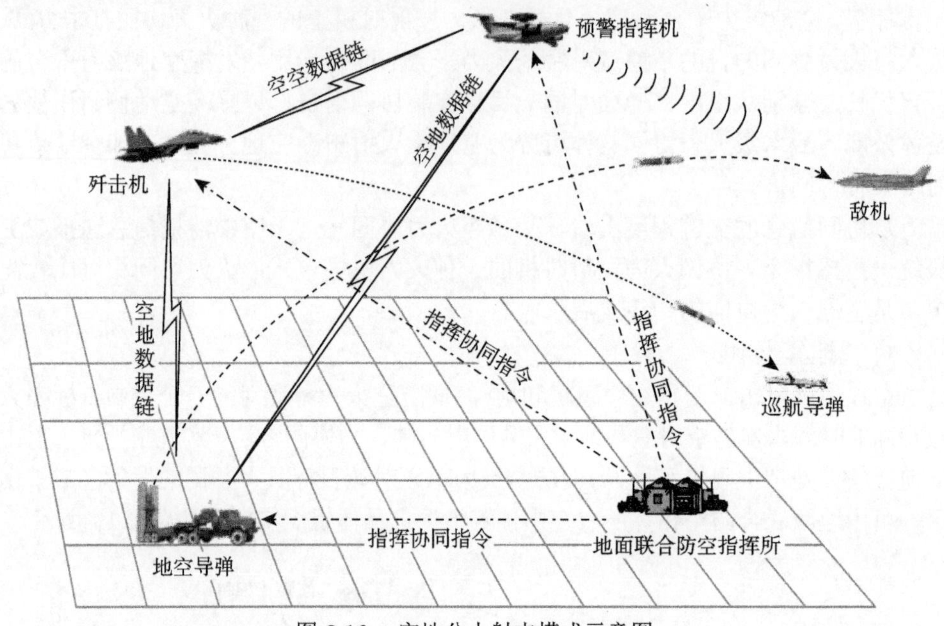

图 2.16　空地分火射击模式示意图

3) 空地接替射击

空地接替射击，是指当空中飞机 (或地/海面防空火力单元) 没有击毁空中目标时，参与协同的地/海面防空火力单位 (或空中飞机) 对该目标实施再次射击的火力协同方法，如图 2.17 所示。

2. 跟踪级火力协同

跟踪级火力协同，又称支援级火力协同，是空地两个火力平台在空地数据链支持下，一个火力平台利用另一个火力平台所提供的空中目标实时跟踪信息对该目标进行间接瞄准射击的火力协同方式。跟踪信息必须满足协同火力射击平台的火控级精度要求，具体可分为空中协同跟踪、地面协同跟踪两种火力协同模式。跟踪级火力协同的使用条件是实现空地战场信息网跟踪级目标信息的实时高度共享，适用于一个火力平台无法及早发现或无法稳定跟踪目标下组织协同射击的场景。

从协同信息交链程度上看，跟踪级火力协同是基于目标坐标支援下一个火力平台共享另一个火力平台目标跟踪回路信息的火力协同组织形式，火力平台之间实现了目标跟踪回路的互联与互通，是网络化作战空地火力协同的中级发展阶段。

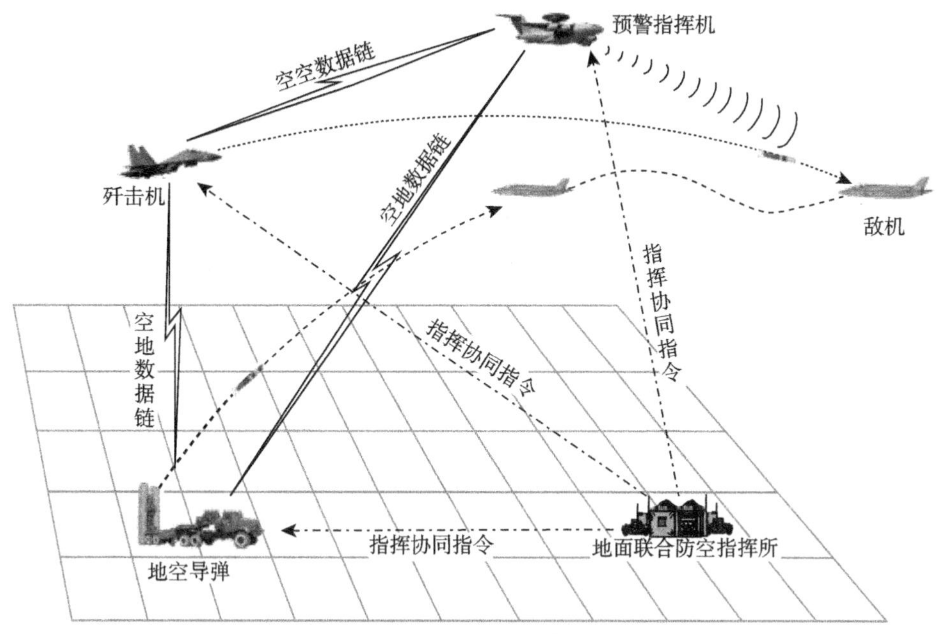

图 2.17　空地接替射击模式示意图

1) 空中协同跟踪

空中协同跟踪，是一种“空中瞄准 + 地面射击”的协同模式，是指地 (舰) 空导弹武器系统尚未发现或跟踪目标的情况下，利用空中有/无人作战飞机提供的敌空中目标跟踪信息，完成射击诸元计算，发射、制导地 (舰) 空导弹摧毁敌空中目标的协同射击方法，如图 2.18 所示。该模式地面跟踪雷达可全程保持无线电静默，主要用于超视距协同拦截低空、超低空进袭目标 [15]。

2) 地面协同跟踪

地面协同跟踪，是一种“地面瞄准 + 空中射击”的协同模式，是指空中有/无人作战飞机尚未发现或主动保持机载雷达无线电静默的情况下，利用地 (舰) 空导弹武器系统提供的敌空中目标跟踪信息，完成射击诸元计算，发射和制导空空导弹摧毁空中目标的协同射击方法，如图 2.19 所示。该模式有/无人作战飞机机载雷达可全程保持无线电静默，同时发挥地面 (舰载) 防空导弹制导雷达功率大、探测距离远、精度高的优点，确保空中有/无人作战飞机在保持机载雷达静默的情况下对空中之敌发起突然攻击。

3. 制导级火力协同

制导级火力协同，是空地两个火力平台在空地数据链支持下，一个火力平台接力制导由另一个协同火力平台已发射导弹的火力协同方式。具体可分为空中接力制导和地面接力制导两种火力协同模式。制导级火力协同的使用条件是空地两

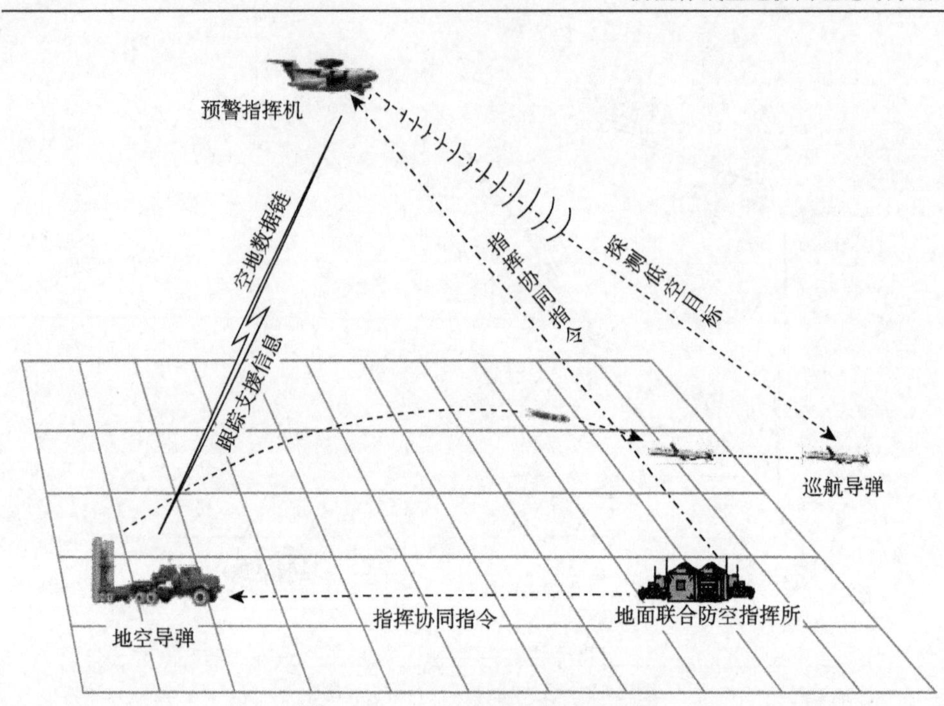

图 2.18　空中协同跟踪模式示意图

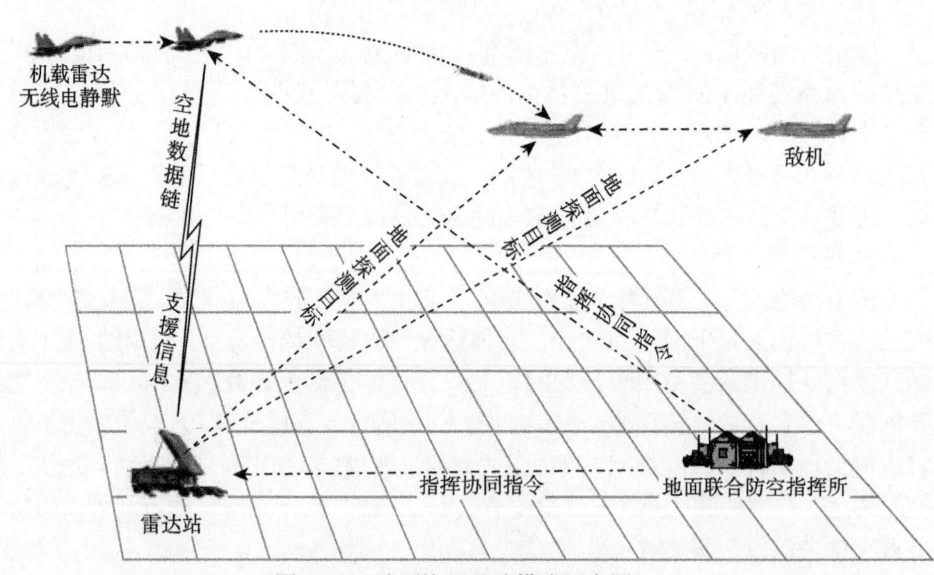

图 2.19　地面协同跟踪模式示意图

个火力平台的制导回路相互嵌入，实现了制导回路的互联、互通和互操作，适用于对地平线 (或遮蔽线) 以下目标的超视距火力打击或一个火力平台在导弹发射后受到干扰或反辐射导弹攻击而无法继续制导的作战场景。

从协同信息交链程度上看，是一个火力平台对另一个火力平台制导回路的直接控制，火力平台之间实现了两个火力平台导弹制导回路的互联、互通和互操作，是网络化作战空地火力协同的最高形式，由于实现平台功能解耦和资源共享调度，也是空地火力协同的发展方向。

1) 空中接力制导

空中接力制导，是一种“地面发射 + 空中制导”的协同模式，是指为协同打击敌空中目标，先由地空导弹武器系统发射导弹，后由空中有人/无人机平台对空中导弹实施接力制导的一种火力协同方式。如图 2.20 和图 2.21 所示，该火力协同模式主要用于解决地空导弹对地平线以下低空目标或山峰等遮蔽物后目标的超视距拦截问题，也可解决地空导弹武器系统在对导弹制导过程中，遭受敌空中反

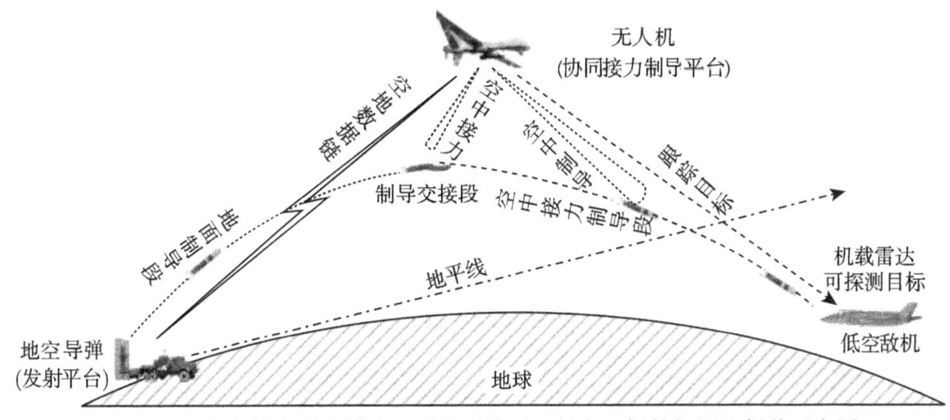

图 2.20　空中接力制导模式下对地平线以下低空目标的超视距拦截示意图

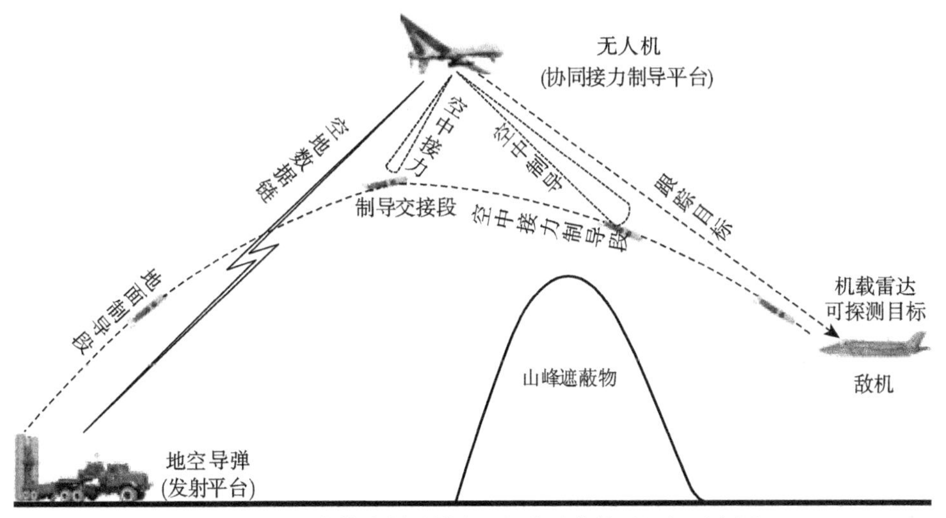

图 2.21　空中接力制导模式下打击遮蔽物后目标示意图

辐射导弹压制而被迫关闭制导雷达造成制导导弹失控的作战难题，同时提高了体系作战的可靠性。

2) 地面接力制导

地面接力制导，是一种“空中发射 + 地面制导”的协同模式，是指为协同打击敌空中目标，先由空中有人/无人机平台发射导弹，后地空导弹武器系统对空中导弹实施接力制导的一种火力协同方式，如图 2.22 所示。该火力协同模式主要用于保证有人驾驶飞机在空空导弹发射后，能够快速退出战场，最大程度地保证自身安全，同时提高了体系作战的稳定性和协同效能。

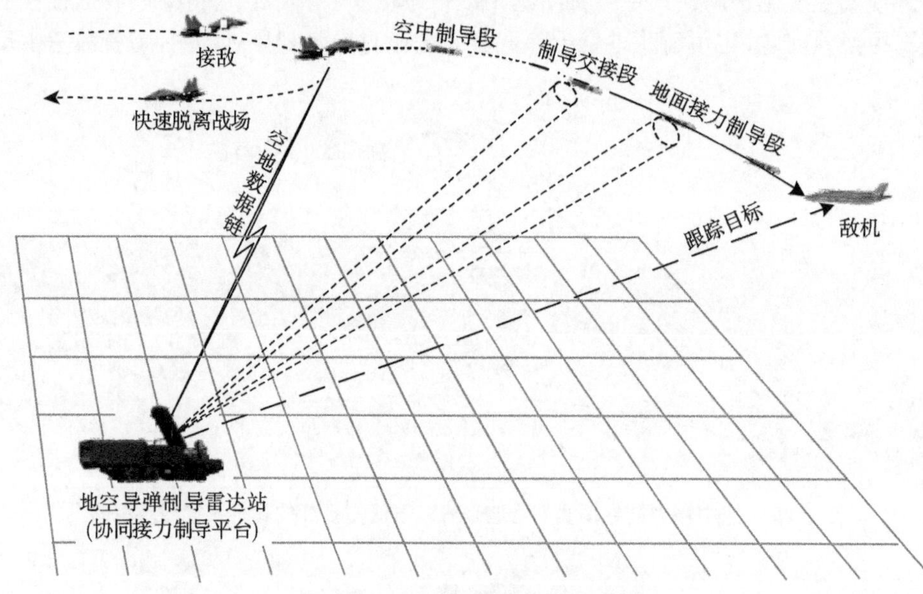

图 2.22　地面接力制导模式示意图

2.5　防空作战空地协同的方式

协同方式是指挥员及其指挥机关组织各作战力量协调一致行动所采取的方法和形式 [16]。按照防空作战空地协同的时机，可分为战前计划协同和战中临机协同。战前计划协同主要是制定协同计划，协同计划来自防空作战行动计划，防空作战行动计划是总体计划，是防空作战协同计划的基本依据，就两者关系来讲，防空作战行动计划侧重于规划防空作战的主要行动和方法，协同计划侧重于规划各主要行动之间的时空关联和协同规则，但协同计划必须与防空作战行动计划保持一致与协调。在战中临机协同阶段，应以协同计划为基本脉络，根据战场情况变化及时组织临机协同。通常不拟制单独的空地协同计划，其协同内容应作为防空作战协同计划的核心部分。

2.5.1　计划协同的方式

计划协同，是指在联合防空作战准备阶段，依据联合防空总体行动计划及各参战防空力量的空域使用需求，划设作战空域，检测和消解空域使用时空冲突，规定空地信息协同规则以及空地火力协同程序与方法的计划组织活动。“不谋全局，不足谋一域”。计划协同是作战协同最主要、最基础的协同方式，计划协同的输出是形成协同计划。

在作战准备阶段协同计划的拟制方法上，主要包括两种。①依案修订式。这是一种“依据预案、修订计划”的拟制方式，作战准备阶段协同计划可以在平时防空作战计划的基础上，根据当前实际情况对平时制定的计划方案进行适应性修订，可快速形成作战准备阶段协同计划方案，适用于平时计划方案与当前敌情、我情、战场环境以及赋予的作战任务较为吻合的情形。② 依情重拟式。这是一种“依照实情、重拟计划”的拟制方式，适用于战前敌情、我情、战场环境以及赋予的作战任务与平时的计划方案设想出入较大，原有的计划方案无法满足当前的实际情况，需要重新拟制各参战力量的协同行动，明确协同对象、协同程序、协同方法和关键协同行动的协同要点，为战中临机协同提供具有可预见性、可行性和可操作性的行动依据 [17]。

在空地协同的协同方法上，可视情灵活采取任务协同法、空间协同法、时间协同法或目标协同法 [16]。其中：

(1) 任务协同法，是指将防空作战总任务分解为若干子任务，并赋予适合担当各项子任务的参战力量，通过各参战力量分别完成所受领的子任务，进而为整个防空作战提供协同效果。采用任务协同法时，各参战力量只要能够按计划完成各自的子任务，总体协同计划就可实现。为此，指挥者应综合考虑各参战力量的装备性能、作战能力与作战特点，科学分解总任务，合理规定各项子任务的任务界面，明确各子任务的力量主体及协同关系，并确保各参战力量能够在规定的时限、空间内完成任务，不应出现对各参战力量用非所能、用非所专或兵力资源重复浪费等情况。

(2) 空间协同法，是区域协同、方向协同和高度协同方法的统称，是防空作战空地协同的基本方法。通常是组织各参战力量在同一时间实施作战协同行动时采用。空间协同法应根据各参战力量的作战能力和特点、战场环境的影响等，对各参战力量的行动空间进行合理划分，明确各参战力量在不同战场、不同方向、不同区域、不同高度的作战任务，围绕主要作战行动明确协同关系和要求 [16]。

(3) 时间协同法，是指当歼击航空兵与地面防空兵在同一区域作战而又无法实施空间协同时，可采取区分作战时段的方法进行信息、火力协同。通常是组织各参战力量在同一空域遂行任务或打击同一目标的行动协同时采用。时间协同法的重点是对各参战力量的行动顺序和起止时间进行合理划分 [16]。

(4) 目标协同法，是指当歼击航空兵和地面防空兵在同一空域和时段内共同担负防空作战任务时，通过区分、指示敌空中目标的批次或性质组织抗击的协同方法。通常是在组织共同打击目标行动时采用。目标协同法应根据各参战力量的作战能力以及目标的性质、位置、数量、重要程度等合理分配目标，是防空作战空地火力协同的主要方法 [16]。

空域协同是防空作战协同计划中最重要、最复杂的内容，空域协同的基础性工作是依据防空作战行动计划科学划设各类作战空域，并根据参战兵力的用空需求，检测和消解可预见的空域时空冲突，尽可能地满足各参战兵力的用空需求。同时，空域协同也要充分考虑与作战空域内军、民用空中交通控制系统的沟通与协调，促进空中交通安全高效流动，有效支援防空作战并实现联合防空作战目标。各参战力量必须充分理解空域协同计划，否则就有可能危害空中交通安全，增大误击误伤的风险。

防空作战协同计划中的空地协同涉及空域协同、信息协同和火力协同的协调与配合，具体协同内容见表 2.1。

表 2.1　防空作战协同计划中的空地协同内容

<table>
<tr><th>协同类别</th><th>协同子类别</th><th>协同内容</th></tr>
<tr><td rowspan="2">空域协同</td><td>作战空域划设</td><td>①明确空域的种类、数量、空间位置及启闭时间；②明确空域协同的类型、规则与优先顺序；③明确空域内的交战规则和预警程序；④明确空域内的我机识别程序与规则；⑤明确空域内特殊情况的处置程序和方法；⑥明确空域数据库的定向下发单位、途径及更新要求；⑦附空域划设图及参数</td></tr>
<tr><td>作战空域管控</td><td>①明确实施空域管控的机构、任务及指挥协调关系；②明确空域管控的重点区域、方向或时段；③明确发生空域时空冲突时的消解程序与规则；④提出紧急情况下的空域管控处置原则</td></tr>
<tr><td rowspan="5">信息协同</td><td>情报协同感知</td><td>①提出情报协同感知的重点方向、区域和任务；②明确参与协同感知的力量及其协同关系；③明确情报协同感知的程序和方法；④明确应急情况的处置原则；⑤提出情报协同感知的行动要求</td></tr>
<tr><td>目标协同识别</td><td>①明确目标协同识别的程序与准则；②确定目标协同识别的主要手段和辅助手段；③明确对空中属性不明目标开火的权限规定；④明确紧急情况下的处置原则；⑤提出目标协同识别的要求</td></tr>
<tr><td>战场频谱管控</td><td>①明确战场电磁频谱管控的管理机构及主要任务；②明确各参战力量电磁频谱分配、用频设备部署、辐射区域与辐射时段划分的方案；③明确对违反电磁频谱使用规定的监测、查处和协调的程序与方法；④明确紧急情况下的处置原则</td></tr>
<tr><td>网电对抗协同</td><td>①明确网电对抗的管理机构及主要任务；②明确网电侦察、进攻和防护的行动要点；③明确在遭受敌网电攻击时的处置程序与方法；④明确紧急情况下的处置原则</td></tr>
<tr><td>信息与火力协同</td><td>①确定参与协同的火力分队和信息对抗分队，明确协同任务；②明确信息与火力协同的时机、方法；③明确协同行动的要点</td></tr>
<tr><td rowspan="3">火力协同</td><td>战术级火力协同</td><td rowspan="3">①明确组织火力协同的程序和方法；②明确组织火力协同的基本规则与调控方式；③明确自行组织火力协同的授权下放条件；④提出火力协同的要求</td></tr>
<tr><td>跟踪级火力协同</td></tr>
<tr><td>制导级火力协同</td></tr>
</table>

演练、完善计划是战前计划协同阶段一项不可或缺的重要工作。在防空作战协同计划制定完成后，在时间允许的情况下，应采取实兵演练、指挥所推演或兵棋仿真推演等方式，以查找计划纰漏和问题为导向，对已拟制的计划方案进行预先检验与评估，对发现的问题应及时进行修订完善。美军战役指挥机构平时的核心工作就三条："穷尽计划、演练计划、完善计划"。平时依据对各种可能发生作战场景的预判与构想，制定与之相应的作战预案，并对预案逐一进行反复演练并不断完善，一旦发生战事可迅速将匹配的预案转化为作战计划并付诸行动。战前除了拟制协同计划外，演练并不断修订、完善计划是联合防空作战机构平时的重要工作。

2.5.2　临机协同的方式

临机协同是指在联合防空作战进程中，出现突发或意外情况而造成战前协同计划无法继续执行时，依据作战任务和协同要求，对空域使用、信息组织和火力协调行动进行的临时调控活动。

临机协同的基本依据是作战准备阶段协同计划，是计划协同的延伸及补充。高效组织临机协同必须具有两个基本条件。①应具备对空地战场出现的突发或意外情况的实时感知能力。随着信息网络系统的快速发展，特别是通过雷达、敌我识别器、数据链、通信设备等方式方法实时掌握空情动态能力的不断提升，临机协同的态势感知能力和自主研判能力大幅提高，为组织临机协同提供了前提条件。②应具备快速、精准、灵活的协同调控手段。在空地对抗日益激烈、不确定因素骤增的防空作战中，突发或意外情况千差万别，对临机协同的时效性、精准性要求大幅提高，在具体组织实施中需要根据具体情况采取灵活多样的处置方式。

按照具体的突发或意外情况，在组织战中临机协同时可采用四种不同的调控方式：

(1) 程序式调控。这是一种"依照计划、周密实施"的协同，适用于作战行动刚刚发起、战场情况没有出现重大变化、既定协同计划可以付诸实施时，协同各方严格按协同计划组织作战行动。程序式调控是最基本的临机协同方式。

(2) 指令式调控。这是一种"集中指挥，听令行动"的协同，适用于在作战过程中情况出现一般性变化，既定协同计划需要做适当调整且协同配合反应时间要求不紧迫时，由联合防空指挥机构发出协同命令的一种临机协同方式。指令式调控是最常用的临机协同方式。

(3) 召唤式调控。这是一种"一方召唤、多方呼应"的协同，适用于战场情况出现较大变化、既定计划难以实施时由协同主体召唤或呼叫，在此作战空域内的相邻各方积极响应、主动配合的一种临机协同方式。召唤式调控是空地信息高度共享条件下的一种高级协同方式。

(4) 自主式调控。这是一种“自主判断、主动作为”的协同，适用于战场态势出现重大变化且战场情况十分紧急时，协同各方虽然没有接到上级指令，但依据当前战场态势、协同任务和协同规则而实施的一种主动协调配合的临机协同方式。自主式调控是防空作战空地协同的发展方向。

2.6　防空作战空地协同的运行机制

联合防空作战协同内容复杂、体量庞大，必须利用先进的技术手段，构建起信息化的多域协同体系，确保对联合行动做出精确、精细、精准的计划安排和控制协调。空地协同的运行机制，是空地协同各要素之间的体系结构关系和运行方法。运行机制反映了空地协同体系的内部关系、工作规则和工作流程，运行机制设计是否科学、合理直接影响空地协同的运行效率和空地协同效能。

2.6.1　空地协同基本关系

协同关系在《军语》中的解释是：“无隶属关系的两个以上部队在共同遂行作战任务时构成的相互协助、配合的关系。通常根据上级授权建立协同的主次关系。”关系与权力直接相关，权力的本质就是一种关系。基于什么样的权力就会形成什么样的关系。延伸到作战协同领域，高效顺畅的协同离不开基于指挥权产生的纵向指挥关系，同时也不能忽视各协同对象相互配合的横向协同关系，而横向协同关系产生的基础是协同权力。卢鹏等认为，协同权力是在协同组织与实施过程中某一协同对象所具有的能够影响和制约其他协同对象的横向作用力或影响力，简称为协同权。协同离不开指挥，协同权的基础和来源是指挥权，协同权必须由上级指挥员明确和授权产生。指挥权是上级对下级各协同对象的“纵向”作用力，协同权是各协同对象围绕共同任务进行协调配合时形成的“横向”作用力。

可见，协同关系的基础在于协同权力，根据协同权力施加影响和制约的程度，可将其分为协同控制权、协同优先权、协同协商权三种基本类型。其中，协同控制权，是权力主体有权从配合行动、时机、目标、强度和空间等方面对其他协同对象进行控制、掌握和制约；协同优先权，是权力主体在与其他协同对象相互配合过程中，有权就配合的时机、内容、地域或强度等方面提出引导性或限制性要求；协同协商权，是某一协同对象有权对其他协同对象提出申请或建议，并展开平等协商和协作。协同协商权是每个协同对象自然具备且最为普遍的一种权力。协同权力的类型是划分协同关系种类的基本依据。基于三种不同类型的协同权，相应形成了三种协同关系，如表 2.2 所示。

表 2.2　协同关系分类表

协同关系种类	形成基础	约束强度
种属控制关系	基于协同控制权	较强约束作用
主从制约关系	基于协同优先权	一般性约束作用
平行协商关系	基于协同协商权	较弱约束作用

1. 种属控制关系

种属控制关系，是指具有协同控制权的主体与其他协同对象之间形成的制约性较强的配合关系。种属控制关系在协同的组织和实施中表现出较强的控制性和制约性。在激烈的体系对抗中，这种强制约性的协同关系有利于保持作战协同的高效和稳定，是空地协同作战中最基本的协同关系。

种属控制关系包括对隶属和配属两类作战单元主体的协同控制。其中，隶属关系是通过编制或命令规定的下级对上级的从属关系，是种属控制关系中最稳固和最基本的关系结构。配属关系是所属的一部分兵力兵器临时调归其他单位指挥与使用时，与临时指挥单位间建立的指挥与控制关系。尽管配属关系是根据作战任务临时建立的指挥控制关系，但就协同职能的运用而言，在作战使用中指挥机构对配属部队和隶属部队享有同样的协调与控制权。程序式、指令式两种临机协同调控方式就属于种属控制关系。

2. 主从制约关系

主从制约关系，是指具有协同优先权的主体与其他协同对象之间形成的具有一定约束强度的配合关系。主从制约关系通常是两个互不隶属，但在执行作战任务中有主次之分，并在作战行动上相互制约的作战单元之间建立的支援与被支援、保障与被保障关系。这种关系主要表现在有关作战实体的横向联系上，是作战协同中最广泛、最复杂的协同关系。

主从制约关系的建立，通常由两支平行作战单元共同的上级确定，根据不同的作战任务需求，在不同阶段确立的主从制约或支援关系。主从制约关系的特点是控制有限性和调整动态性，这也是与指挥控制关系的主要区别：①从控制力度上，主从关系不要求主要兵力的指挥员为从属兵力的行动做出决策，仅从完成自身任务的角度对从属方提供协同的时间、地点、目标和方式规定具体的限制条件，从属兵力则有义务按照主要兵力指挥员的要求采取行动，并根据任务的轻重缓急，不失时机地加以完成，使两个平行作战单元之间达成相互协调、有效支援的作战行动；②在协同关系的建立上，既可由两个协同主体的共同上级根据作战任务和作战的不同阶段，采取集中确立方式进行确定，也可由两个协同主体根据自身作战任务需要自主确定，二者的主从地位关系根据协同规则确定；③主从制约关系的转换上，协同主体的主要地位与从属地位并非一成不变，随战场态势变化和上级下达的不同任务需要，主从关系可随时转换，主从双方的地位可能发生互换或解除协同关系。召唤式临机协同调控方式就属于主从制约关系。

3. 平行协商关系

平行协商关系，是指具有协同协商权的协同对象相互之间平等协商、配合协作的关系。通常是两个互不隶属和制约的平行作战单元之间，为实现共同目标而在作战过程中自动建立的相互配合的协同关系。这种关系是依据预先规定的协同规则，利用数据链的自主协调功能通过平行协调建立而不是依靠行使指挥权达成统一行动目的的行为。

建立平行协商关系既是空地间更广泛的合作领域达成协调有序的基础，也是实施联合防空作战行动时减少冲突与误伤的有效途径。根据协调层次和职权不同，平行协商关系的协商可分为战术指挥机构双向直接协调、互派协调员或联络组协调、作战单元间通过数据链实时协调三种方式。前两种方式通常在空地协同作战行动开始前进行，用于对空地协同行动的总体筹划；第三种方式则主要是在空地协同行动过程中，根据战场变化情况实时进行的空地协调行动。自主式临机协同调控方式就属于平行协商关系。

2.6.2 空地协同运行流程

防空作战空地协同的基本工作流程是依据防空作战计划制定协同计划、依据协同计划组织战中协同及依据战中协同实施调控协同。

1. 计划协同的流程

计划协同主要是作战准备阶段基于防空作战行动计划制定协同计划，具体步骤包括：理解总体计划、提出协同构想、检测与消解冲突、制定协同计划、召开协同会议和演练协同计划。计划协同阶段的关键环节是检测与消解行动冲突，主要是依托兵棋仿真推演系统或任务规划系统对协同草案中空地协同力量是否存在时空行动冲突、电磁频谱使用冲突或用空冲突等进行检测与消解，通过调整、细化各协同方行动，从源头上消解冲突和矛盾，确保各类用空行动有序展开，最大程度地满足诸军兵种的行动、频谱和用空需求，最终达到联合防空作战效能提升的目的。计划协同主要步骤及内容见表 2.3[18]。

2. 临机协同的流程

临机协同主要是作战实施阶段基于防空作战协同计划组织临机协同，具体步骤包括：监视作战行动、检测与消解冲突、控制空域启闭、下达协同指令和评估协同效果。临机协同主要是依靠各种监视设备及数据链实时、精准掌控战场情况，并依据战前协同计划，组织临机协同。在组织临机协同的过程中，需要重点把握空域的启闭控制、行动冲突的实时检测与消解以及临机协同调控方式选择等关键环节。

表 2.3　计划协同的主要步骤及内容

计划协同阶段工作	分项工作	主要内容
理解总体计划	了解作战任务	围绕本次防空作战目的、上级企图和赋予的任务，了解主要作战方向、保卫目标区域、责任区域以及本部任务在作战全局中的地位和作用
	分析主要行动	分析总体行动计划中主要作战阶段、主要作战方向的主要行动及时限要求，提出各主要行动之间需要协同的关键时节及协同内容
提出协同构想	提出协同草案	根据主要行动之间的协同要求，提出空域划设、信息协同和火力协同构想，并组织拟制协同草案
	明确协同单位	根据协同构想，确定参与协同行动的主要单位，明确相互间协同关系
检测与消解冲突	—	依托兵棋仿真推演，重点对协同草案中的协同行动、空域使用进行时空冲突检测，对电磁频谱管控方案进行频率冲突检测，并给出各类冲突的消解方法，之后修订协同预案
制定协同计划	—	联合防空指挥员定下协同行动决心，经审批后，指挥机关拟制协同计划，以协同动作指示的方式，下发有关单位，并定向发布空域划设参数
召开协同会议	—	适时组织协同相关单位召开协同会议，依据协同计划，明确协同任务，落实协同行动要点，提出协同保障措施和协同行动有关规定
演练协同计划	—	在时间允许的情况下，应依照协同计划，组织协同单位进行协同演练，评估协同计划，发现协同问题并及时修订

临机协同的主要步骤及内容见表 2.4[18]。

表 2.4　临机协同的主要步骤及内容

临机协同阶段工作	主要内容
监视作战行动	使用各种空战场监视设备和数据链，对空中作战行动和对空作战行动进行实时、精准监控，掌控空地战场态势
检测与消解冲突	实时检测和准确评估协同行动，及时发现计划行动偏差，对可能或已经出现的行动时空冲突、电磁频谱互扰实施实时检测和快速消解
控制空域启闭	依据协同计划，对空域进行动态控制，及时开启或关闭指定空域，并将空域启闭信息及时发布、更新并下载空域数据包
下达协同指令	依据协同计划，督导落实协同动作，对协同行动偏差或出现意外突发情况时组织临机协同，及时下达协同指令或自主协同授权命令，并监控协同行动的执行情况
评估协同效果	对协同行动实际效果进行实时评估，提出下一步行动的决心建议，重新下达新的协同指令

2.6.3　协同决策冲突消解

防空作战协同决策，是各协同防空兵力根据联合防空指挥机构分配的作战任务及可用的作战资源，先期拟制各自的行动预案，并上报联合防空指挥机构进行综合协调，最终确定协同方案的决策过程。在制定各自作战预案的过程中，由于各协同兵力是以如何实现自身作战行动效能的最大化为决策基本依据，在总体作战资源有限的约束下各作战预案之间不可避免地会存在资源使用冲突，如何科学、高效地消解各协同兵力间的这类冲突，是构建协同体系工作规则、优化协同决策机制的重要内容。

1. 协同决策的主要冲突

防空作战空地协同客观上需要各协同兵力在空域、信息和火力上的协调与配合，为此各协同兵力在制定各自作战预案的过程中，必然会导致这三类作战资源的分配、调用和使用冲突。具体冲突表现如下。

(1) 空域资源冲突。空域资源是联合防空作战最大的公共资源，所有对空或空中行动都是在一定的空域范围内实施的。在同时遂行多个用空行动时，大概率地会出现有限空域资源使用上的时空行动冲突。如果不提前预测或实时检测并消解这类冲突，己方飞机可能会危险进入其他防空武器正在使用的空域，极有可能发生空中危险接近、相撞或误射误伤己机等严重事故。

(2) 信息资源冲突。信息资源主要包括作为网络作战节点的各类传感器资源以及电磁频谱资源。在网络化协同防空时传感器存在跨指控或火力平台的分配与调用，当多个平台同时调用一个传感器资源时就会出现冲突；电磁频谱是战场各类雷达、电子战和无线通信设备的公共资源，由于电磁辐射设备对频谱资源的使用具有独占性，如果多个设备同时使用相同频段或频率的频谱资源，辐射设备之间就会发生自扰或互扰，从而大幅降低电磁资源的利用效能。

表 2.5 给出了舰艇协同防空各类电子设备的典型工作频段，可以看出各类电子设备工作频段之间均有不同程度的交叉 [19]。

表 2.5 舰艇协同防空各类电子设备的典型工作频段

防空平台	电子设备类型	典型工作范围
无线通信	舰艇与卫星通信	3～30GHz
	舰艇与舰艇通信	3～300MHz 和 3～30GHz
	舰艇与飞机通信	30～300MHz 和 3～30GHz
	舰艇与岸基通信	3～30MHz
电子战武器	雷达侦察	2～18GHz
	有源干扰机	8～18GHz
	箔条干扰弹	7～18GHz
	红外干扰弹	2～5μm 和 8～14μm
	烟幕干扰	1.06μm
防空武器	目标指示雷达	2～4GHz
	目标跟踪雷达	12～18GHz
	导弹遥控指令天线	10～15GHz
	目标红外跟踪器	8～12μm

(3) 火力资源冲突。火力资源是地面和空中交战武器平台实施打击行动所依赖的主要手段，包括导弹、火炮等硬杀伤以及激光、高功率微波等软杀伤资源。在同时使用硬武器杀伤或同时使用软硬武器杀伤时，相互间均有可能发生误跟、误

射、误伤以及火力间交叉、重复和干扰冲突。在网络化协同防空时火力资源是一种公共资源，也存在跨指控平台或传感器平台的分配与调用，当多个平台同时调用同一个火力资源时同样会出现冲突。图 2.23 给出了网络化协同防空平台之间传感器资源与火力资源的跨平台调用与冲突示意图，其中作战平台 2 利用平台 1 传感器的探测信息资源对平台 3 的火力资源进行导弹发射与制导，如果平台 4 也试图利用平台 1 的传感器探测信息对平台 3 的火力资源进行发射与制导控制，则会产生火力资源冲突 [20]。

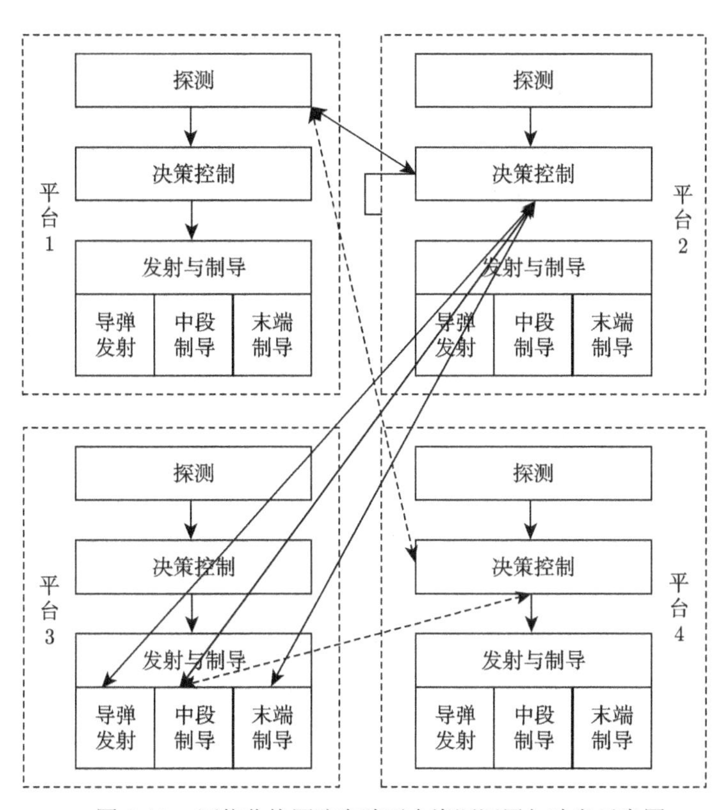

图 2.23　网络化协同防空跨平台资源调用与冲突示意图

2. 协同决策的冲突消解策略

为尽量避免作战资源的调度冲突，在协同决策机制上可分为资源集成与组合优化两个阶段：第一阶段是基于防空任务的作战资源集成过程，通过对防空任务进行分解、细化，建立子任务与作战资源的对应关系，形成资源需求，然后在作战网络各节点或更广泛的范围内寻找、识别、评价具有完成各项子任务的作战资源，形成多个候选组合；第二阶段是组合优化过程，根据作战任务的约束条件进行资源优化重组，以形成最佳的资源组合 [21]。

出现协同决策冲突时，常用的冲突消解策略包括回溯法、约束松弛法和协商法等方法 [22]。

(1) 回溯法。当出现资源冲突时，采用回溯法找到回溯节点，修改不相容的环境及相应的结构模型以消解冲突。回溯法包括顺序回溯和相关制导回溯两种：顺序回溯过程中，总是先考虑最近的节点，这可能导致回溯量过大；相关制导回溯是根据对消解不一致最有利的节点来回溯，而不考虑无关的节点，通常具有更高的回溯效率。回溯法在规则系统中使用较多，如在状态空间搜索问题中，当前状态与目标发生冲突后，可通过回溯返回到以前的某个决策点，选择另一种方案，从而修改原来的规划以解决冲突。回溯法具有随着问题复杂性的增加，回溯搜索时间延长的缺点 [22]。

(2) 约束松弛法。约束松弛法取决于赋予目标约束的静态权值，当系统发现冲突时，在保持约束权和最小条件下，通过放宽某些约束条件，从而有利于消解冲突。约束松弛法的缺陷是用数值表示冲突消解知识不直观，且难以理解。在各成员之间建立约束关系时，考虑了各自的求解目标和利益目标，故采用约束松弛往往会造成某个决策体求解目标和利益目标的改变，当这种改变不利于其完成任务时，这个决策体可能会拒绝接受约束松弛，从而导致消解失败。因此约束松弛法有其使用的局限性，通常适合于体系成员内部冲突的消解或耦合度较小的冲突消解，对于耦合度较高的冲突则应采用知识推理或仲裁的方法进行消解。决策体之间的知识冲突通常采用约束松弛法进行消解，可以采用形式化语言对冲突过程进行描述 [22]。

(3) 协商法。协商是分布式人工智能研究中引起广泛关注的一种信息交换和冲突消解模式，是用来增进系统协调的通讯机制。即使不出现冲突，协商也是十分重要的，因为它所产生的系统承诺将超过参与协商的主体个人承诺。协商能够在任意层次上实现，便于灵活地运用冲突消解策略，不同层次上可采用不同的协商机制。协商包括基于冲突知识的协商、基于代价的协商和多级协商。

2.6.4　协同兵力动态嵌入与退出

协同兵力动态嵌入与退出，是指根据防空战斗任务需要，在已有兵力配置基础上，选择新的防空兵力实时、动态地加入 (或退出) 空地协同体系，并自动建立 (或撤销) 与之相适应的协同指挥关系。协同兵力作为空地协同体系的一个网络节点，就像手机相对移动基站一样即插即用，实现协同兵力的“热插拔”，其应用前提条件是武器平台实现了与空地协同网的标准化互联互通。

协同兵力动态嵌入与退出有两种情形：①战斗准备阶段，针对任务需要综合选配参战兵力，组织一定范围内的兵力部署调整，并建立协同指挥关系；②在战斗进程中，向已有的空地协同体系加强作战兵力或撤离部分参战兵力，并协调由此而产生的协同指挥关系的变化。现代防空战场，空防对抗激烈、战局瞬息万变，只有充分预测战场需求，合理配置参战兵力，并随区域或全局性对抗局势的变化，适时调整，才能灵活应对复杂的空袭环境。兵力动态嵌入与退出是伴随防空作战协同全过程的力量增减，是建立动态防空体系的重要方式。

协同兵力动态嵌入与退出的基本规则：

(1) 兵力选择。兵力选择的依据是防空作战任务需求、空地协同体系的控制容量、协同手段、兵力作战能力及兵力部署位置 (或活动区域) 等。数据链支持下的兵力选择主体既可以是协同指挥中心，也可是空中飞行编队或地/海面战术协同单位，甚至可以是地面防空火力单位和空中单个作战飞机；其客体主要是防空作战区域内的防空作战力量，在有更高层次的指挥协同机构协调下也可选择区域外的机动防空作战力量。

(2) 兵力动态嵌入。兵力动态嵌入是基于数据链无节点网络化结构布局对协同战术的支持能力而确立的空地协同行动内容，是指防空兵力根据作战需求可随时建立或进入某一协同作战体系，并形成新的体系结构和协同指挥关系。兵力动态嵌入可分为自主嵌入和授权嵌入两种方式。自主嵌入是进入协同区域的兵力自主网络申请并依程序与相应协同体系自动建立协同指挥关系；授权嵌入是在动态兵力发出嵌入请求并得到协同指挥机构授权许可下建立协同指挥关系。

(3) 兵力动态退出。兵力动态退出是兵力动态嵌入的逆过程，依兵力嵌入的逆程序组织实施。

2.7　防空作战空地协同的组织方法

组织实施空地协同，既是各级指挥员对本级作战的整体构想、作战计划和实施方案的细化，也是指挥员对联合战斗全过程的协调控制。空地协同始于指挥员作战筹划，止于作战任务结束。

2.7.1　空地协同的基本程序

防空作战空地协同的基本程序，按照作战准备与作战实施可分为计划协同阶段和临机协同阶段两个工作阶段。

(1) 计划协同阶段，主要是根据联合防空作战计划方案制定针对性的空地协同计划，规定诸防空作战力量的协同任务与协同方法，检测与消解协同计划中的行动冲突，保证空地协同行动协调有序。从作战计划和空地协同计划的关系来看，空地协同计划源于作战计划，侧重于规划各个作战力量之间的关联行动和规则，作战计划则侧重于主要的作战行动和方法。

(2) 临机协同阶段，主要是在作战行动按照计划开始执行时，监控空地协同的态势与情况，及时发现与协同计划不符的行动、存在的冲突或潜在的冲突，通过采取临机发出实时控制命令或指示的形式，调整各参战力量的协同计划或协同方法，增强空地协同的作战效果，减少可能发生的各种冲突。

防空作战空地协同的基本流程见图 2.24。

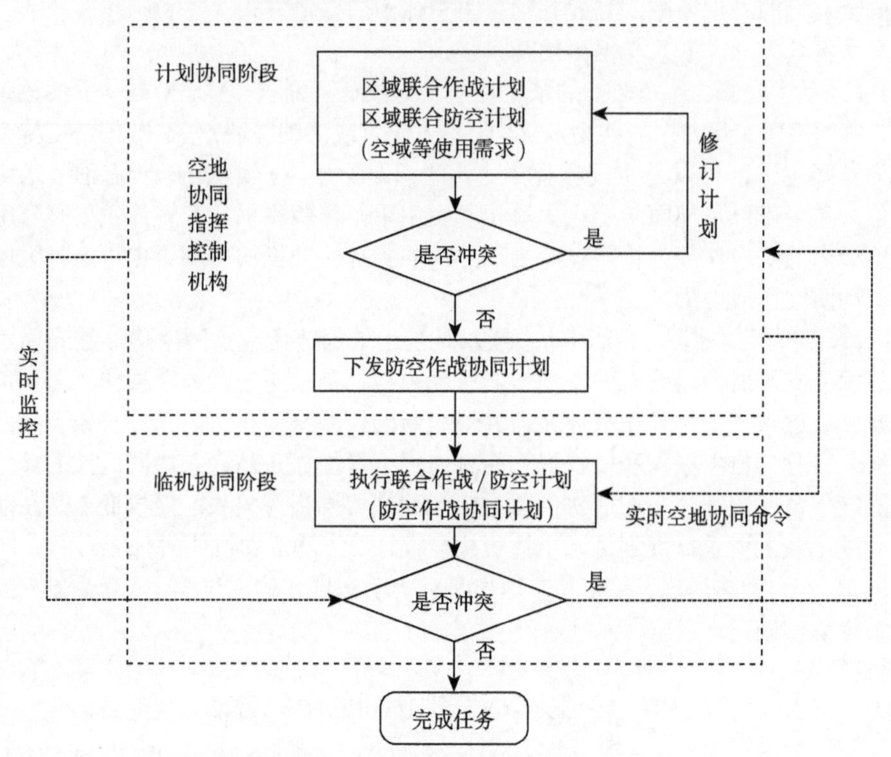

图 2.24　防空作战空地协同的基本流程

2.7.2　空地协同的基本方法

组织防空作战空地协同的基本方法分为两种类型：一种是基于空域划设的计划协同组织方法，主要适用于预先协同筹划，以及作为战时空地协同的基础协同规则；另一种是基于冲突消解的临机协同组织方法，主要适用于战时实时、近实时状态下对防空兵器状态进行实时控制和调整，避免可能发生的冲突。

1. 基于空域划设的计划协同组织方法

基于空域划设的计划协同组织方法主要是在预先空域划设时，通过区分区域、方向 (扇区)、高度等空间方法不断细化切割有限的作战空域给不同的空域使用者，在指定空域内部实现按照进一步细化的空域划设分区实施作战行动的组织协同方法。

1) 区分区域协同法

区分区域协同法，是在作战空域内给不同的防空作战力量划设一定的作战地带，各负其责消灭自身负责区域内的所有目标。根据现有地面防空兵、航空兵、电子对抗兵等配属装备的作战性能，以保卫要地为中心，按最大作战距离的顺序由内到外区分作战地带。

区分区域协同法的主要特点：①航空兵由外向内从远距开始层层阻击，直到地空导弹射击区的远界边沿，拦截时间长；②空中和地面接替攻击，减少了敌躲避的空隙，便于实现连续抗击；③空中我机不进入地空导弹射击区，可避免误击误射和贻误战机；④方法简单可靠，便于组织。

区分区域组织协同示意图见图 2.25。

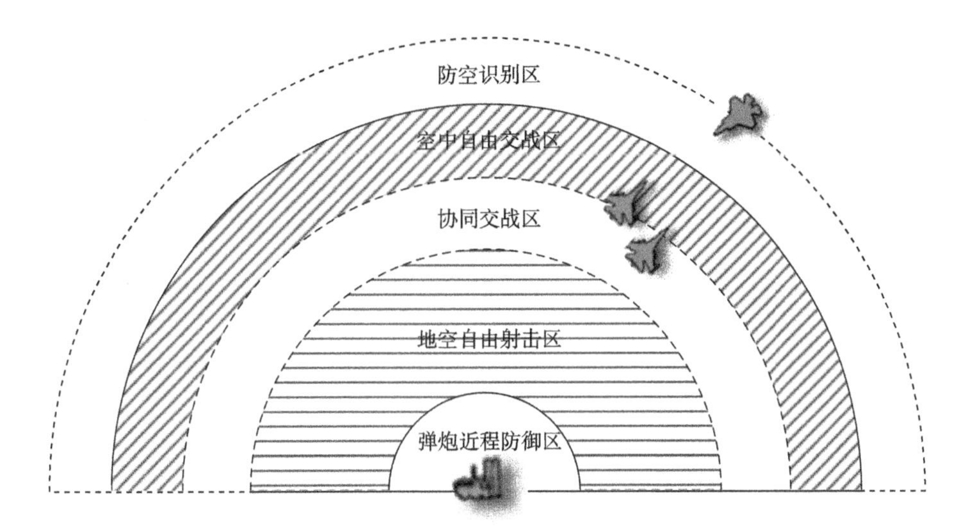

图 2.25　区分区域组织协同示意图

2) 区分方向 (扇区) 协同法

区分方向 (扇区) 协同法，是指给不同的防空作战力量分别规定各自的作战方向 (扇区)。区分方向 (扇区) 法，根据各防空作战力量的数量、性能、部署情况和敌可能来袭方向等，以保卫要地为中心，将圆周划出若干个扇区，不同的防空作战力量分别负责不同作战方向 (扇区)。

区分方向 (扇区) 协同法的主要特点：①当地面防空兵力数量不足或因地理条件限制 (如濒海、山地、抵近国境线等) 无法构成环形部署时，可按此法实施协同；②各防空作战力量严格按照规定的方向 (扇区) 作战，可防止误击误伤；③便于组织协同。

3) 区分高度协同法

区分高度协同法，是指按照不同防空作战兵器对空作战的高度范围，区分高度安排不同的防空作战力量拦截射击空中目标。

区分高度协同法的特点是简便、可靠、易行，但在运用过程中要严格控制地面武器状态和空中航空兵的高度，防止越界。区分高度协同时，还必须明确统一各型武器的高程基点，防止空情来源和高程基点不同造成失误。

区分高度组织协同和空地协同垂直空域划设示意图分别见图 2.26 和图 2.27。

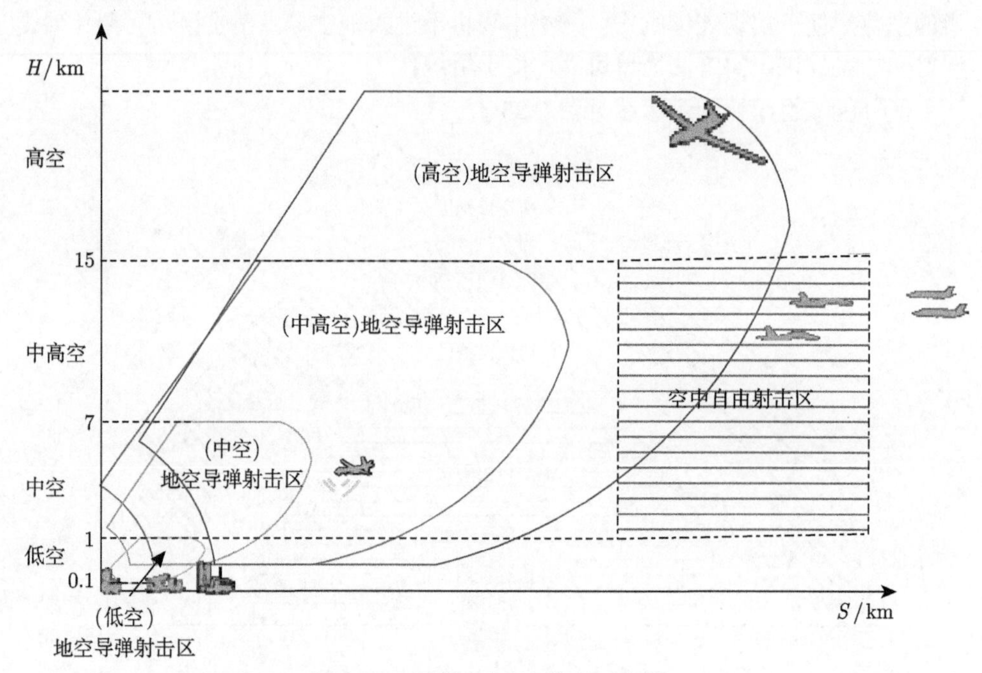

图 2.26　区分高度组织协同示意图

2. 基于冲突消解的临机协同组织方法

基于冲突消解的临机协同组织方法主要是在指定的作战空域内无法再进行空域分割的情况下，通过区分时间、目标和改变协同兵力兵器控制状态等临机协同措施组织作战协同的方法。

1) 区分时间协同法

区分时间协同法，是指多种防空作战力量因战场环境限制必须在同一空域作战，为避免空地之间相互干扰和行动混乱，空中和地面防空兵力按照不同的时段组织抗击的协同方法。由于区分时间协同法是按照进攻波次顺序实施，通常先组织航空兵实施尽远拦截抗击，抗击完后退至安全区域，再组织地面防空火力接替抗击，其组织的关键在于时间节点的划分，既要保证攻击的连续性，又要有充足的时间确保空中交战力量安全退出战斗。通常禁止地面防空火力在航空兵活动时间内射击，遇有特殊情况，必须按照上级命令组织射击。区分时间协同

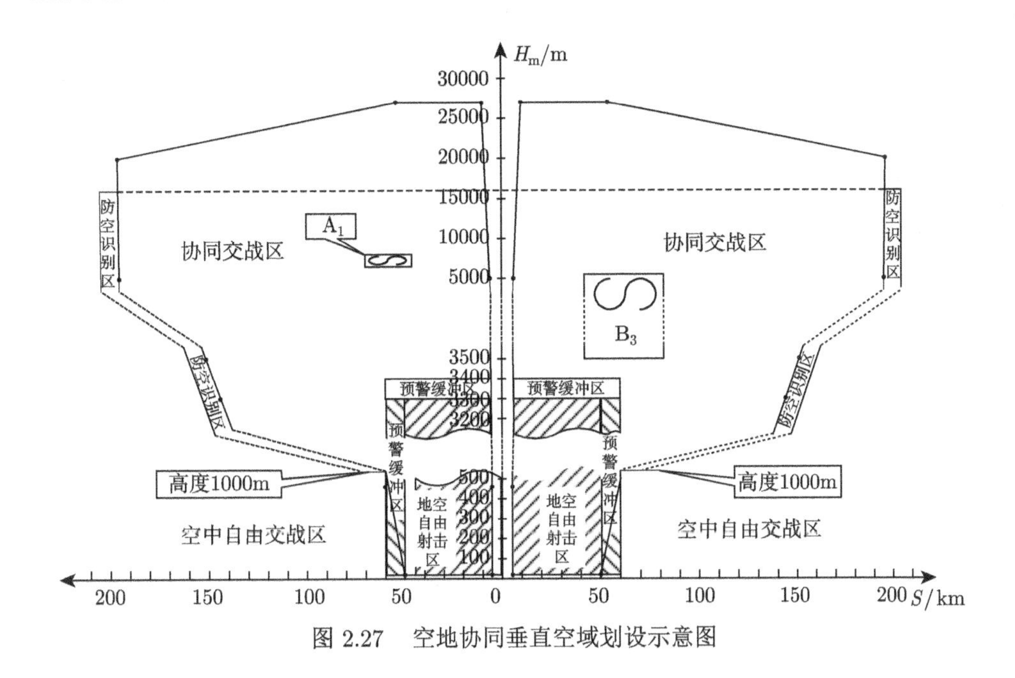

图 2.27　空地协同垂直空域划设示意图

法的优点是简单、可靠，便于组织，但空地防空作战力量无法同时发挥整体作战效能。

区分时间协同法的主要时机：参战兵力众多，行动交错，战场环境十分复杂时；空地协同指挥能力或参战兵力协同行动能力有限时。

2) 区分目标协同法

区分目标协同法，是指多种防空作战力量在同一空域同一时间段内共同担负防空作战任务时，通过区分敌目标批次或性质分配拦截射击任务。区分目标协同法是组织战术级、跟踪级和制导级空地精确火力协同的主要方法，战术级空地火力协同通常采取程序式或指令式调控方式组织，跟踪级、制导级空地火力协同通常采取召唤式或自主式调控方式组织。组织区分目标协同法时，各协同单位依据协同射击的目标进行组织，能够充分发挥空地各类防空作战力量的协同效能，易于达成上级的作战意图。但采用区分目标协同法必须准确掌控目标位置、校对目标批次和判断敌我属性，只有在空地数据链和信息高度共享等技术支撑下，才能达成较可靠的协同效果。

组织实施时，应以射击责任范围内的目标为主，对责任范围外的敌机，具备射击条件时，应当积极组织射击；同一战术单位指挥下的火力单位由战术单位指挥员组织协同；不同隶属关系的单位之间的协同由上级指挥所组织。

3) 改变协同兵力兵器控制状态

改变协同兵力兵器控制状态，是在紧急情况下消解可能发生的空域冲突的最直接方法。以飞行器类和地面防空武器类兵器为例，可通过调整兵器下列运行状态实施冲突消解：①对飞行器类，包括改变航线、航向、高度、速度和射击状态等；②对地面防空武器类，包括自由射击、严控射击、禁止射击、停止射击、暂停射击、再次射击、导弹引偏、导弹销毁、临时调整射击区域等。例如，美军防空炮兵为适应战场上的情况变化，防止误伤己方飞机，规定了禁止射击、暂停射击、中断射击、停止射击、导弹自毁和监视目标共六种地面防空武器火力控制状态。

第 3 章　防空作战空地协同的空域划设技术

防空作战空地协同空域划设，是指在联合防空作战筹划准备阶段，为保证防空作战行动有序顺畅，防止误射、误伤我机并尽可能地减小对防空兵器作战性能的限制，将战场空域划分为若干具有特定用途和使用规则区域的一种组织协调活动。空域划设是防空作战高效空地协同的前提条件之一，是防空作战筹划准备阶段的首要工作，是作战准备阶段计划协同的重要内容和作战实施阶段组织临机协同的基本依据，划设空域的完备、详尽和规范对空地协同效能具有十分重要的作用。

3.1　防空作战空域划设的依据

防空作战空域划设依据是空域划设时应重点考虑的影响和制约因素，准确理解和把握空域划设的依据是确保空域划设科学、完备的重要基础。

1. 防空作战任务与战场环境特点

防空作战的任务是抗击和反击空袭之敌，保卫重要目标的安全。防空作战时，需要综合运用地空、舰空、空空等各型防空武器拦截来犯之敌，通过抗击、反击与防护行动打击敌空袭平台和基地，削弱其空袭能力。防空作战对手从空中侵入，使用的兵器包括固定翼飞机、直升机、无人作战飞机、巡航导弹、空地导弹、制导炸弹、弹道导弹、远程火箭弹等，种类繁多，性能各异，覆盖作战空域几乎所有高度层。防空作战战场环境包括地形地貌、气象、水文等自然环境，人口、交通、社会等人文环境，国防工程、作战设施和作战物资储备等战场军事环境，防空作战空域覆盖整个作战地域内的自然、人文和军事环境。

防空作战时，空防双方的所有作战行动均是在作战空域内展开和交织，不同的作战任务、作战对手和战场环境，作战空域均有不同的划设要求。为利用好作战空域这一重要的作战资源，提高作战空域的综合使用效益，应根据防空作战企图、作战构想和行动计划，对有限的作战空域进行科学划设，构建各参战力量行动共同的空域使用态势图。

2. 不同防空力量用空行动的时空需求

防空力量通常包括作战飞机、地空导弹、高射炮、电子对抗装备、预警雷达等防空诸兵种，以及轰炸机、弹道导弹、远射火炮/火箭弹等反击力量。不同防空力量的用空涉空行动需求有较大差异性，空域划设时应尽可能减少对其用空行动的限制，最大程度地满足不同用户多样化的用空需求。

(1) 作战飞机的用空需求。作战飞机以机场为依托实施升空作战，作战空域大，飞行速度快，机动性强，进出航线通常需要穿越地空导弹、高射炮作战空域，飞机机种多，不同机种用空需求差异较大。歼击机是空中交战主要力量，作战空域通常在地空导弹最大射程以远，使用空空导弹或航炮进行远距空中交战；预警机通常在歼击机作战空域后方一定区域内进行往复巡逻飞行，以便为歼击机提供空中战场情报信息；指挥与通信飞机，通常在安全空域往复飞行，担负对己方歼击机空中指挥引导和通信中继任务；电子战飞机通常在距敌一定距离空域担负电子压制、欺骗和侦察任务；侦察机通常在待侦察地域上空执行电子、光学或红外侦察任务；轰炸机前出进入敌方空域实施空中对地打击任务；加油机通常在指定安全区域盘旋待命，为己方空中作战飞机提供燃油补充。

(2) 地空导弹装备的用空需求。地空导弹依托固定阵地作战，是火力防空“硬杀伤”的主要力量，其用空需求通常是以地空导弹阵地为圆心，以最大射程为半径所覆盖的区域。按照地空导弹射程，可分为近程 (射程不大于 20km)、中程 (射程 20~100km) 和远程 (射程大于 100km)。对于同一地空导弹武器系统，目标飞行高度不同，其有效射程也不同，通常目标高度越低，其有效射程越小。

(3) 高射炮装备的用空需求。高射炮依托固定阵地作战，射程较近 (数千米)，火力密集，通常配置在保卫目标附近。其用空需求是以高射炮阵地为圆心，兵器最大射程为半径所覆盖的区域。

(4) 电子对抗装备的用空需求。地面电子对抗装备依托固定阵地作战，是电子防空“软杀伤”的主要力量。根据电子对抗装备类型和作用距离，在一定扇面内担负对敌机载雷达、无线通信、数据链和导航系统的电子侦察和电子压制任务。

(5) 警戒雷达装备的用空需求。地面警戒雷达依托固定阵地作战，担负持续对空预警探测任务。警戒雷达的空域使用，通常依据目标高度，分区分层设置预警监视区域，确保空情无遗漏。

(6) 弹道导弹的空域穿越需求。弹道导弹飞行弹道近似抛物线，发射后在短时间内穿越航空空间、临近空间、外层空间等多个高度层，在穿越航空空间时对在此空域飞行的己方作战飞机构成威胁，需根据发射点周边空域在空飞机情况协调弹道导弹的发射时机。

(7) 远射火炮/火箭弹的空域穿越需求。远射火炮的炮弹、火箭弹对空域占用时间短暂，但火力密度大、飞行距离较远，可能会对正处于飞行弹道附近飞行的己方作战飞机造成较大威胁，应根据其弹道数据设定在该时间段内空中危险区。

3. 联合防空战役战场防御带划设类型

联合防空战役战场防御带，是联合防空战役指挥员依据联合战役防空作战方针与总体作战构想对联合防空战役战场由防御前沿至防御后方所划分的若干带状地域。战场防御带是联合防空战役防御体系规划的重要形式之一，空域划设是在联合防空战役战场防御带总体划设框架下战术层面的具体作战空域划分。依据敌我双方的战役空间距离，世界各军事强国在联合防空战役战场防御带划分上通行两种基本的划分类型 [23-28]：

(1)“机、弹、炮”战场防御带。当敌我双方战役距离较远 (通常要远大于远程防空导弹的最大射程)，由于具有较长的预警反应时间和较大的抗击纵深，通常由远及近，按照歼击机、防空导弹、高炮的配置顺序依次划设外层截击带、中层会攻带和内层阻歼带三道战役防线 [29]。其中，外层截击带，是利用歼击机机动能力强、拦截距离远的优势实施第一道尽远拦截的外层防御带；中层会攻带，主要由中远程防空导弹为主抗击突破了第一道防线敌机的中层防御带；内层阻歼带，主要是利用高射炮、近程地空导弹、弹炮武器系统等末端防御系统在保卫目标敌完成任务线 (或投弹圈) 外对敌突击飞机或其投射的对地攻击弹药实施闭锁阻歼的内层防御带。“机、弹、炮”战场防御带是常见的一种联合防空战役战场防御带划设类型。莫斯科防空体系就是一个典型的“机、弹、炮”战场防御带，具体见图 3.1。

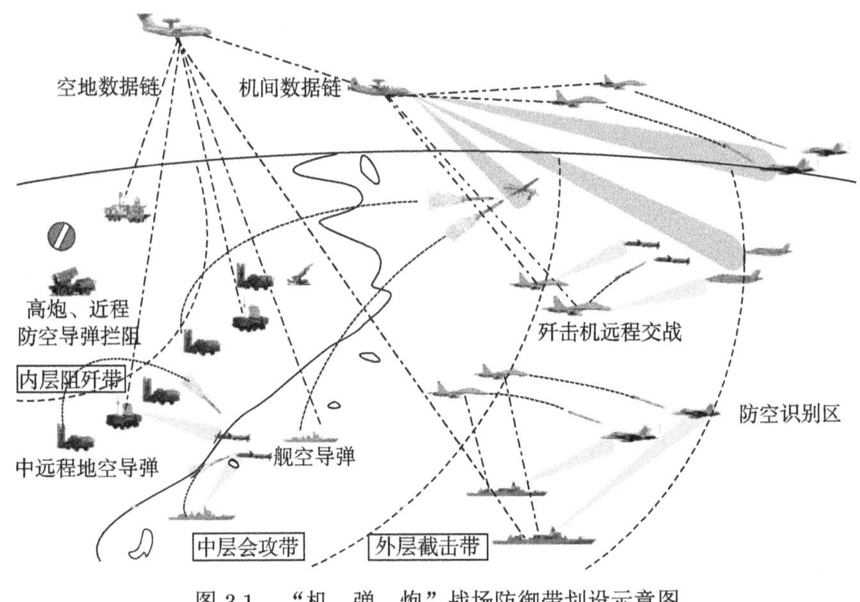

图 3.1　“机、弹、炮”战场防御带划设示意图

(2)“弹、机、炮”战场防御带。当敌我双方战役距离较近 (通常不大于远程防空导弹的最大射程)，由于前沿防御纵深较浅，缺乏足够的防空预警反应时间 (典

型的如陆上边境地区防空)，通常按照地空导弹、歼击机、高炮的配置顺序依次划设尽远阻歼带、纵深毁歼带和末端闭锁带三道防线 [29]。尽远阻歼带，主要由远程地空导弹实施第一道防线抗击，能充分发挥地空导弹作战反应时间短的优势，确保在第一时间对敌实施快速拦阻射击，同时为歼击机升空、集结和接敌争取足够的反应时间；纵深毁歼带，主要是发挥歼击机机动能力强的优势，与中程地空导弹相互配合，对突破第一道防线进入第二道防线的敌机实施联合毁歼；末端闭锁带，利用高射炮、近程地空导弹等对突击保卫目标的敌机实施末端闭锁拦截。具体如图 3.2 所示。

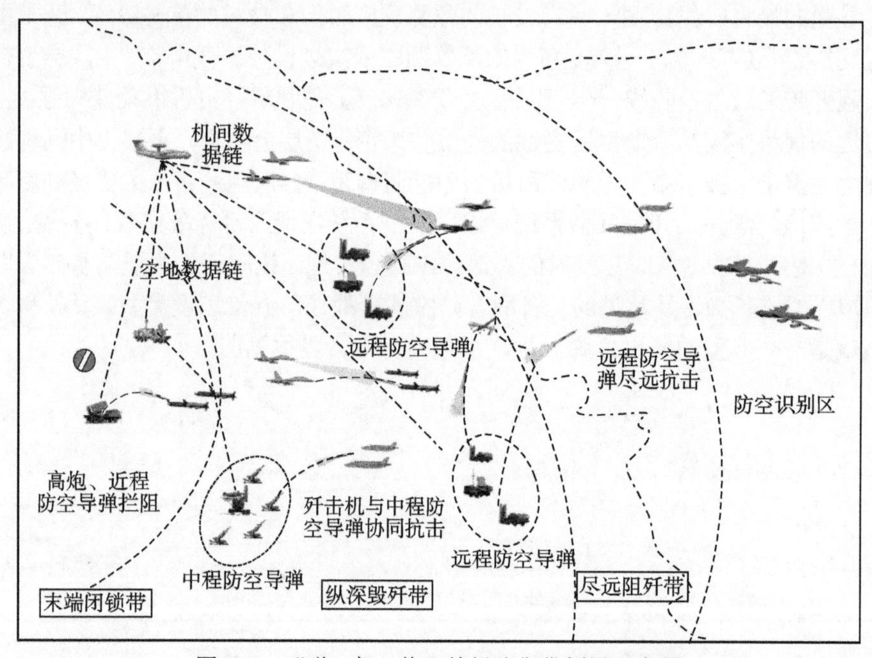

图 3.2 “弹、机、炮”战场防御带划设示意图

上述两种战场防御带是最基本和常见的类型，战场地理环境不同，可以在上述基本类型基础上衍生出不同的防御带。可以看出，不同战场防御带划设类型，对于歼击航空兵、地面防空兵等主体防空力量的作战行动和用空需求具有很大的影响。所有的空域划设均应在联合防空战役战场防御带框架下，依据各防空力量作战行动构想进行具体的战术级空域划分。

3.2 防空作战空域划设的基本原则和时空特性

防空作战空域划设的原则是空域划设时应当遵循的基本准则，从一定意义上讲也是对空域划设的要求。空域作为防空作战的一种特殊作战资源，具有空间、时间两个基本特性，准确把握空域的时空特性，对于空域划设与动态管控具有十分重要的作用 [30]。

3.2.1　空域划设的基本原则

(1) 尽可能满足不同用户的多样化用空行动需求。空域划设应尽可能满足联合防空作战不同阶段、不同时节地面和空中不同用户的用空行动要求，平衡不同优先级任务间的冲突，解决各类空域用户之间的矛盾。同时满足空中交通运输的需求，即应充分满足军用和民用的空中交通运输需要，确保充分利用有限的空域资源，最大程度地实现空域资源的共享。

(2) 尽可能减少对用户空域的使用限制。防空作战空域划设不应限制联合防空作战效能的发挥，应能充分释放防空作战各作战力量的最大潜能，深入挖掘空域的时空资源，尽可能满足各类空域用户自由、灵活地使用空域需求，达到联合防空作战行动目的。

(3) 空域静态划设与动态时空管控相结合。空域是联合防空作战空地协同的重要作战资源，空域的划设不是静态和一成不变的，为最大程度地利用有限的空域资源，提高对空域的时空利用效率，应当根据不同防空力量、不同作战时节和不同作战阶段用空行动的需求变化实施空间、时间的动态化管理，包括空域的开启/关闭控制、已有空域的调整/撤销、临时空域的增设/撤销等。要尽量避免长时间闲置空域，不同用户可采取同时使用或分时使用同一空域，也可单独使用或联合使用同一空域以提高空域的利用效率，即使有一些特殊的飞行需求或特殊的空域占用需求，也要尽量将这种特殊空域及用空持续的时间限制到最低状态。

(4) 最大程度地确保用空行动安全。空域划设的一个重要目的是保证各类空域用户 (有人/无人机、各型导弹、远程炮弹/火箭弹等) 能在连续空域内按照其安全有利的飞行航线 (或轨迹) 飞行，并保证与其他飞行器间保持规定的安全间隔，严防空中相撞等冲突事件的发生。

3.2.2　空域划设的时空特性

空域是一种具备时间和空间两个自然属性的重要作战资源，是防空作战各类行动有效衔接的重要纽带，更是达成高效协同作战的要素，应从时间和空间两个维度统一调度空域资源，提高空域利用率，确保用空安全、有序。

1) 空域划设的空间特性

空域划设的空间特性体现为空域的形状、大小、位置以及空域之间相互关系。根据不同的用空需求，空域的空间形状通常包括圆形/圆柱体、通道/立方体、弧/弦/扇环/扇区、多边形/多边形立方体、线和点等类型，可采用地理坐标、相对坐标、网格编码等进行空域位置和大小表述。空域与空域之间的空间关系可分为相离、相接、重叠、覆盖等类型，反映空域之间的距离关系。当一个空域完全被另一个空域包含时为覆盖关系，部分包含时为重叠关系，紧邻时为相接关系，相隔较远距离时为相离关系。

常用的空域划设包括设置防空识别区、协同交战区、地空导弹射击区、空中自由交战区、空中待战巡逻区、禁飞区、空中走廊等，空域的空间特性通过不同的空间形状进行显示与运用。空域划设常用的空间形状及用途见表 3.1，常用形状示例如图 3.3 所示。

表 3.1　空域划设常用的空间形状及用途

序号	空间形状	用途
1	圆形/圆柱体	射击区、交战区等作战地带和限制性区域
2	通道/立方体	空中走廊、空中航路
3	弧/弦/扇环/扇区	地空武器射击区或区分作战方向时使用
4	多边形/多边体	空中待战巡逻区，要地上方的限制性区域
5	线	飞行航迹，导弹、炮弹的弹道轨迹，区域分割线等
6	点	空中交通控制的地标

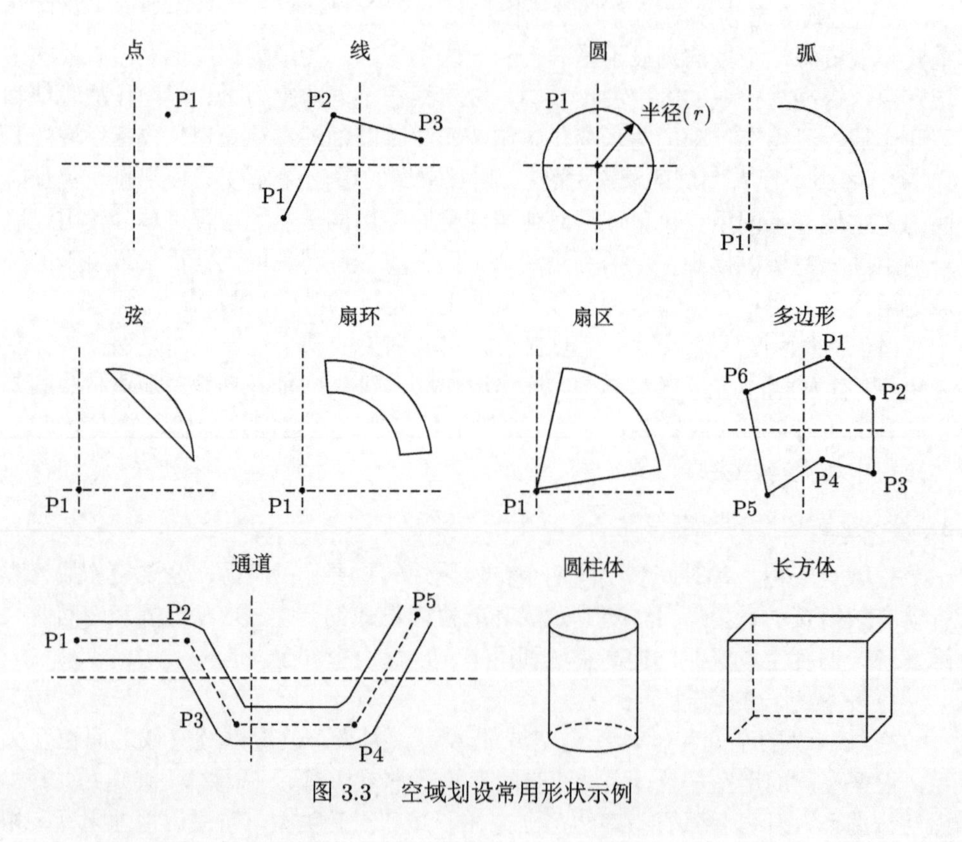

图 3.3　空域划设常用形状示例

2) 空域划设的时间特性

空域划设的时间特性体现在作战行动中时间所具有的有限性、占用性和动态性，是防空作战协同计划中必须预先考虑和确定的要素。防空作战中空域划设的时间要素可分为绝对时间和相对时间两种，绝对时间主要表述空域存在的起始与终止时刻，空域的开启与关闭是有严格时间约束的，并不是在作战全过程中始终开启，在制定防空作战协同计划时要明确空域的主要使用者、次要使用者以及空域的计划用空时间段，建立空域用户与空域使用的需求列表，作战实施时如果要实时动态地开启或关闭空域，通常由空域使用者自主申请并独立使用。空域用户与空域使用的时间特性示例见表 3.2。

表 3.2　空域用户与空域使用的时间特性示例

空域编号	用空主体编码	其他用户编码	用空强度	计划用空时间
001	03046	02038/01055	全程用空	H24
002	03058	03046/03014	时段用空	H080005−090000
003	03014	01055	不可取消	H24
004	03112	02038	可适情取消	H090000−113000

相对时间主要表述空域使用的次序性、距离性和拓扑性关系。时间的次序性关系是指空域存在的次序不变性，如某一空域“先于”或“后于”另一空域出现；时间的距离性关系是指某一空域“早于”或“晚于”另一空域“多长时间”出现；时间的拓扑性关系是指两个空域在时间上存在的“相离”“相接”“叠加”“覆盖”“被覆盖”“相等”“内部”“包含”等关系。空域在防空作战不同阶段的时间特性示意图如图 3.4 所示。

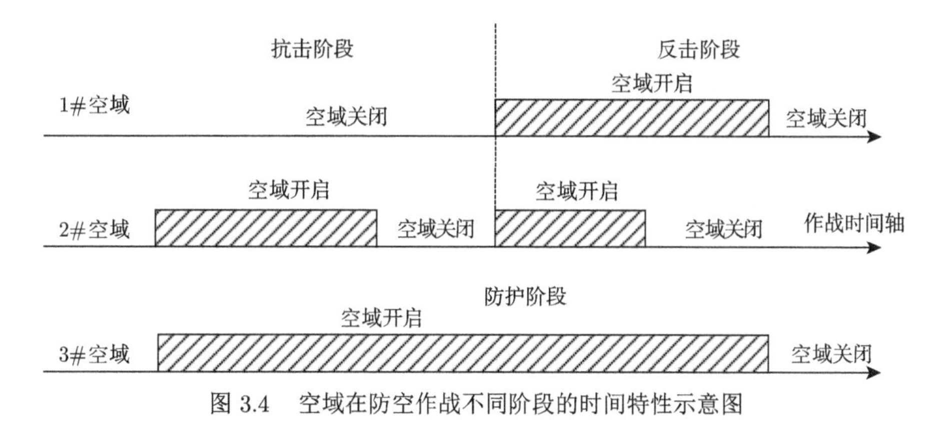

图 3.4　空域在防空作战不同阶段的时间特性示意图

3.3　防空作战协同空域的分类

空域作为一种特殊的资源，世界各国军用、民用的分类与标准各不相同。从空域的使用视角，通常可分为两类，一类是按照飞行管制责任划分的飞行管制空域，另一类是按照作战用途划分的防空作战空域。这里需要强调的是空域划设应当是在联合防空战役战场防御带已明确的框架内所实施的战术层级的联合划设。

3.3.1 按照飞行管制责任划分

按照飞行管制责任划分的空域称为飞行管制区。飞行管制区是空管领航部门管理的空域，通常根据国家飞行管制法规和管制要求，防空兵力部署和机场分布，军事或行政区界线，以及飞行管制所需的对空通信、导航、引导雷达设施的具体分布等因素进行划定。

为了便于组织与实施空中飞行交通管制，按其空间范围可以分为军航管制区和民航管制区。其中，军航管制区可分为飞行管制区、机场飞行管制区，飞行管制区内还可以划分为多个飞行管制分区。民航管制区可分为机场塔台管制区、进近管制区、中低空管制区、高空管制区和飞行情报区等 [30]。

3.3.2 按照作战用途划分

按照不同作战力量对空域使用的作战用途划分空域，是防空作战空域划设的主要方法。其空域类型可以划分为联合防空类空域、地面防空类空域、空中交战类空域、交通管制类空域、限制性空域等。

(1) 联合防空类空域：该空域的设置主要用于协调和满足地面、空中联合防空力量共同遂行防空作战任务的需要。

(2) 地面防空类空域：该空域的设置主要用于协调和满足地空导弹、高射炮、地空电子对抗、对空雷达等地面防空作战力量执行防空作战任务的需要。

(3) 空中交战类空域：该空域的设置主要用于协调和满足航空兵多机种执行防空作战任务的需要。

(4) 交通管制类空域：该空域规定一定范围的空域或者地标，供军用和民用航空器按照航空交通控制的规定飞行。

(5) 限制性空域：为特定空中行动设置的空域，在该空域会有一个或多个行动受到禁止或限制。

具体分类见表 3.3。

表 3.3 按照作战用途的协同空域分类

联合防空类空域	地面防空类空域	空中交战类空域	交通管制类空域	限制性空域
防空识别区	地空导弹射击区	空中自由交战区	空中走廊	禁飞区
协同交战区	地空自由射击区	空中预警监视区	空中航路	空中禁区
空域协调区	地空禁止射击区	空中待战巡逻区	民航管制空域	空中限制区
岸海防空协调区	弹炮末端防御区	空中指挥通信区	军航管制空域	空中危险区
—	地空电子对抗区	远距支援电子战区	地标	空中加油区
—	地空预警监视区	空中侦察活动区	—	空中放油区

3.4　联合防空类空域及其划设

联合防空类空域是空中、地面防空力量实施协同防空所划设的共同空域，通常包括防空识别区、协同交战区、空域协调区和岸海防空协调区。

1. 防空识别区

防空识别区，是指根据国防安全的需要，为了对空中目标进行敌我识别并测定其位置而划设的防空空域 [16,29]。划设防空识别区可有效扩展国家的防空预警范围，增大飞行活动的管控空间，提高空域管控的有效性，同时强化空中管控行动的规范性。防空识别区的划设范围，通常以各国自然行政区为基准，结合防空能力而设置，其远界线通常不超过预警雷达的最远监视能力范围。在防空识别区内，要求对航空器能立即识别、定位和管制。防空识别区既可以按照设置的时机来分类，也可以按照设置的地域来分类。

按照设置的时机，防空识别区可以分为平时防空识别区和战时防空识别区。平时防空识别区是指一个国家基于自身空防安全的需要，在其领空之外毗连空域单方面划定的特定空域。如果有飞行器进入该空域，可采取措施对该飞行器进行查证、识别。如果判断该飞行器无攻击性与危险性，且停留时间较短，则会进行劝告与警示动作；如果判断该飞行器对空防安全有危险性，且停留时间较长，则有可能采取驱离动作。战时防空识别区是指根据战时防空作战需要，在飞行器进入地面防空武器火力范围前，为快速识别并判断目标属性而在作战地域上空临时划设的特定识别区域。战时防空识别区通常应设置在地面防空武器系统的最大火力范围以外。

按照设置的地域，防空识别区可分为海岸防空识别区和陆地边界防空识别区 [16]。海岸防空识别区通常设在国家沿岸海域上空，以领海基线为基准，向外延伸数十至数百海里不等。陆地边界防空识别区通常设在毗邻国边界上空，以国境线为基准，向外延伸数十千米不等，对于陆地边界防空识别区的目标通常只采取雷达探测、监视和识别的方法 [16]。防空识别区相关概念示意图见图 3.5。

目前，世界各国划设的防空识别区以海岸防空识别区居多，且多为永久性的平时防空识别区。自 1950 年美国建立防空识别区以来，先后有 20 多个国家和地区建立了海岸防空识别区。2013 年 11 月 23 日，中国宣布划设东海防空识别区 [16]。美国设有四个防空识别区，即北美防空识别区、阿拉斯加防空识别区、关岛防空识别区和夏威夷防空识别区。

2. 协同交战区

协同交战区，又称地空导弹限制射击区或地空协同交战区，是指地空导弹兵与歼击航空兵等防空力量共同使用并协同拦截敌空中目标的作战空域。协同交战

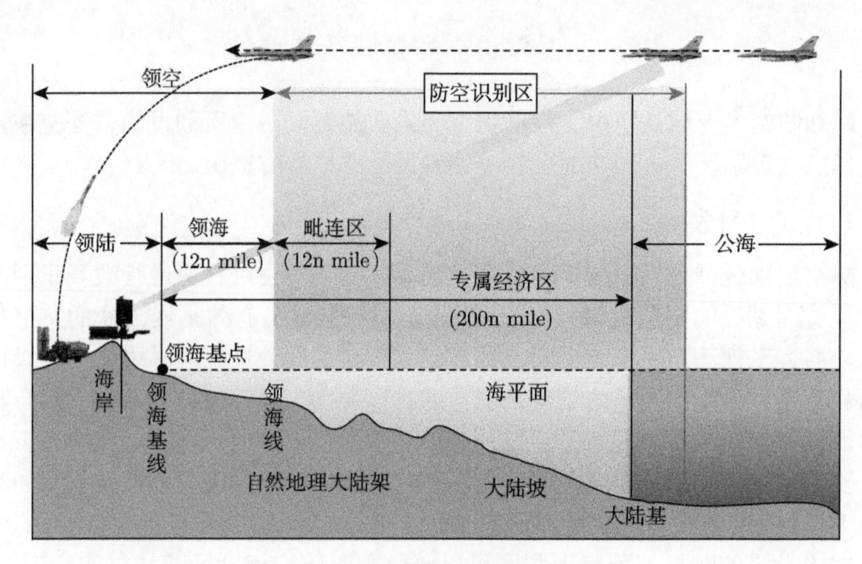

图 3.5　防空识别区相关概念示意图

1n mile≈1852 m

区通常设置在歼击航空兵空中自由交战区和地空导弹射击区的交叉重叠区域，其目的在于通过组织地面和空中的防空力量对来袭飞机实施协同抗击，以充分发挥防空体系的整体作战效能。协同交战区剖面图见图 3.6。

地空导弹射击区是划设协同交战区的基本依据。协同交战区建立的前提条件是地空导弹武器系统对该空域内目标具备射击能力，为保证杀伤概率，通常只对进入地空导弹射击区的目标实施攻击，而对其区域外目标不予抗击。为此，地空导弹兵力部署时要根据不同地空导弹武器的性能特点及战场环境条件，构成多层次的环形作战态势，增强主要来袭方向上的兵力数量，保证一定的防御纵深与火力密度。在次要来袭方向上，要确保地空导弹的火力衔接。当兵力数量受限无法形成火力衔接的部署态势时，要优先保障在主要来袭方向上形成扇形部署，其他侧翼方向交由航空兵进行掩护。

在协同交战区应采取多种识别手段判明敌我。协同交战区参战力量多，火力密度大，指挥协同复杂，兵力部署既要考虑充分发挥各防空作战力量的性能特长，还要考虑利于密切协同，互不干扰与影响，能够发挥整体作战效能。协同交战区对于地空导弹，也是一个限制射击区，必须判明处于射击区内飞行器的敌我属性，才能对被确认为敌机的飞行器进行射击。因此，在协同交战区，地面防空力量要尽量采用多种识别手段识别敌我，及时采取空地协同措施，防止误击误伤我机。

在协同交战区应严格遵行协同交战规则。协同交战区通常覆盖地空导弹武器系统的最大火力范围，是一个动态区域，其随地空导弹武器系统的性能及目标飞行特性而实时变化，飞行员及地面各级防空作战指挥员可通过敌我识别器、空地

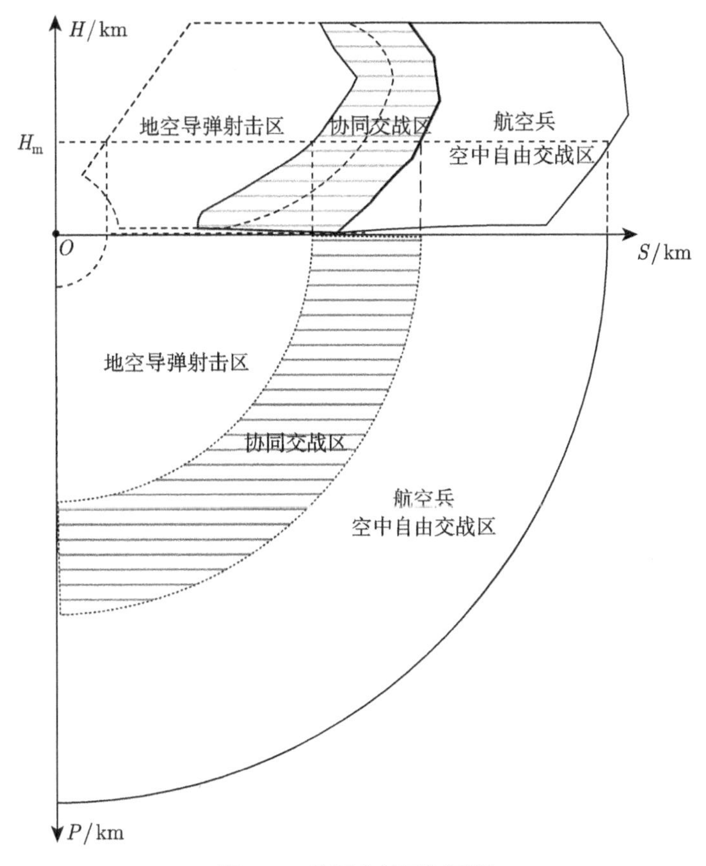

图 3.6　协同交战区剖面图

数据链提供的战场态势信息实时掌握。协同交战区既可以是地空导弹射击区的全部，也可以是地空导弹射击区的一部分，具体如何确定应由联合防空指挥员根据战场态势和作战任务需求决定，空域一旦划定，在协同交战区的所有地空导弹兵和歼击航空兵必须严格遵行协同交战规则。

3. 空域协调区

空域协调区是位于作战地域内的一个立体空域，通常由联合作战部队指挥员设置，设置的目的是在高强度的联合作战中，为确保己方飞机在执行近距离空中支援任务时不会受到己方地面火力的误击而为己方飞机飞行划设的一个保护区。空域协调区的位置通常用己方飞机攻击阵位的中心位置来表示，在拟制火力协调计划时通常要在作战空域内选择一个或多个己方飞机的攻击阵位，这些选定的攻击阵位预先确定的中心位置就是空域协调区位置。空域协调区通常用己方飞机攻击阵位中心位置的经纬度坐标、高程、攻击作战半径和空域占用时间来表示。

4. 岸海防空协调区

岸海防空协调区是当岸基防空导弹部队和海基防空部队 (含海基航空兵) 相互靠近作战时，为了协调在重叠火力空域内的防空作战行动，避免误击误伤而在双方作战空域之间划定的空域。

岸海防空协调区一般划设在陆上和海上防空区的重叠区域，由岸基防空部队牵头设置并管理，为了适应海上防空区的动态变化，岸海防空协调区的范围比重叠区域要稍大。岸海防空协调区示意图见图 3.7。

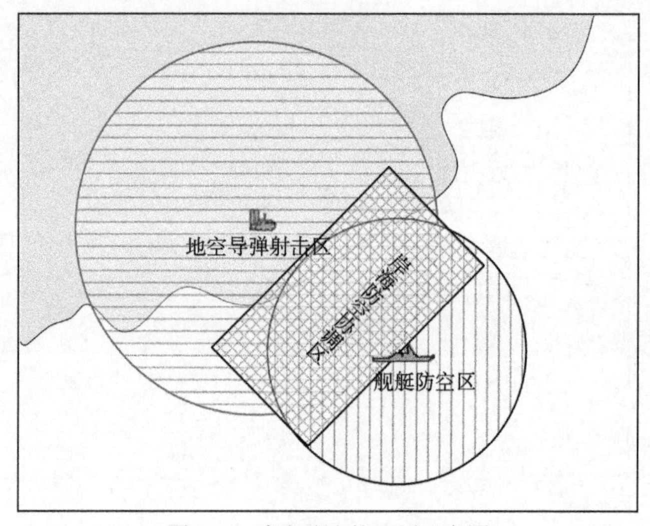

图 3.7　岸海防空协调区示意图

3.5　地面防空类空域及其划设

地面防空类空域是地空导弹、高射炮、电子对抗和警戒雷达等地面防空力量实施对空防御所划设的特定空域，通常包括地空导弹射击区、地空自由射击区、地空禁止射击区、弹炮末端防御区、地空电子对抗区和地空预警监视区。

1. 地空导弹射击区

地空导弹射击区通常用地空导弹发射区来表示，是地空导弹武器系统组织空域协同的一个基础空域。地空导弹发射区是指当空中目标在此区域内时发射导弹，导弹将与空中目标在杀伤区内遭遇的空间区域。可见，地空导弹发射区与杀伤区在空间上存在一一对应的关系，发射区可由杀伤区外推计算得到。

1) 地空导弹杀伤区

地空导弹杀伤区，是指地空导弹与目标遭遇时，杀伤目标的概率不低于某一给定值的空间区域。杀伤区是一个立体空域，属于地空导弹武器系统的固有能力特性，是地空导弹武器系统战术、技术性能的集中表现，不同的地空导弹武器系统杀伤区的大小与形状各不相同。从其定义可以看出，在杀伤区之外弹目遭遇不能保证规定的杀伤概率。

地空导弹武器系统在迎击水平、等速、直线飞行目标时的典型空间形状见图 3.8[29,31]。

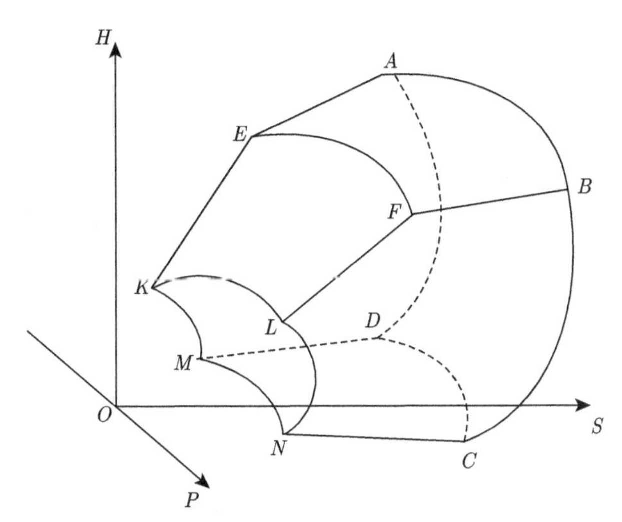

图 3.8　地空导弹武器系统杀伤区典型空间形状示意图

图 3.8 中，O 点为地空导弹阵地中心，$ABFE$ 为杀伤区高界，$DCNM$ 为杀伤区低界，均为一个水平扇面；$ABCD$ 为杀伤区远界，远界通常为一个曲面或折面。杀伤区近界有三种情形，其中 $EFLK$ 为杀伤区高近界，通常为一个倒锥面，锥顶在 O 点；$KLNM$ 为杀伤区低近界，通常为球面的一部分，球心在 O 点；$FBCNL(EADMK)$ 为杀伤区的两个侧近界，分别为通过 O 点的铅垂平面。

地空导弹杀伤区通常使用地面参数直角坐标系表征，地面参数直角坐标系是地空导弹武器系统的一个专用特殊坐标系，见图 3.8。其中，OS 轴向与空中目标航路水平投影平行且反向，OH 轴为高度轴，高度轴的轴向与地面垂直向上，OP 轴为航路捷径轴，其轴向符合右手法则。地空导弹杀伤区是一个以 OS 轴铅垂面为对称的立体空间。可见，当目标航路 (即目标航向) 发生改变时，OS 轴向也随之发生改变，但始终与空中目标航路在地面的水平投影平行且反向。

为便于研究，地空导弹杀伤区通常用垂直杀伤区和水平杀伤区描述。用通过某一航路捷径 P 的垂直平面切割杀伤区得到的剖面为垂直杀伤区 (通常取 $P=0$

的垂直杀伤区)，用某一高度 H 的水平面切割杀伤区得到的剖面为水平杀伤区，如图 3.9 所示 [31]。

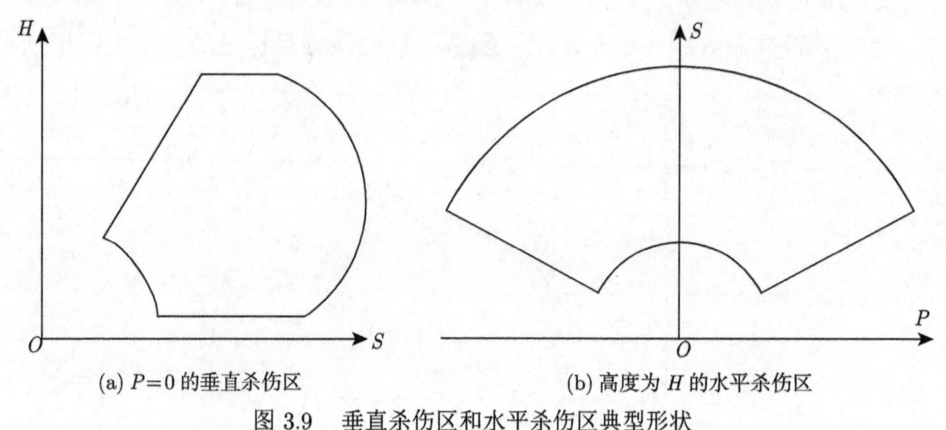

(a) $P=0$ 的垂直杀伤区　　(b) 高度为 H 的水平杀伤区

图 3.9　垂直杀伤区和水平杀伤区典型形状

2) 地空导弹发射区

地空导弹发射区是与地空导弹杀伤区对应的一个空间体，其大小和形状除了与杀伤区的大小和形状有关外，还与空中目标速度和运动轨迹、导弹飞到杀伤区内各点的时间等因素有关。为便于研究，同样采用垂直发射区和水平发射区剖面进行空间描述。

用与航路捷径轴垂直的铅直面切割发射区，得到的剖面称为垂直发射区。用高度为 H 的水平平面切割发射区，得到的剖面称为水平发射区。迎击水平、等速、直线飞行目标时，与杀伤区对应的 $P=0$ 的垂直发射区和水平发射区的形状，如图 3.10 所示 [31]。可见，垂直发射区、水平发射区均是在垂直杀伤区、水平杀伤区基础上沿空中目标来袭方向外推得到。

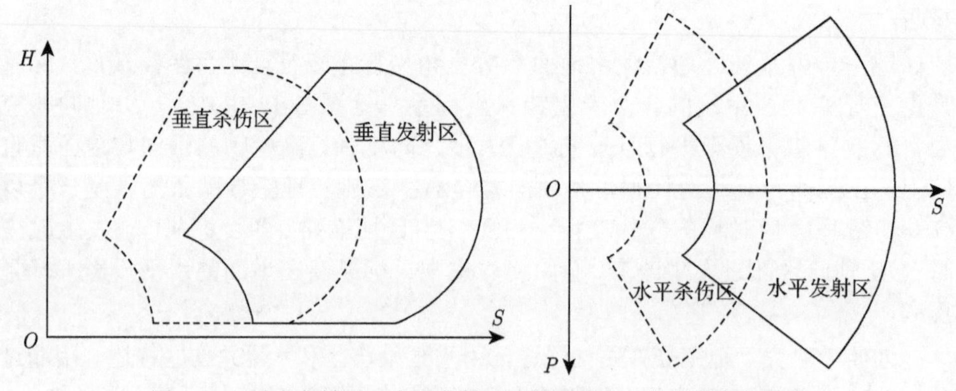

图 3.10　垂直发射区、水平发射区及其与对应杀伤区的空间关系

2. 地空自由射击区

地空自由射击区，又称为地空导弹独立抗击区，是指地空导弹武器系统对进入该区域构成射击条件的任何目标，无须判断敌我即可自由实施射击的空域。地空自由射击区是地空导弹武器系统的杀伤空域，同时也是己方飞机的飞行禁区。通常低空近程防空武器的杀伤区可全部设为地空自由射击区，由于无须判断敌我就可对进入该空域的任何空中目标实施火力打击，能有效防止敌低空、超低空突防，大大提高低空近程防空武器的反应速度和作战效能。对于中远程地空导弹武器系统，由于其杀伤范围较大，可根据空地协同需要和战场具体环境，将中远程地空导弹武器系统杀伤区全部或部分设置为地空自由射击区。

为此，地空自由射击区的划设通常应遵循以下准则。

准则 1：地空自由射击区由联合防空作战指挥机构统一划设。地空自由射击区对航空兵使用空域的制约与影响非常大，应根据联合防空作战行动要求统一筹划，科学合理地确定地空自由射击区的使用位置，从而在保证地空导弹武器自由作战的同时，尽可能减小对航空兵行动的制约与影响。

准则 2：地空自由射击区应避开己方机场上空及各类进出航路、空中走廊和安全通道。这些空域我机活动频繁，飞行密度大、空间需求范围大，如果在此类空域设置地空自由射击区，不仅会压缩航空兵的可用空域，还会增加对我机的误击误伤风险。

准则 3：弹炮末端防御区内尽可能设置地空自由射击区。弹炮末端防御区通常设置在保卫目标周边，主要由低空近程防空武器担负防御敌巡航导弹及各类空地弹药任务。低空近程防空武器作战反应时间短、战机稍纵即逝，只有通过设置地空自由射击区来解脱对地面防空武器的限制，按照“发现即摧毁”的战术思想组织抗击行动，才能最大程度地发挥低空近程防空武器装备的性能，保卫好要地重点目标的安全。

准则 4：地空自由射击区的界线要清晰并且利于识别。地空自由射击区的划设要尽量降低己方航空兵误入的可能性，特别要考虑到空地无线电话音与数据链丧失效能的情况下，己方飞机不会误入地空自由射击区。

准则 5：地空自由射击区对于己方航空兵来讲属于危险空域，在地空自由射击区的边界附近应该设置预警缓冲区，及早通过无线电话音或空地数据链的方式提示我机进行规避。

3. 地空禁止射击区

地空禁止射击区是出于安全考虑而设置的不允许射击的区域。在禁止射击区内地面防空武器可以跟踪瞄准，但不允许发射导弹或炮弹。通常设置在保卫目标上空、机场上空、空中走廊等我机 (友机、客机) 临空区域，可以是临时性设置，也可以是永久性设置，通常地空禁止射击区是一定时间和范围内的动态禁止射击区域。

4. 弹炮末端防御区

弹炮末端防御区，是围绕机场、基地、指挥所等高价值目标而设立的防空区域，通常以近程地空导弹、高射炮、弹炮结合武器系统等近程防空火力为主，阻歼突入我防御纵深、对我保卫要地实施突击的敌空袭平台或投射的弹药。弹炮末端防御区的范围主要取决于保卫要地的面积、地面防空武器系统的能力和数量，设置时应根据近程地空导弹、高射炮、弹炮结合武器系统的性能进行混合部署，围绕保卫目标形成有重点的环形、扇形或集团部署，形成密集的末端拦截火力网。弹炮末端防御区通常专门设置有进入、飞出的安全通道和敌我识别的程序。通过围绕保卫目标设置防御区域，可以增强局部空域地面防空系统的防护效能。弹炮末端防御区示意图见图 3.11。

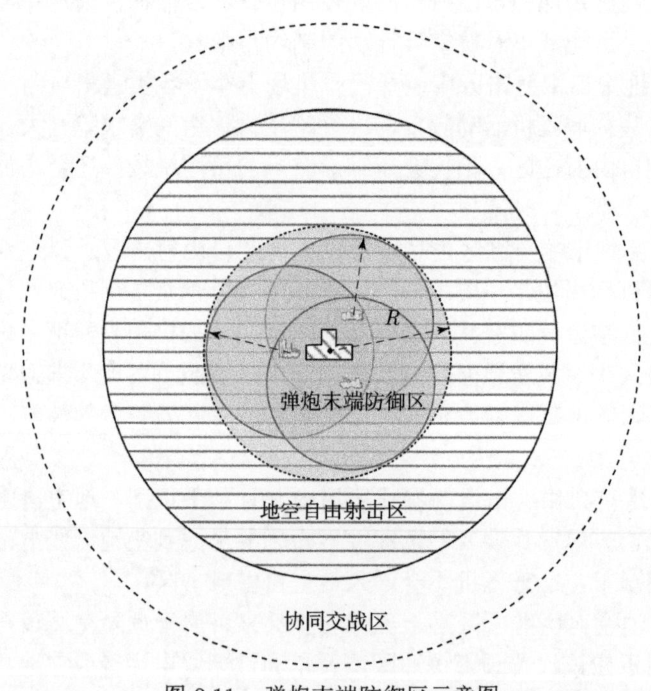

图 3.11　弹炮末端防御区示意图

5. 地空电子对抗区

地空电子对抗区，是地面电子对抗力量实施地对空电子战的作战区域。地面电子对抗力量通常包括地空电子侦察、地空电子干扰、地面通信干扰等分队，根据各分队装备兵器的不同使用要求，其地空电子对抗区的范围不尽相同。

为充分发挥地空电子侦察装备的能力，尽量扩大侦察区域和定位区域，地空电子侦察分队的部署区域应尽可能前伸并选择较高地势以减小遮蔽，扩大侦收距离。地空电子干扰分队、地面通信干扰分队通常以主要地面作战兵力及装备为重点掩护目标，部署于主要来袭方向，利用大功率地面有源干扰设备对敌空中预警机、机载对地搜索雷达、轰炸瞄准雷达、空空导弹制导雷达以及无线话音通信、数据链通信等实施阻断式干扰。

地空电子对抗区示意图见图 3.12，其中 r_{c} 为地面被保卫目标的半径，d_j 为地面对空干扰站到保卫目标的距离，$D_{r\ \max}$ 为敌空中机载雷达对保卫目标的最大发现距离，$D_{r\ \min}$ 为对敌空中机载雷达的最小必须压制距离。

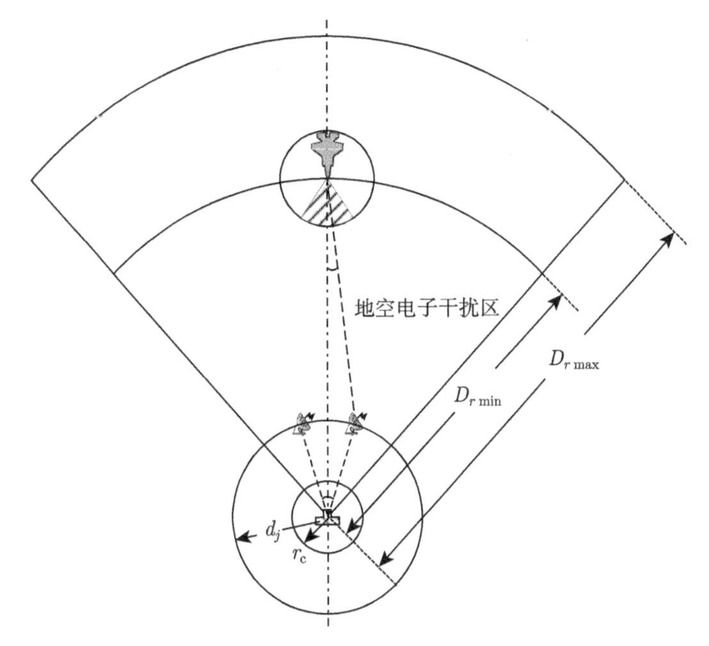

图 3.12　地空电子对抗区示意图

6. 地空预警监视区

地空预警监视区，是地面雷达站侦察、监视、上报空域目标情况的区域。由于不同的雷达设备对不同高度目标探测距离各不相同，地空预警监视区主要根据探测目标的高度进行划设，可以分为高空预警监视区、中空预警监视区和低空预警监视区。地空预警监视区通常要满足覆盖防空识别区，其侦测监视范围应比防空识别区略大。不考虑遮蔽角时，不同高度典型目标的地空预警监视区示意图见图 3.13。

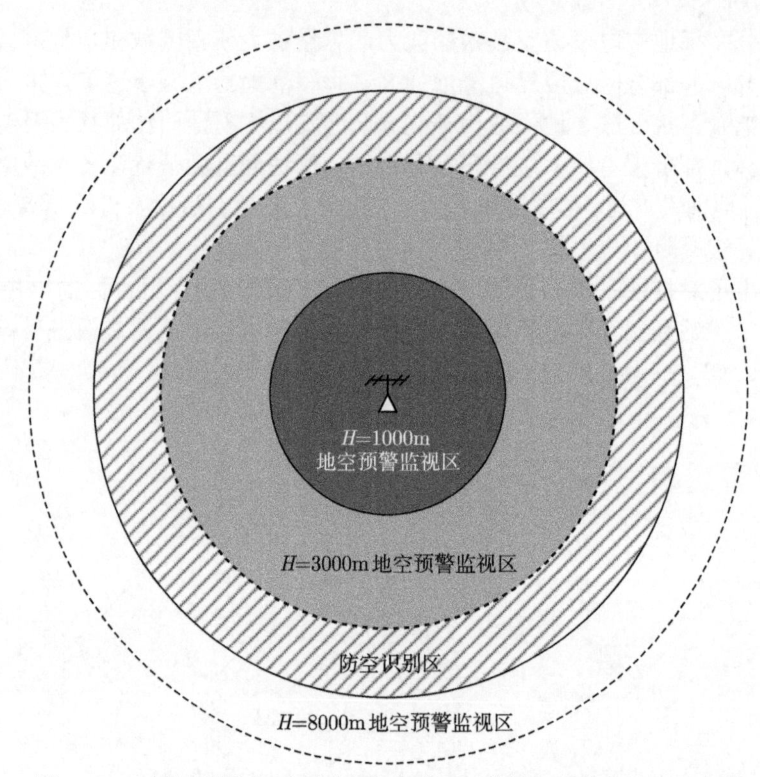

图 3.13　不考虑遮蔽角时不同高度典型目标的地空预警监视区示意图

3.6　空中交战类空域及其划设

空中交战类空域是歼击机、预警机、电子战飞机及侦察飞机等实施空中交战所划设的特定空域，通常包括空中自由交战区、空中预警监视区、空中待战巡逻区、空中指挥通信区、远距支援电子战区和空中侦察活动区。

1. 空中自由交战区

空中自由交战区，是指航空兵对敌航空器独立实施拦截作战任务的空域，也可称为航空兵独立抗击区。空中自由交战区一般处于地空自由射击区之外，是联合防空作战的第一道拦截屏障。航空兵在空中自由交战区作战时不必考虑地面防空火力的干扰，可根据自身状况和任务要求选择合适的战术战法。当地面防空兵力不足或有其他特殊情况时，也可在地空自由射击区、弹炮末端防御区等地面防空空域内，按照高度、斜距或区域划分出部分空域设置空中自由交战区，此时地面防空火力只允许对空中自由交战区内的目标进行监控，严禁射击。

当需要航空兵和地面防空兵联合对空中目标实施射击时，可在地空自由射击区与空中自由交战区交界处设置协同交战区，航空兵一旦进入协同交战区，就有可能受到地面防空火力的干扰与影响，需加强空地协同，防止误击误伤。当协同交战区与地空自由射击区相邻时，可在两区之间划设预警缓冲区进行隔离，防止我机误入地空自由射击区。预警缓冲区的大小通常要考虑飞机的惯性，发出、接收和执行指令的时延，不同传感器对空中敌我目标定位的误差等因素。理论上只要战斗机不受限制的区域都可以设为空中自由交战区，但从战役作战角度出发，空中自由交战区范围还受到侦察情报探测距离、指挥控制通信距离、保卫目标距离、地面安全要求和机种间协同等因素限制，防空作战时空中自由交战区一般设在己方雷达可以保障空情的范围内，其空中自由交战区水平示意图见图 3.14。

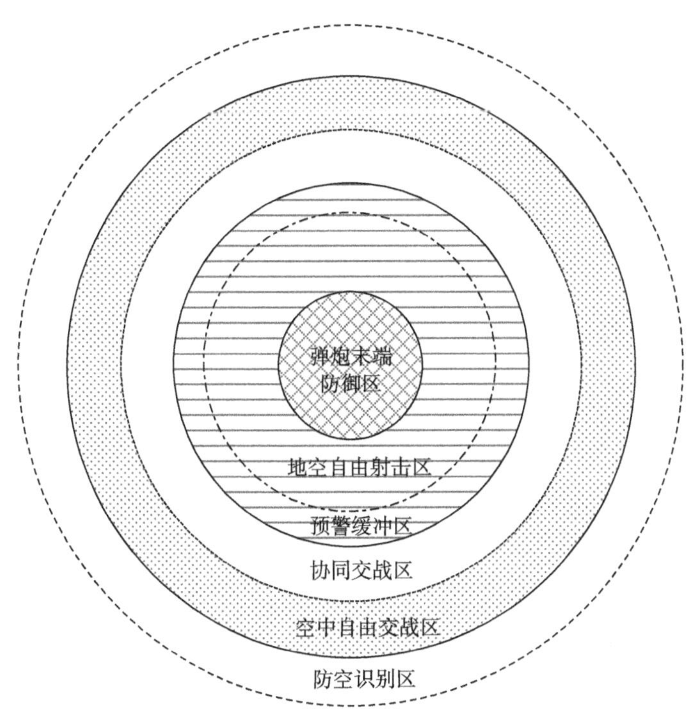

图 3.14　空中自由交战区水平示意图

2. 空中预警监视区

空中预警监视区，是为己方预警机实施监视、探测敌方目标而划定的飞行区域。预警机通常在作战空域靠近己方一侧进行往复飞行，考虑到敌地对空导弹、空对空导弹的射程以及敌战斗机截击线的位置，预警机在发现敌机后，通常应保持自己的巡逻航线距离敌方有一定的安全距离，这个距离称为预警机发现安全近界，通常为 80~100km。空中预警监视区示意图见图 3.15，图中 B_1 、B_2 为空中预警机在巡逻不同位置点时对敌探测的发现安全近界，L 为空中预警机巡逻跑道长度，R 为预警机转弯半径。

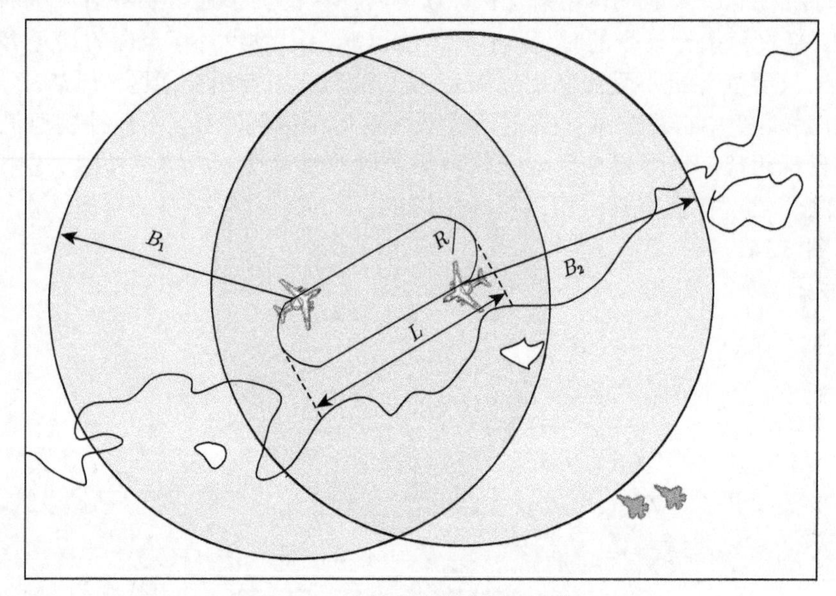

图 3.15　空中预警监视区示意图

3. 空中待战巡逻区

空中待战巡逻区，是指航空兵在执行空中待战任务或警戒巡逻任务时使用的空域。通常划设在地空预警监视区内、地空自由射击区外和敌主要来袭方向上，便于指挥引导航空兵快速出击的位置，必要时也可设置在地空预警监视区外进行远距监视巡逻。在指定空域设置空中待战巡逻区，可以大幅提高航空兵的反应速度，缩短战斗准备时间。空中待战巡逻区示意图见图 3.16。

在实施空地协同作战时，空中待战巡逻区的划设通常应遵循以下准则。

准则 1：有利于快速出击。空中待战巡逻区的设置必须经过精心计划，有利于待战巡逻的航空兵快速出击，加快整体防空反应速度，增大拦截纵深，为后续飞机升空作战争取较长的反应时间。

准则 2：设置在己方地面防空兵力较弱的空域或敌可能来袭方向、航路附近，靠近我雷达探测范围的边缘。航空兵应充分发挥其机动性能强，作战距离远的特点，与地面防空力量互相配合，动态弥补局部区域地面防空武器数量和机动能力的不足，以提高一体化防空作战能力。

准则 3：根据敌机可能来袭扇面角和己方巡逻兵力数量确定巡逻空域位置。如果敌可能来袭扇面角大，己方巡逻兵力少，应将待战巡逻区设在靠近掩护目标的

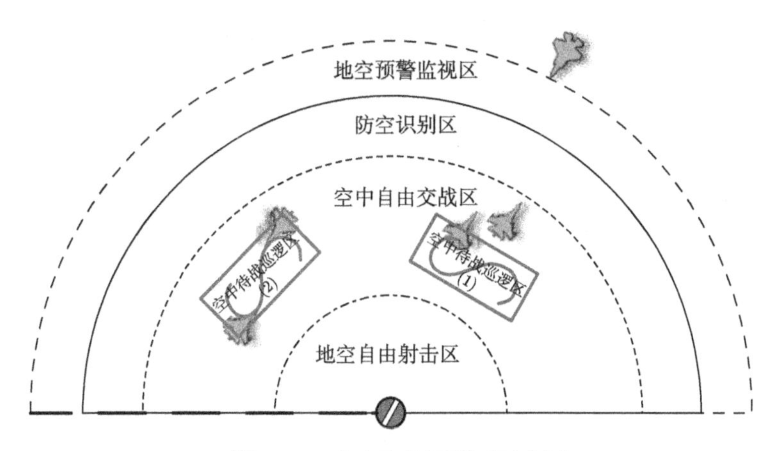

图 3.16　空中待战巡逻区示意图

位置，以利于监视空域减少漏情；如果敌可能来袭扇面不大，而己方巡逻兵力较多，则可将待战巡逻区前推，以利于尽早发现敌机。

准则 4：设置在地空自由射击区外。为便于航空兵作战协同，在条件允许的情况下，空中待战巡逻区应设置在地空自由射击区之外，以避免空地火力间的相互干扰，有利于对不明空情的及时判断和对突发情况的正确处置。

准则 5：避开敌雷达监视。避开敌雷达监视可隐蔽我兵力部署、增强空中拦截的突然性。

4. 空中指挥通信区

空中指挥通信区，是专为己方指挥通信飞机实施空中指挥、通信而划定的飞行区域。该区域通常设置在己方地面防空火力范围之内或有专门的战斗机负责伴随式掩护的安全空域。空中指挥通信区通常为跑道型空域。

5. 远距支援电子战区

远距支援电子战区，是为己方远距离支援电子战飞机实施电子压制而划定的飞行区域。该区域一般设置在敌地面防空最大火力射程之外，或敌战斗机攻击范围之外，通常有己方地面远程防空火力掩护或战斗机护航。远距空中电子战飞机主要装备大功率压制干扰机，部分装备有远程反辐射导弹。

远距支援电子战区用于远程空中电子战飞机，其飞行轨迹多为“8”字形或双 180° 跑道型，其空域多为圆形或矩形等，如图 3.17 和图 3.18 所示。

6. 空中侦察活动区

空中侦察活动区，是为己方侦察飞机实施空中侦察而划设的飞行区域。通常设置在敌边境线、海岸线以外一定的区域。电子侦察飞机、合成孔径雷达侦察飞机、光学侦察飞机在划定的空中侦察活动区开展侦察活动，通常采取空中侧向或多点交叉定位测向的方法进行侦察，其侦察航线轨迹也多为双 180° 跑道型或“8”字形。

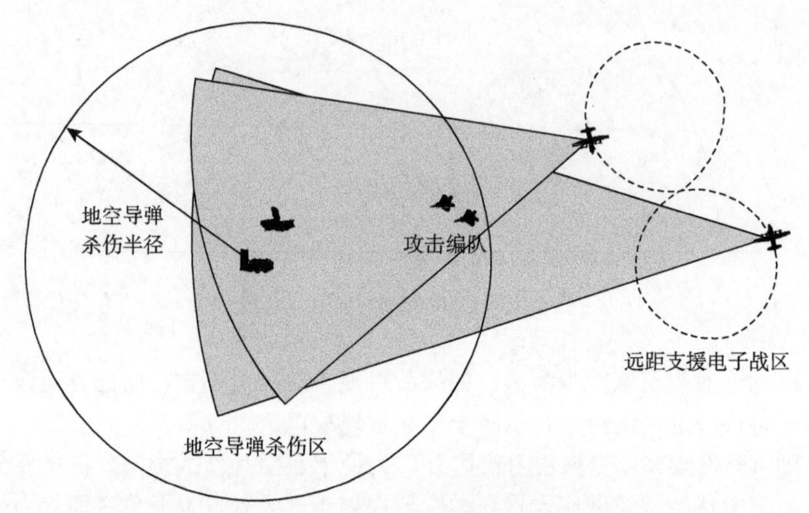

图 3.17　“8”字形远距支援电子战区示意图

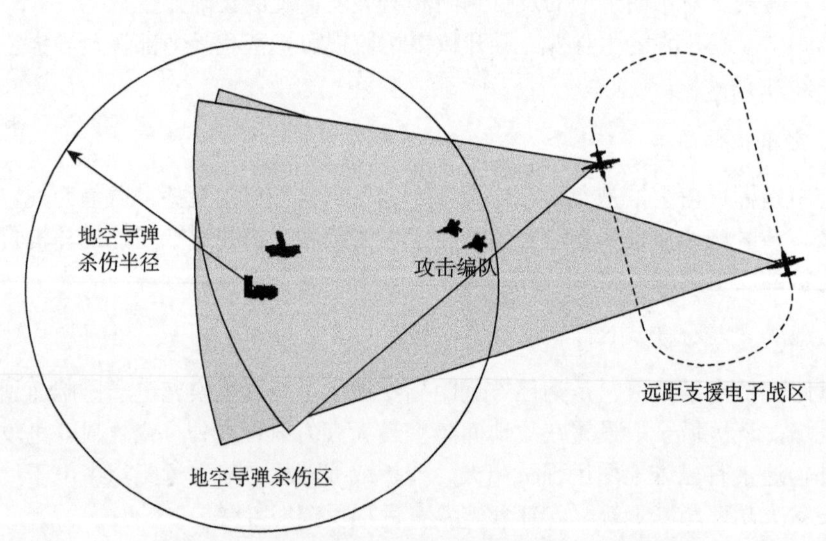

图 3.18　双 180° 跑道型远距支援电子战区示意图

3.7　交通管制类空域及其划设

交通管制类空域是为实施空中交通管制而划设的特定空域，通常包括空中走廊、空中航路、民航管制空域、军航管制空域和地标等。

1. 空中走廊

空中走廊，是为航空器进出特定地区而划定、专供己方飞机使用的限制性飞行空中通道 [29]。其目的是防止己方地面防空火力向己方飞机开火。通常在飞行频繁的城市附近地区及国际航路通过的国境地带上空划设，并与航路、航线相连接，战时在己方航空兵需穿越地空导弹射击区时必须划设空中走廊。其宽度通常为 8~10km，长度为 100km 左右，走廊内各航空器间应有 300m 的垂直高度间隔，且需明确空中走廊内单向或双向飞行的规定 [29]，如图 3.19 所示。为了避免敌机利用空中走廊对我实施偷袭，空中走廊应进行动态设置，即在需要时短暂开启，使用后立即关闭。

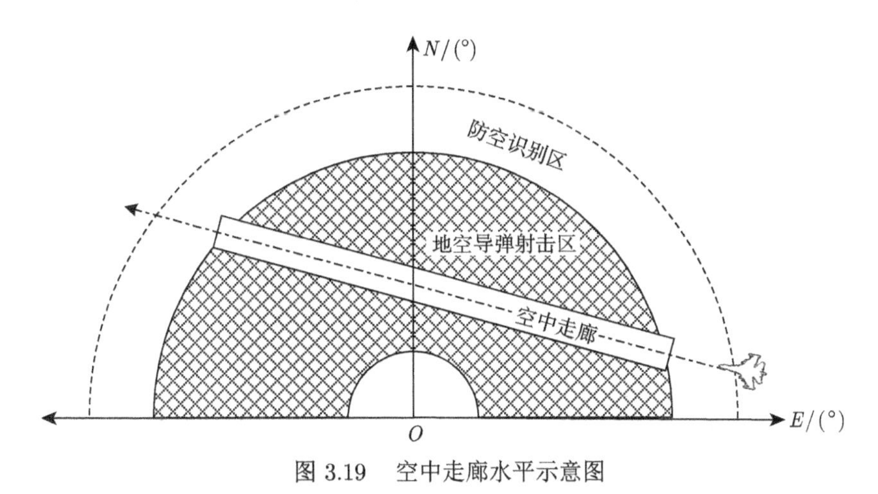

图 3.19　空中走廊水平示意图

空中走廊，通常分为静态空中走廊和动态空中走廊两种类型。

静态空中走廊，主要用于作战准备期，防空战斗一旦开始，应立即关闭。其特点是空间较大，适合大规模兵力的运用，由于静态走廊空域位置固定，容易被敌人利用，且对地面防空火力的使用限制较大。

动态空中走廊，是指在防空作战过程中，根据航空兵的需要在地面防空火力范围内临时开设的飞行通道。动态空中走廊具有很强的时效性，对防空指挥控制系统和通信系统要求较高。动态空中走廊是地面防空火力的射击禁区，在方便航空兵进出航的同时也给地面防空作战带来了一定的限制。

动态空中走廊的划设应当遵循以下准则。

准则 1：空中走廊开放申请应由使用飞机提出。申请内容包括申请开启指令、飞机型号、编队数量、起止位置信息 (起止坐标、高度)、起止时间信息、申请关闭指令等，通过数据链网络自动送达具有相关批准权限的指控中心。其开启/关闭流程如图 3.20 所示。

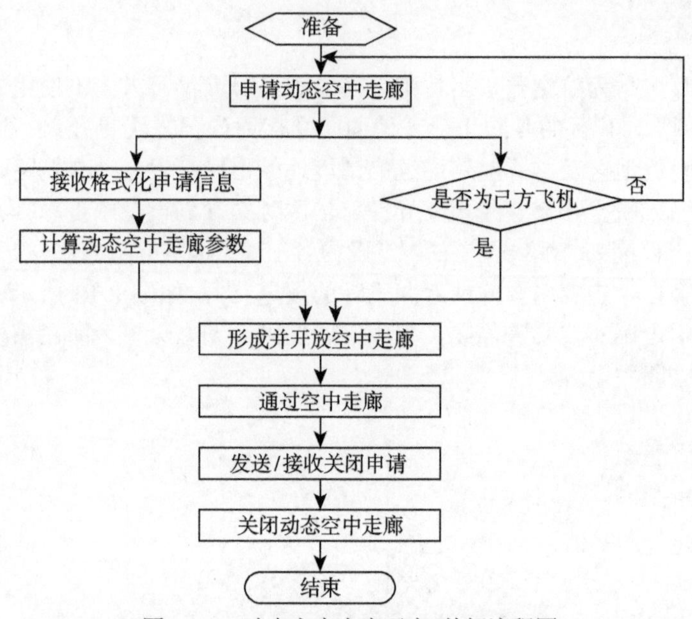

图 3.20　动态空中走廊开启/关闭流程图

准则 2：动态空中走廊开放申请应在飞机到达预警缓冲区前提出，并在空中走廊开放后进入相应区域。一旦我机在空中走廊未开放前进入地面防空火力范围，将会被视作敌机。

准则 3：动态空中走廊的设置应满足适度够用。空中走廊占用空域一般不宜过大，够用即可，以避免过多占用地面防空火力作战空间。同时，动态空中走廊的航道应尽可能短，以便我机使用最短的时间通过地面防空火力范围区，随后应及时关闭空中走廊，以恢复地面防空火力对空中目标的交战权限。

准则 4：动态空中走廊通常为单向走廊。动态空中走廊的划设具有临时性和单一目的性，只是为了航空兵完成从一点到达另一点，通常不重复和双向使用。

准则 5：一旦确认我机退出动态空中走廊后，应立即关闭。

2. 空中航路

空中航路，是国家为航空器飞行统一划定的具有一定宽度和高度范围的空中通道，分为国内航路和国际航路。航路经过的地面设有较完善的通信、导航设备，通常在航空地图上应标有起点、检查点、转弯点、终点和航线各段的距离、航向、所需飞行时间等数据。空中航路明确军用或民用飞行器的空中运输线路，提高了航空器、空域和飞行时间的利用率，需要共同遵守以确保空中交通秩序，保证空中安全。我国规定航路宽度为 20km，最小为 8km，其高度上限与巡航高度层上限相同，下限为该段航路的最低安全高度。

3. 民航管制空域

为维护飞行秩序，保证飞行安全，依据国家航空法规，统一对领空内的民用航空飞行活动进行强制性的管理和控制，称为民航管制。为便于民用航空飞行活动有序运行，《中国民用航空空中交通管理规则》(1999 年) 规定我国民航管制空域分为 A 类空域、B 类空域、C 类空域、D 类空域四种类型。

A 类空域，称为高空管制空域，一般是指海拔高度 6600m(含) 以上的空域。在此空域内要求飞行器必须按照仪表飞行规则进行飞行，并对飞行器的间隔进行了规定。

B 类空域，称为中低空管制空域，一般是指海拔高度 6600m(不含) 以下，最低高度层以上的空域。在此空域内通常要求飞行器按照仪表飞行规则进行飞行，如果符合目视气象条件，也可以按照目视飞行规则进行飞行，同时也对飞行器的间隔进行了规定。

C 类空域，称为进近管制空域，一般是指在一个或几个机场附近的航路汇合处划设的对进、离场飞行器实施飞行管制的空域，是中低空管制空域与塔台管制空域之间的过渡部分，其高度通常在 6000m(含) 以下，最低高度层以上，水平范围通常为半径 50km 或者机场进出口以内塔台管制范围以外的空域。在此空域内通常要求飞行器按照仪表飞行规则进行飞行，如果符合目视气象条件，也可以按照目视飞行规则进行飞行。

D 类空域，称为机场管制空域或塔台管制空域，一般是指在起落航线、第一等待高度层 (含) 以下，地表以上的空间和机场机动区。在此空域内通常要求飞行器按照仪表飞行规则进行飞行，如果符合目视气象条件，驾驶员经进近管制室批准也可以按照目视飞行规则进行飞行。

民航管制四类空域划分示意图见图 3.21。

4. 军航管制空域

军航管制空域分为航空管制区、航空管制分区、机场航空管制区和飞行特许区四种类型。航空管制区是全国性的，除个别地段外，通常与空军的防空作战区界线一致。航空管制分区是在航空管制区内划设的，通常根据飞机的部署、机场的分布和作战指挥范围等情况划设。机场航空管制区是为机场实施航空管制而在航空管制分区内划设的具有一定范围的空间区域。划设时应当考虑机场周围的环境、地形和不同航空器对飞行空间的要求，通常由飞行场站负责。飞行特许区是在相邻航空管制区的分界线附近，经有关权力部门批准而划设的，具有一定范围、特殊航空管制规定和飞行要求的空域。其目的是保证两个航空管制区边界地域机场的航空活动能够正常实施，便于飞行申请与航空管制。

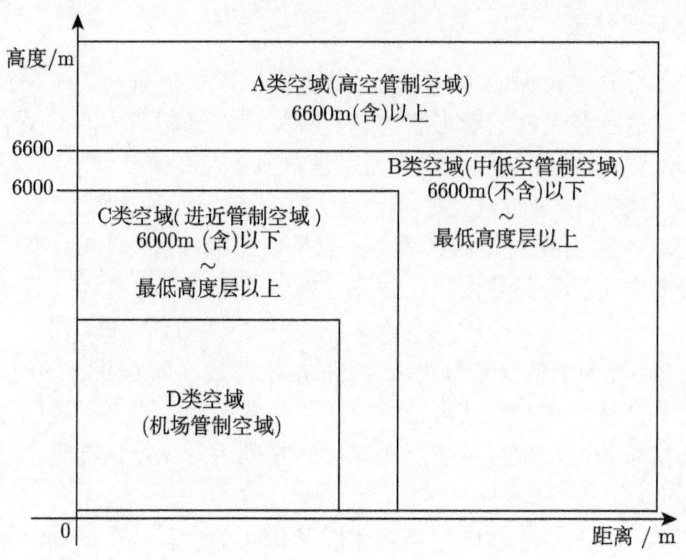

图 3.21 民航管制四类空域划分示意图

5. 地标

地标是具有明显特征且易于从空中识别的地物和地貌的统称。分为点状地标、面状地标和线状地标，如城镇、桥梁、山岳、机场、河流、铁路等，主要用于飞行中判定航空器位置、测定领航数据和辨认目标 [32]。一般选用作战区域内易于识别的高山、河流、湖泊、建筑物等标志性地物作为地标，地标设置在空中走廊、空中航路和安全通道出现明显方向变化且容易判定的地点上。地标通常按照经纬度地理坐标的形式给出。

3.8 限制性空域及其划设

限制性空域是为空中特定行动而划设的禁止或限制使用的空域，通常包括禁飞区、空中禁区、空中限制区、空中危险区、空中加油区和空中放油区等。

1. 禁飞区

禁飞区 (no-fly-zone)，是指在某一地的上空，禁止任何未经许可的航空器飞入或飞越的空域。禁飞区通常是国家为了安全和保护国家的政治、经济、军事等重大利益，在国家重要的政治、经济、军事目标上空设立的空域。根据《联合国宪章》的相关规定，一国只能在其本国领空、毗连区和专属经济区的上空以及公海上空划定禁飞区。只有联合国安理会才有权决定在其他国家领土内设立禁飞区，以维护或恢复国际和平与安全 [16]。因此，禁飞区的划设主要有两种形式。①主权国家在军事对峙、重大军事演习、武器重大试验等特殊情况、特殊时段对特定空域所采取的限制飞行的管制空域。②某个或某些国家或国际组织在发生冲突地域划定的特殊限制飞行空域，限制冲突相关方的飞行器在管制空域内的飞行活动，这种限制空域通常只有在国际组织授权下才具有合法性。例如，海湾战争后的 1992 年，联合国安理会通过决议，划定伊拉克北部某区域为禁飞区，后又在伊拉克南部增设禁飞区，禁止伊拉克战斗机飞行。

设置禁飞区是空中攻势作战的一种新模式，其使用的前提条件是设置方必须以绝对优势的空中进攻力量为基础，集空中战略威慑与战术打击于一身，不仅能向对方传递威慑信息，而且能根据情况随时对进入禁飞区的敏感目标实施打击，且打击的规模、程度可控。执行禁飞任务的联合指挥机构，对未经许可擅自飞入禁飞区的航空器有权采取强制性措施。主要包括：禁飞令宣布生效后，及时组织航空兵进入空中监控区进行警戒巡逻，对禁飞区进行控制；使用航空兵和其他兵种，采取空中检查与地面核查相结合的方法，对过往的进入监控区的非己方航空器进行检查，重点查明其国籍和属性；对在空中监控区不接受核查的航空器，应实施警告；对进入禁飞区的外国航空器进行外逼、驱离；对进入禁飞区的对方运输机，在组织拦截无效时，可将其击落，以切断其对外空中交通；对企图突破禁飞区的对方航空器，可采取空中交战、阻歼等方法，以夺取和保持对禁飞区的控制权 [16]。

2. 空中禁区

空中禁区，是国家划定的禁止或控制航空器飞行的空域，可分为永久性空中禁区和临时性空中禁区 [16,32]。长期不准航空器飞入的空域为永久性空中禁区 [29]，如中国首都北京、俄罗斯首都莫斯科、美国首都华盛顿的空中禁区。空中禁区的划设是出于国防安全或飞行安全等特定目的，特别是为了保守机密和保护重要目标的安全，通常在国家首都、重要城市、工业基地等政治经济中心，以及指挥所、机场、导弹阵地等军事要地或一定海域上空划设。除了禁止各种固定翼有人、无人飞机和直升机外，热气球、气球等各类空飘物也被严格禁止。除非经空中禁区划定机构授权批准，否则所有进入该空域的目标均可被地面防空或空中交战火力击落。

3. 空中限制区

空中限制区，是指国家划定的限制航空器飞行的空域。空中限制区通常在空中航路、航线附近的军事要地、兵器试验场上空和军用机场飞行空域划设，并从时间、高度、水平距离等方面对航空器加以限制 [32]，目的是避免军事飞行与航路飞行之间发生冲突与矛盾。在其他地区上空可视情设置临时空中限制区，未经航空管制机构批准，任何航空器不得擅自进入空中限制区或临时限制区。空中限制区一旦划定，要明确其区域范围、识别标志、限制高度、限制活动时间和负责航空管制的机构，其划设、变更和撤销要及时公布并标示在航空图上。

4. 空中危险区

空中危险区，通常是在规定时间或范围内对航空器飞行安全构成危险的空域 [32]。通常在科研试飞、空地靶场、地空靶场、空空靶场，以及武器试验和军事演习等地区上空划设，目的是警告空中飞行器在指定的时间、高度不要擅自闯入该区域，否则会有危害飞机飞行安全的事件发生。当发射弹道导弹、地空导弹、远程火炮、火箭弹等时都需要划设空中危险区，提醒航空兵等空域使用者避开空中危险区域。

划设空中危险区，要明确危险区域范围、识别标志、限制高度、限制活动时间和负责航空管制的机构，其划设、变更和撤销要及时公布并标示在航空图上。

5. 空中加油区

空中加油区，是指空中加油机为其他军用飞机进行空中加油的空域 [16]。通过空中加油，歼击机无须返回机场便可继续投入空战，将大大节省作战准备时间而赢得战机。轰炸机和歼击轰炸机经过空中加油，航程可大大增加，可做绕过敌方防空雷达和防空火力点的长途迂回飞行而执行远距离空袭任务。可见，通过加油机的空中补充燃料，可显著增大飞机航程及作战半径，增加飞机留空时间，提高机载设备及飞机的有效载重，在战略或战术航空兵作战中具有极其重要的支援作用。

加油机的空中加油系统可分软管–锥管式 (简称软式) 和伸缩管式 (简称硬式) 两大类。软式加油系统的优点是可同时给 2 或 3 架飞机加油，可以给直升机加油，且可以不设专门的加油员。但缺点是加油率低于硬式加油系统，且要求受油机飞行员掌握超密集编队技术及对接技术，气流不稳定时难以进行空中加油。美国海军和大多数国家普遍采用软式空中加油系统。硬式加油系统的优点是加油率高，一般可达到 4000L/min，可以给大型飞机加油，且对受油机的机动性要求不高。但缺点是需要设专门的加油员，每次只能给一架飞机加油，不能给直升机加油。美国空军主要采用硬式加油系统 [33]。

为了便于空中加油的协同，通常将空中加油区设置为跑道型空域，空中加油机沿着跑道型航路在指定空域盘旋等待，并视情给受油机加油。

6. 空中放油区

空中放油区，是指供飞机在空中释放燃油而划设的专门空域 [29]。通常飞机全载重起飞后，若因故障要求立即返回着陆，为防止飞机着陆重量超过飞机的最大着陆重量而对飞机起落架等造成结构性破坏，或飞机起落架本身故障不能放下，飞机强行着陆时由于机体被摩擦、碰撞而发生火灾甚至爆炸，必须在指定的空域释放燃油至飞机最大着陆重量以下，以确保飞机安全降落。假设某一空中放油区长 152km，宽 40km，呈长方形，空中放油的飞行方法为修正角飞行，一次修正角飞行的总距离约为 300km。如果用波音-707 客机计算，其最大起飞质量 151t(载油 72.6t)，按放油飞行规定表速 450km 计算，飞行一次约 35min，实际放油时间 30min，大约可放燃油 50t，加上飞机的飞行时间一小时耗油 6t，共计减去 53t，减重后的飞机着陆质量为 98t，低于最大着陆质量 (112t)，符合该型机安全着陆的质量标准。飞机释放的燃油是经过放油管雾化处理的，可最大程度降低对环境的污染。

空中放油区的划设需经过空域管控机构批准，且执行国家相关的环境保护法规。空中放油区通常选择在海洋、山区、荒原的上空，且放油高度在 3000m 以上，在城市、机场、森林上空和低空不能放油。

第 4 章　基于空地数据链支持的空地信息共享技术

数据链是实施网络中心战的装备基础，获取战场信息优势的重要手段和信息化战争的重要标志。基于空地数据链支持的空地信息共享，是指为构建实时、精准和统一的战场态势，以空地数据链为核心，以空地战场信息网为支撑，通过对空地战场信息的协同感知、精准融合和快速分发，实现作战平台间的高度信息共享，为组织高效空地协同奠定信息保障基础。在战场高速数据链的支持下，可实现传感器、指挥控制系统和防空武器平台之间互联互通互操作，大大提升空地协同行动的体系效能，是防空作战组织高效空地协同的前提条件之一。

4.1　数据链系统

数据链 (data link) 是指按规定的消息格式和通信协议，链接传感器、指挥控制系统和武器平台，可实时自动地传输战场态势、指挥引导、战术协同、武器控制等格式化数据的信息系统 [32]。数据链是伴随着计算机技术、网络技术、通信技术的发展而产生的，是信息技术和战争形态发展到一定历史阶段的产物，它的出现和广泛运用，给现代战争带来了巨大影响，使信息的获取途径、传递速度、处理效率发生了质的变化，对变革作战指挥、丰富作战样式、拓展作战范围和提高作战效能都产生了重大的推动作用。

4.1.1　数据链系统的作用

美军称数据链为战术数字信息链 (tactical digital information link，TADIL)，北约称为链路 (link)。数据链作为连接指挥中心、作战部队、武器平台的一种信息处理、交换和分发系统，能以统一的格式标准和规范，实时、自动、保密地传输各种战术数据，形成实时、准确、完整的统一作战态势图，便于指挥员实时掌握战场态势，缩短决策时间，提高指挥速度和协同作战能力，以便对敌方实施快速、精确、连续的打击。海湾战争中数据链发挥了极其重要的作用，战后美军高层曾表示“数据链是武器装备系统的生命线，我们带到伊拉克战场的最尖端武器就是数据链”[9]，时任美国国防部部队转型办公室主任助理约翰·加斯特卡：信息时代战争的标志性新武器就是数据链及其连接的作战网络。

从战略作用的视角看，数据链是战争形态演变的一个助推器，推动了战争形态从机械化战争的“平台中心战”向信息化战争的“网络中心战”演变，在信息化战争中发挥着不可替代的作用。其作用具体表现为数据链是多元力量的黏合剂，将不同类型的作战力量聚合在一起；数据链是作战行动的加速器，提高了作战行动的反应速度；数据链是作战效能发挥的倍增器，使作战体系的效能得到成倍的跃升 [34]。

1. 多元力量的“黏合剂”

数据链通过构建的格式化消息标准实现了多型异构平台间信息的互联互通，可将联合作战规模庞大、种类繁多、功能各异的各种作战力量、作战单元、作战要素融合集成为一个无缝连接的作战体系。数据链与传统通信系统最大的区别是采用格式化消息标准，数据链传递的消息是对与作战行动密切相关的特定事件进行简短、扼要描述的信息。为便于机器与机器、系统与系统之间在无须人为干预的条件下实时、自动、保密地传输和交换信息，这些消息必须按照特定的数字编码标准高度格式化。消息的生成者、传递者、接收者、处理者和执行者对特定格式化消息中最小单元的含义均有明晰、单一的理解，从而实现由不同类型作战力量所构建的作战体系各武器平台间协同行动和一体联动 [9]。例如，美军主要使用 J、K、S 等 8 种消息标准，其 J 系列信息标准是 Link16 采用的信息标准，该消息标准中的 J3.2 空中航迹信息，可报告空中目标的经度、纬度、高度、速度、航向等飞行参数，大大提高了信息传输和交换的效率 [9]。

2. 作战行动的“加速器”

以快制胜历来是军事博弈的常胜之道。信息在最短的时间内流转，以信息流转的速度优势制胜，以时间换取军队，从而赢得战场主动。数据链将地、海、空、天的各平台各类传感器获取的信息实时、可靠地分发至各级指挥所和所有相关作战平台，形成实时、完整、统一的战场态势图，实现了“我看到”“我听到”就是“你看到”“你听到”的信息共享效果，在外部信息的引导下，压减了搜索范围、缩短了反应时间，可建立“传感器到射手”的高效直通链路。美军 Link16 数据链对各类消息反应时限的一般要求是：精确定位与识别为 10s，空中与空间监视为 10s，海面、水下和地面监视为 30s，空中拦截控制、空中支援为 2s[9]。

3. 效能发挥的“倍增器”

信息化战争时代没有通畅的信息链保障是不可想象的。数据链对作战体系效能的贡献率主要表现在对单个作战平台作战效能和整个作战体系协同效能的提升两个方面，取长补短，有序行动，避免内耗，形成“整体大于部分之和”的协同效应，甚至衍生出单一作战平台所不具有的某些新的作战能力，从而实现从机械化战争“平台中心战”向信息化战争“网络中心战”的作战形态转变。首先，数据链将战场区域内的各类武器以数字化信息交互形式连接成网，实现了“一站发现、全网皆知”的高度信息共享。与单平台探测相比，极大地拓展了侦测监视范围，实现了战场的“单向透明”。例如，侦察机与战斗机通过数据链使战斗机“获得了”更为广阔的探测视野，侦察机则“具备了”攻击能力，相当于彼此具备了对方的能力，实现了功能互补，能力提升 [34]。其次，在数据链共享信息的支持下，也大大降低了战场误伤事件的发生，美军及其盟军在近几场局部战争中的误伤发生率与历史相比已大为减少。再次，通过数据链火控级信息的高效融合与实时传递，使得情报信息的探测精度发生了质的飞跃，处于不同空间的作战平台间可实现协同跟踪、协同制导和接力制导等新的协同作战模式。美军 F-15、F-16 战斗机在加装了 Link16 数据链后，从发现目标到摧毁目标的时间由过去的小时量级缩短到数分钟，实现了“发现即摧毁”的协同作战能力。通过万余架次的空中对抗试验数据表明，F-15 战斗机在 E-3A 预警机的引导下，与未配备数据链的 F-15 战斗机相比，其白天平均杀伤率从 3.1∶1 提高到 8.11∶1，夜晚平均杀伤率从 3.62∶1 提高到 9.4∶1，作战效能均提高了 2.6 倍左右 [34]。

4.1.2 数据链系统的组成

数据链是按规定的消息格式和通信协议，将处于不同空间位置的传感器系统、指控系统和武器系统连接为一体的战术信息网络系统。数据链包括三个基本组成要素：格式化信息标准、通信协议和传输信道。其中，通信协议和传输信道是传统的数据通信系统均要具备的，而格式化消息标准则是数据链系统的特有要求和典型特征，它使得数据链系统“机—机”之间自动传输、处理和交换信息成为可能，是不同作战平台之间能够实现无缝连接的关键 [35]。

(1) 格式化信息标准。数据链格式化信息是指经数据链信息格式规范的信息，是数据链信息实现“机器到机器”自动传输和战场态势共享的关键。每一种数据链都有相应的消息格式，如 Link4A 数据链采用了 V&R 系列消息格式，Link11 数据链采用了 M 系列消息格式，Link16 数据链采用了 J 系列消息格式，Link22 数据链采用了 F、FJ 系列消息格式。采用不同消息格式的数据链系统之间不能直接进行数据交换 [35]。

(2) 通信协议。通信协议是信息系统在通信网络中有关信息传输顺序、信息格式和信息内容及控制方面的规定，主要包括频率协议、波形协议、链路协议、网络协议和加密标准等。数据链本质上是具有一定拓扑结构的军事数据通信网络，实时、自动、保密地进行传输和交换战术信息，以及实现战场态势共享，构建合适的通信网络结构是基础 [35]。

(3) 传输信道。传输信道包括数据系统终端的信息处理器、加解密设备、网络控制器和传输设备。信息处理器将雷达等传感器平台收集的信息或者指挥员、操作员发出的各种数据编排成标准的格式化信息；加解密设备负责加密发送信息和解密接收到的信息；网络控制器进行信息调整、加密、检错与纠错等，将格式化信息编成符合通信设备传输要求的数据信号；传输设备完成传输、交换和处理数据信息 [35]。

从设备角度看，数据链系统的组成主要包括战术数据系统 (tactical data system，TDS)、数据链终端设备和无线收/发设备，如图 4.1 所示。用户设备是实现网络连接的物质基础，消息标准和通信协议是实现信息交互的基本保障 [35]。

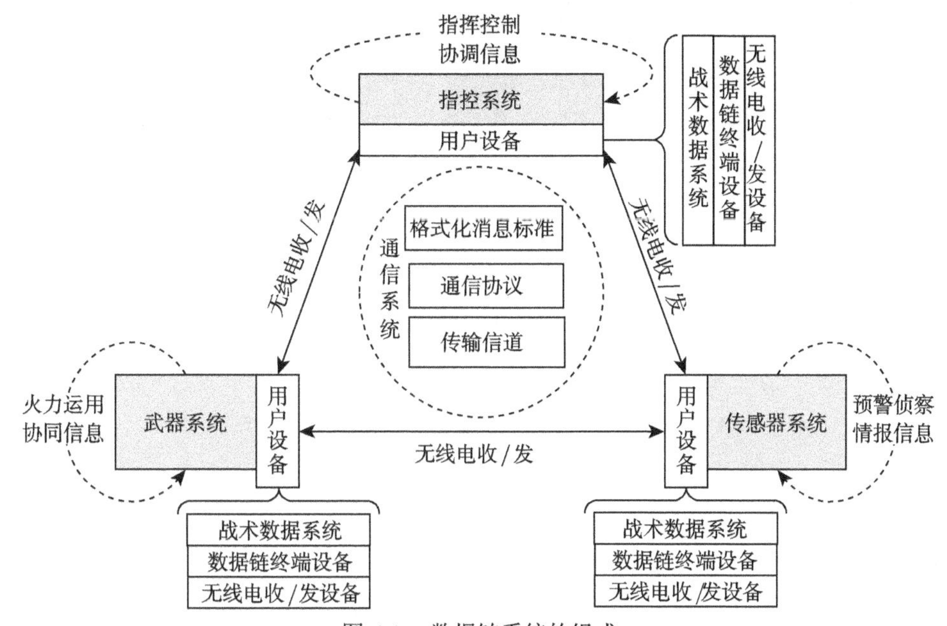

图 4.1　数据链系统的组成

战术数据系统，实际上就是一台计算机系统，用来接收各种传感器和操作员发出的各种数据，并将其转化为标准的报文格式。计算机内的输入/输出缓存器，用于数据的存储分发，同时接收链路中其他战术数据系统发来的各种数据。

数据链终端设备，简称端机，是数据链网络的核心部分和最基本单元，主要由调制解调器、网络控制器 (以计算机为主) 和密码机等组成。通信规程、报文协议的实现都在端机内，它控制着整个数据链的工作并负责与指挥控制或武器控制系统进行信息交换。该设备的主要功能是：检错与纠错、调制/解调、网络连接控制、与战术数据系统的接口控制、自身操作方式的控制 (如点名呼叫、网络同步和测试、无线电静默等)。加密设备是数据链路中的重要设备，用来确保网络数据传输的安全。

无线电收/发设备，可以不同的数据率并结合不同传输信道特性来传输战术信息，数据链通常以无线电传输信道为主，其工作频段已经覆盖短波、超短波、L/X

频段和卫星通信频段、量子波段。

Link16 数据链称为联合战术信息分发系统 (joint tactical information distribution system，JTIDS)，是为满足美国三军战术作战单元信息交换需求的一种加密、抗干扰、无节点的数据通信链路，采用 TADIL 的 J 系列消息标准，在数据通信链路系统内成员可互相交换敌方目标跟踪数据、己方成员位置、电子侦察 / 电子战情报、各平台状况、危险警告、导航、控制与引导等信息，能够为美军各军种之间、北约各国之间提供重要的联合互通能力和态势感知能力。JTIDS 有两个序列终端：1 型和 2 型，2 型包括 2H、2M 和 2R 等多种衍生型号。

下面以 E-3A 空中预警与指挥控制系统 (AWACS) 和 F-15C 飞机间的 Link16 通信过程为例来说明战术数据链的工作过程，如图 4.2 所示。E-3A 的 AWACS 监视传感器探测到一个威胁后，AWACS 机组人员利用态势显示控制面板 (SDC) 将要发送给 F-15C 的信息，经飞行处理器 (AOCP)，将其转换成 Link16 报文格式，JTIDS 的 2H 型终端加密报文，并将报文发送到 JTIDS 网络上。F-15C 的 JTIDS 的 2 型终端接收报文，解密报文，并过滤掉不相关的报文，然后飞行处理器 (OFP) 从报文中提取出内容并将信息显示在 F-15C 的多用途彩色显示屏 (MPCD) 上。

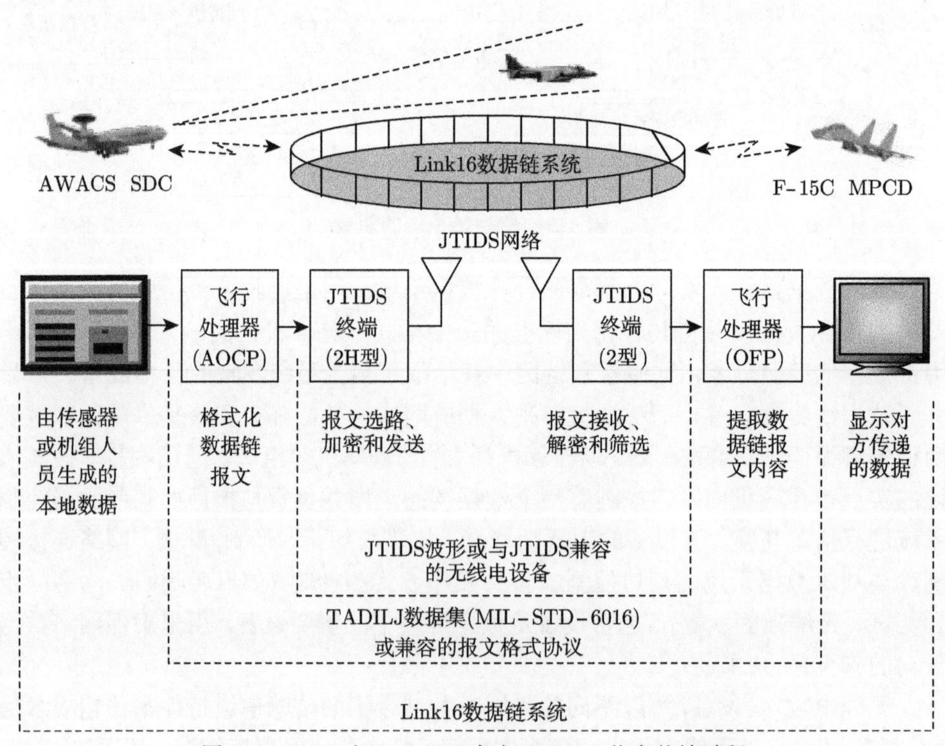

图 4.2　E-3A 与 F-15C 飞机间 Link16 信息传输过程

4.1.3　数据链系统的类型

数据链可从服务范围、任务功能、主用军种、传输对象数量、空间分布等不同角度进行类型划分，如图 4.3 所示。

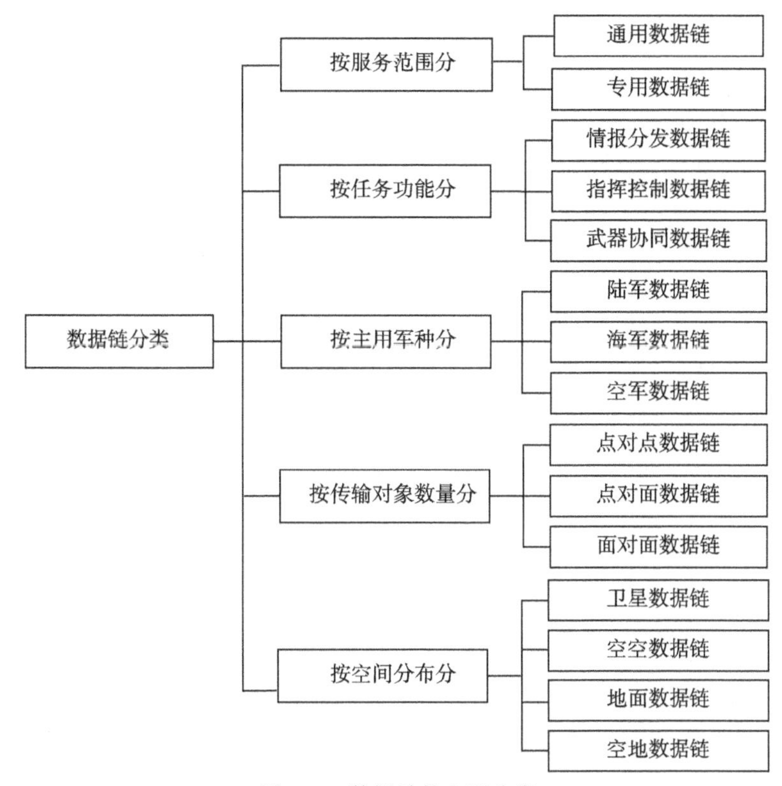

图 4.3　数据链的主要分类

从数据链的服务范围上，可分为通用数据链和专用数据链。通用数据链主要用于各军兵种多平台之间的信息交换，最典型的是 Link16 数据链。Link16 数据链集成了 Link4、Link11 数据链的功能，实现了战术数据链从单一军种到三军通用的一次跃升，主要装备美国空军 E-3A、E-8、EC-130、F-15C 等飞机，海军 E-2、F/A-18 及航母、驱逐舰等大型作战舰艇，陆军“爱国者”地空导弹系统、陆基防空系统地面指挥所及北约地面防空指挥站等。专用数据链主要用于某一特定领域的数据链，如 Link4、Link11 等单一军种专用数据链。数据链从服务范围看沿着从分头建立军种内的专用战术数据链到集中统一建立三军通用战术数据链的方向发展。

从任务功能上，可分为情报分发数据链、指挥控制数据链和武器协同数据链。情报分发数据链主要用于侦察机、无人机等空中侦察平台，可将各类传感器所获取的信息传回地面控制站，具有通信带宽宽、传输速度快和系统容量大的显著特点，主要装备 E-3A 空中预警机、E-8 侦察机、“全球鹰”无人机、“捕食者”无人机等侦察监视平台；指挥控制数据链主要是以命令下达，战情报告、请示，勤务通信和空中战术行动的引导指挥等为主的数据链，具有准确性、可靠性要求高而数据率要求不高的特点；武器协同数据链是与武器制导控制相关的高速、高精度数据链，可实现不同武器平台间的火力协同，如美海军的协同交战能力 (CEC) 系统、“爱国者”防空系统数字信息链 (patriot digital information link, PADIL) 等。

从数据链主用军种上，可分为陆军数据链、海军数据链和空军数据链。

从传输对象数量上，可分为点对点 (即一对一) 数据链、点对面 (即一对多) 数据链和面对面 (即多对多) 数据链。例如，Link4 是点对点数据链，Link11 是点对面数据链，Link16 则是面对面数据链。从传输对象数量上看，数据链基本沿着从点对点、点对面到面对面的途径发展。

根据防空作战领域传感器、武器平台所处的空间位置，可将数据链分为四种类型：卫星数据链、空空数据链、地面数据链和空地数据链。

卫星数据链，是地面或空中平台利用卫星作为中继而进行的标准化信息交换数据链，具有超远程通信、链路开通迅速、使用灵活和不易受陆地灾害影响等特点，通过卫星数据链可实现远程、超远程信息传输与分发能力，包括星地数据链和星空数据链。美军为拓展三军联合作战数据链运用的战场空间，将具有军用加密功能的 Link16 数据链终端应用到通信卫星上，可实现数个战场空间之间的作战协同或联合作战。美军战术情报广播系统数据链就是对系列卫星数据链的一个统称，这些数据链可使用卫星信道在全球、战区范围传输和分发情报信息，以满足美军全球作战的需要。图 4.4 是通过卫星数据链接力制导实现防空导弹超远程作战示意图。

空空数据链，主要是以空中飞机之间的传输数据链为主，同时也可与天基平台、临近空间平台相连接，实现空天情报信息的实时分发，指控和协同信息的快速流转，大大提升空中作战平台之间的协同作战能力，又称为机间数据链。

地面数据链，主要用于连接地面警戒、目标指示雷达、火控雷达等传感器，各级指控系统以及地面防空武器系统，实现地面情报侦察、探测跟踪、指挥控制、火力打击等信息感知、传输、融合与分发，可大大提升地面防空平台之间的协同作战能力。

空地数据链，主要是将空中平台数据链与地面防空数据链相连接，实现真正意义上的空地一体化侦察监视、探测跟踪、指挥控制和火力打击，可实现空地情报信息的分发、共享，以及指控信息、协同信息以指示、命令等形式的流转。空地数据链是实现空地高效协同的关键，可大大提升联合防空作战空地协同作战能力。例如，美国陆军在地面防空作战时，以往前线防空单位须等到由上级逐层传送的目标数据后才能够实施交战，在配备陆军数据分发系统后，“爱国者”防空导弹系统可通过营级战术指控站的 Link16 数据链端机，直接接收由空中预警指挥机提供的目标信息，再经 PADIL 分发至连级火力单元，可迅速展开防空作战行动，如图 4.5 所示 [35]。

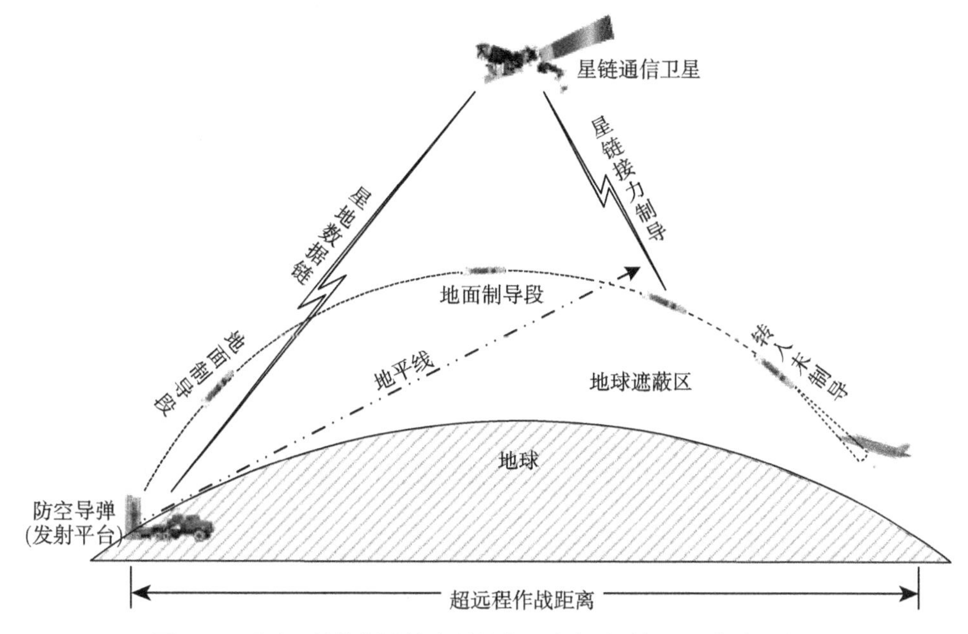

图 4.4　通过卫星数据链接力制导实现防空导弹超远程作战示意图

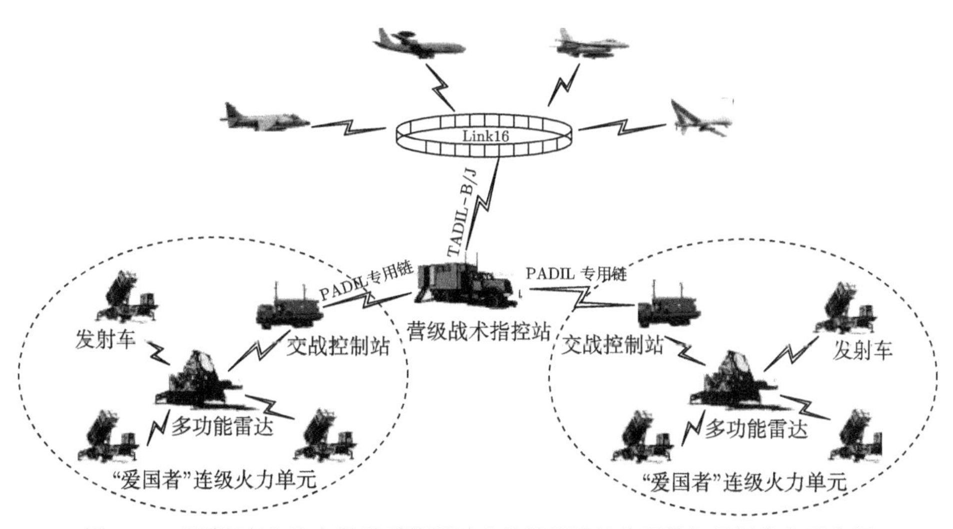

图 4.5　"爱国者" 防空导弹系统通过空地数据链接收预警机目标信息示意图

4.2　空地数据链的任务与要求

数据链最早就应用于防空领域。在联合防空作战空地协同这一特殊的作战领域，以空地数据链为枢纽所构建的空地信息网具有更加凸显的地位和作用，在实现高效空地协同和提升联合防空作战体系效能方面具有其特殊的任务与要求。

4.2.1　空地数据链的任务

在联合防空作战空地协同中，空地数据链的主要任务是避免发生误跟误射事件、形成空地统一战场态势和实现空地信息火力协同。

1. 下传我机精准定位信息，避免误跟误射事件发生

数据链系统已非传统意义的数据通信系统，而是包括信息传递、融合、分发以及自动化指挥、战场控制等在内的综合信息系统。数据链网络内的每个成员周期性地发送包含位置信息、识别信息、状态信息、任务单元识别信息、速度、导航精度等自身平台信息，通过实时回传的我机精准定位信息 (包括经度、纬度、高程以及当前航向、速度信息) 和敌我识别 (IFF) 代码，指挥机构能够及时准确地掌握我机飞行动态以及空中战场态势，并与地面防空武器进行信息实时交互，形成统一的战场态势信息，避免地面防空武器对我机的误跟误射事件的发生，推动协同方式的变革，从根本上解决联合防空作战中的误伤难题。

2. 支持实时共享敌机信息，形成空地统一战场态势

传统的信息获取主要依赖平台自身传感器探测信息，空地数据链的应用取代了传统的信息获取、传递与融合手段，拓宽了防空作战信息的获取途径，其网络化、无节点的结构布局，使得指挥控制系统和武器平台可实时掌控敌机的信息 (飞行航迹、目标类型、飞行参数等)，共享作战空域内的所有战场态势信息，拥有统一的战场态势图。同时，在信息传递手段上，由于数据链采用数字加密信息进行网络化传递，增强了信息时效性、保密性和抗干扰性，实现了情报侦察信息的安全、高效、精准传递。

3. 打通空地武器控制链路，实现空地信息火力协同

空地数据链的应用打通了空中与地面武器平台之间的指挥信息链路，可实现空地平台之间跟踪回路、制导回路的相互嵌入，信息共享精度达到火控级，空地武器平台的互联、互通和互操作成为可能，推动防空武器作战方式从自引导、自控制的杀伤链方式向联合引导、网络控制的杀伤网方式转变。在传统的防空作战中，无论是空中兵力还是地 (海) 面防空兵力，其在运用自身武器装备打击目标时必须由本身的火控雷达引导或跟踪目标，在空地数据链支持下的防空作战中，火力单元雷达可不主动照射目标，而直接运用来自数据链网络的火控级精度信息对

目标实施间接跟踪，并制导导弹攻击目标。此外，该火力单元也可将火力控制权移交，由数据链网络内的其他单元或指控中心控制导弹发射，从而催生空地信息火力协同的全新作战模式。

4.2.2 空地数据链的要求

空地数据链要保证能够实时共享信息，形成统一战场态势，协调空地作战行动，须满足实时、精准、可靠和保密的信息传输要求。

1. 信息传输实时性

信息传输实时性是指数据链根据作战单元的使用要求，在规定的时效内将信息传送给用户。数据链追求的首先是信息的传输效率，必须保证信息在最短时间内分发与流转，以信息流动的速度优势制胜，以时间换取军队，赢得战场主动。为了实现战术信息的实时传输，数据链采取压缩信息量，选用简单实用的通信协议，增大通信宽带，以提高传输数据率，目前用于战术指挥控制时的时间要求为秒级，用于武器协同打击时的要求则高达亚秒级；采用相对固定的网络结构和直达的信息传输路径，在实时性要求极高的应用场合直接采用点到点的链路传输，缩短各种机动目标信息的更新周期 [34]。

2. 信息传输精准性

由于每个传感器对目标的采样频率、探测坐标系均不同，对同一目标各传感器的探测数据也会有较大的差异。为了做到各传感器目标航迹的统一和高精度定位，数据链必须采取统一的时间和空间基准，并精准定位传感器自身平台空间坐标，监控相对地理位置，确保数据链系统内时空一致性，以实现多传感器数据精确融合，达成真正意义上的跨平台时空统一信息共享，形成高精度的空天战场态势图 [9,34]。

3. 信息传输可靠性

数据链系统在保证作战信息实时传输的前提下，还要确保信息传输的可靠性。数据链系统主要通过无线信道传输信息数据。在无线信道信号传输过程中存在着各种干扰现象，严重影响信号的正常接收。对大量数据通信来说，接收的数据中必然存在一定的误码，数据链系统主要采用高性能的纠错编码技术降低数据传输的误码率。

4. 信息传输保密性

作战信息的传输必须以保证信息安全为前提。由于数据链信息传输主要采取无线通信 + 网络的工作方式，在任何传输节点信息都可能被篡改、截取、植入病毒或欺骗信息等，保护数据的完整性和保密性成为数据链信息传输过程中极为重要的环节。没有数据的保密传输，就没有数据链成功应用的可能。为尽可能降低数据链的无线通信电磁辐射，美国空军为 F-22 配备专属的“机间数据链 (intra-flight data link, IFDL)”，由于 IFDL 采用定向天线和较高的工作频率，具备波束指向性好、被截获概率低的优点，是—种真正的“隐身数据链”，可实现 F-22 编队内部的“私密交谈”。

4.3 基于空地数据链支持的空地信息网

典型的数据链以组网运用方式为主，是一种基于格式化消息标准通信的信息网络，所有的作战要素均是信息网络的一个节点[34]。基于空地数据链支持的空地信息网，是利用数据链将空中、地面的指控系统、传感器和武器平台等系统相连接，并依照规定的组网协议和消息格式进行信息感知、融合与分发的空地信息共享的网络系统。

4.3.1 空地信息网的构成

基于空地数据链支持的空地信息网，主要由基于空中平台数据链的空中信息网、基于地面防空数据链的地面信息网和基于空地数据链的综合信息网三部分构成，如图 4.6 所示。空地信息网主要功用是统一消息标准和保密机制，最大化地实现信息传输、共享，在技术体制和顶层设计上满足联合作战的需求，实现不同平台、类型数据链之间的互联互通，在指挥信息系统与飞机、防空导弹等武器平台之间，以及各作战单元之间实现情报信息共享、协同信息分发，让信息网内的成员都能够迅速进行位置和状态的报告并获取空战场态势，以实现高效协同。

基于空中平台数据链的空中信息网，由预警卫星、临空信息平台、预警指挥机、电子战飞机、侦察机和歼击/战斗机等要素构成，主要支持早期预警、态势感知、探测跟踪、敌我识别、编队指挥、空中打击等任务，能够实现空中各个平台之间的指令传输、信息交互等。

基于地面防空数据链的地面信息网，由地面指挥控制中心、地面防空战术单位、地面防空火力单位、警戒雷达和制/引导雷达等要素构成，主要支持地面作战单元的指挥控制、远程预警、目标探测、跟踪制导、敌我识别以及火力打击等任务，能够实现地面防空战术单位、火力单元、传感器之间的指令传输与状态信息交互等。

基于空地数据链的综合信息网，主要由联合防空指控中心、信息处理中心等要素构成，是连接空中信息网和地面信息网的桥梁和纽带，能够实现两者之间的互联互通，主要支持对空地作战过程的指挥控制、信息处理、信息共享、作战协同等任务。

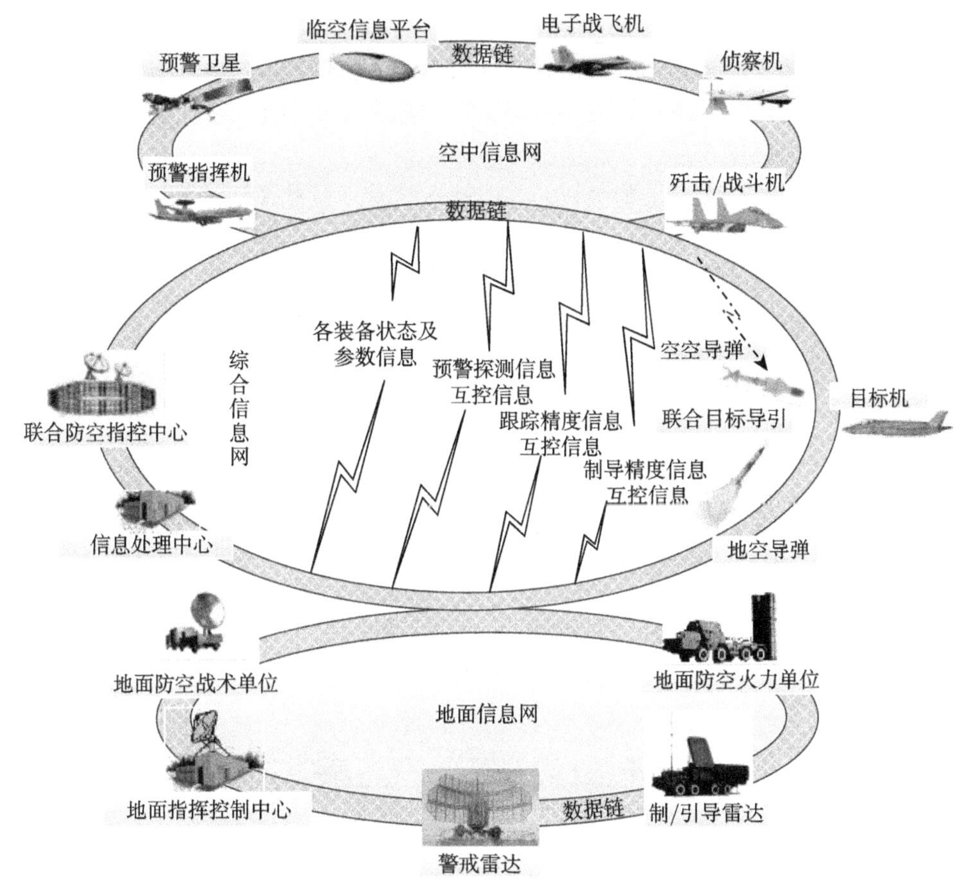

图 4.6　数据链支持下的空地信息网示意图

4.3.2　空地信息网的信息

空地信息网传递共享的信息主要分为情报信息、指控信息和协同信息三大类。其中，情报信息，是指使用空天地多源传感器所获取的关于空中目标位置、数量、敌我属性以及战场电磁干扰状态等空战场情报；指控信息，是指指挥控制主体对所属对象实施指挥控制时使用的命令、指示等指令信息，以及指挥控制对象的报告、请示等上报信息；协同信息，是指互不隶属的两个或两个以上作战单元之间，在统一作战意图下，为协调配合行动、发挥整体效能而相互交换的信息，通常包括协同申请信息、协同响应信息、平台位置信息和状态信息，即协同一方发出协同申请和另一方做出协同响应的信息。情报信息通常需要进行多源信息融合，形成统一的战场态势并分发共享，指控信息和协同信息是己方发出的明晰指令或请求，通常不需要进行信息融合。

情报信息通常包括传感器的类别与位置信息、空中目标位置信息、敌我识别信息和电磁干扰信息等。

指控信息通常包括语音、报文、命令指挥信息和控制指令信息等。

协同信息通常包括申请方的类别信息、位置信息、状态信息和申请内容信息；协同方的类别、位置信息、状态信息和回应信息等。

空地信息网各要素分发和流转的具体信息如图 4.7 所示。

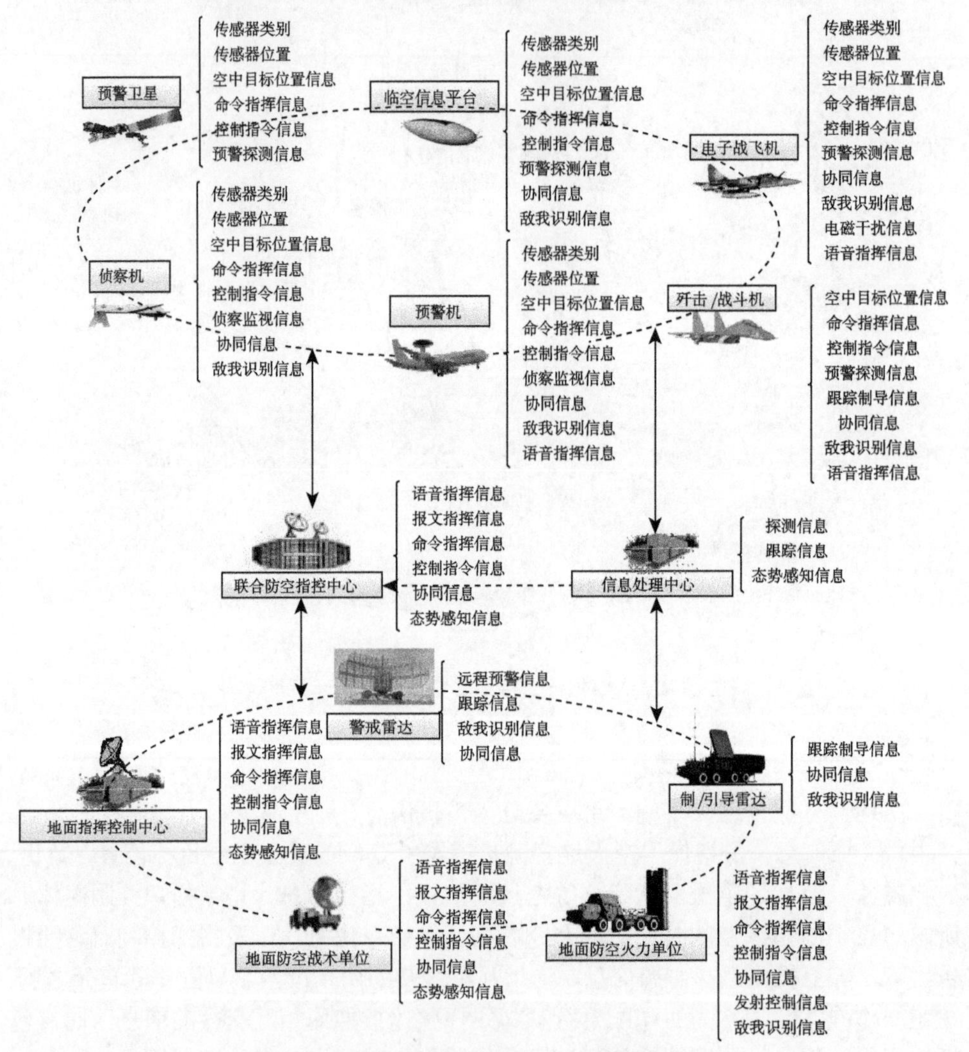

图 4.7　空地信息网各要素分发和流转的信息

4.3.3　空地信息共享过程

基于空地数据链的空地信息共享过程，如图 4.8 所示。目标信息共享过程主要包括信息感知、信息融合、信息分发与流转等。信息感知是对客观事物的信息直接获取并进行认知和理解的过程，在防空作战过程中，主要是指空地多源传感器通过对来袭目标的搜索、截获和跟踪，以获取空中目标的位置、速度、高度以及高低角、方位角等信息。单传感器获取的目标信息需进行信息的一次处理和二次处理，并通过空地数据链下传至信息处理中心，完成进一步的多源信息融合处理；信息处理中心对预警机、歼击/战斗机、远程预警雷达和制/引导雷达等多源传感器获取的目标信息进行坐标转换、点迹相关和综合处理，获取统一的综合航迹和空战场态势，并将融合后的综合航迹传送至联合防空指控中心。联合防空指控中心将综合航迹、敌我属性及威胁程度等空战场态势信息，依据整体战场态势情况、各个作战力量的主要任务、兵力分布、装备类别进行统一筹划，并通过数据链将信息分发至相应的下级指控中心、传感器以及火力打击作战单元。

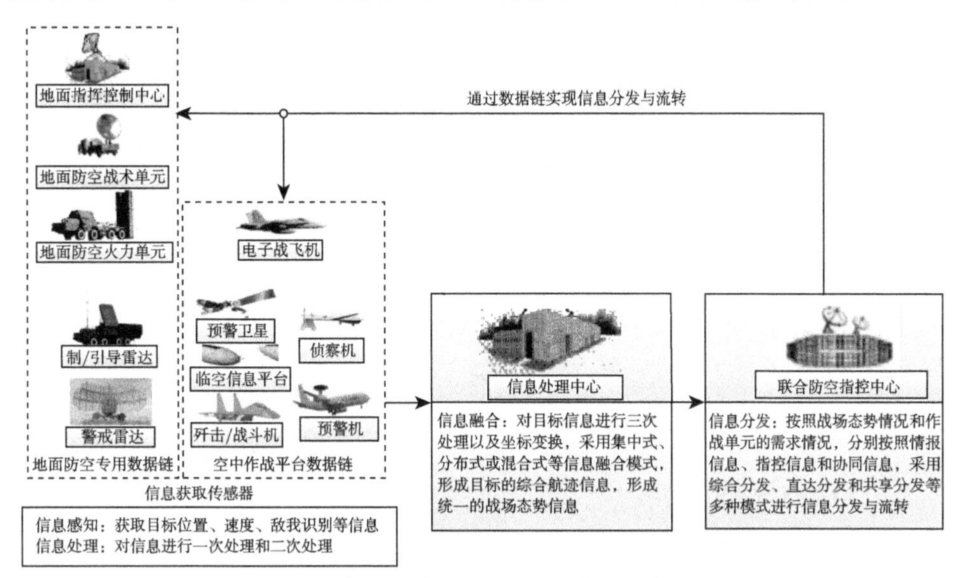

图 4.8　基于空地数据链的空地信息共享过程

基于数据链的空地战场信息构成如图 4.9 所示。信息共享具体过程如下。

(1) 空地各类传感器对来袭目标进行感知，获取目标的位置、速度、高度等信息，将感知信息通过数据链传输至信息处理中心，进行信息融合处理，获取综合航迹信息等情报信息，联合防空指控中心进行情报信息的分发，分发至有需求的各作战要素和相应的指控中心 (地面以地面防空指控中心为主，空中以空中预警指挥飞机为主)；联合防空指控中心将指控信息和协同信息通过数据链分发流转至各作战单元和相应的指控中心。

(2) 预警卫星、预警机、陆基预警雷达、制/引导雷达等各类传感器依据情报信息、指控信息和协同信息等调整自身状态参数，对目标进行进一步的搜索发现、探测跟踪、敌我识别等，同时将协同请求信息、自身状态信息发送至联合防空指

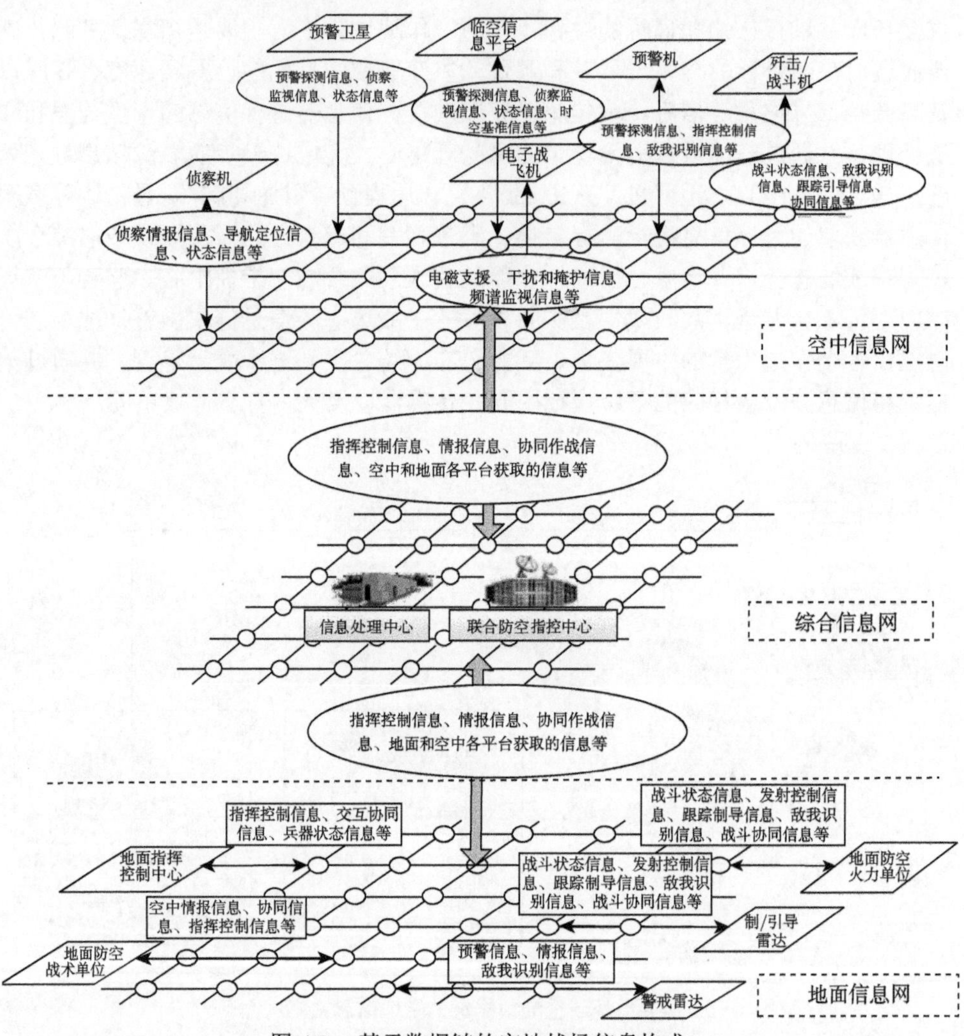

图 4.9　基于数据链的空地战场信息构成

控中心，将目标感知信息通过数据链发送至信息处理中心。

(3) 联合防空指控中心将情报信息、协同信息、指控信息通过空地数据链发送给空中和地面的各类传感器、歼击/战斗机和地面火力单位等完成对目标抗击。

随着传感器获取的信息量快速增长，传统的信息传输、处理模式难以适应复杂多变的高威胁、高对抗作战环境。针对未来空天战场高动态、高实时和强对抗的特点，新一代数据链将整合陆、海、空、天、电、网等多维作战力量，将地理上分散的各种武器平台、传感器、信息系统和作战数据等战场资源连接成一个网络化和虚拟化的战场资源池，以作战任务和作战应用为牵引，实现作战资源按需组织调度，从而构建基于分布式云架构的作战云。作战云是综合运用网络通信技术、虚拟化技术、分布式计算技术及负载均衡技术将分散部署的空地传感器等作战资源进行有机重组而形成的一种弹性、动态的作战资源池[36]。每个作战节点/平台可自由出云入云，既向云提供信息与服务，又从云获取信息与服务，通过对战场资源的高效管控及目标数据的实时处理分发共享，在云端即可完成目标探测跟踪、数据融合、目标指派、火力分配、火控制导和毁伤评估等作战流。作战云打破了作战平台、传感器和武器系统之间的硬交链，以松耦合方式构建“探测—跟踪—决策—打击—评估”的完整云杀伤链[36]。

基于信息共享的“作战云”依托战场信息网络建立云计算中心，整合原有独立分散的信息中心，构建开放式联合信息环境和服务式信息共享模式，在战场范围内实现情报信息的多维融合、共同处理和实时交互，解决体系层面信息共享问题，推动作战能力跨域融合，从整体上提升体系作战效能，实现战争形态质的飞跃。基于作战云的空地信息共享下的作战视图如图 4.10 所示。

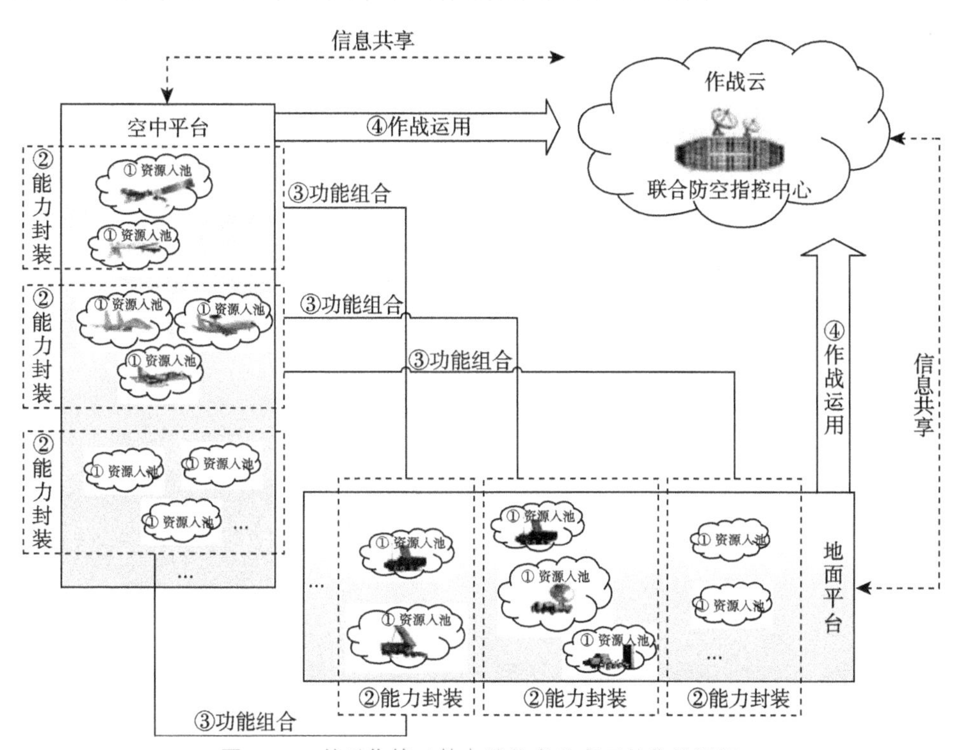

图 4.10　基于作战云的空地信息共享下的作战视图

4.4　空地信息的感知

空地信息感知，是指通过雷达、光电传感器和电子侦察等多源空域监视手段，获取作战空域内目标与环境信息的过程。通过对空地多源传感器科学的资源调度，掌控空战场的各类情报信息，为夺取空战场制信息权，构建战场态势、实施威胁评估和定下行动决心提供信息支持。由于敌方目标、己方飞机分别属于非合作目标和合作目标，可采取协同探测和协同监视两种不同的信息感知策略。

4.4.1 对敌方目标的协同探测

利用天基、临基、空基、地/海基等多源传感器对空天目标协同探测是实现空地信息共享的前提和基础，探测获取的信息越全面越准确，越有利于形成统一的战场态势。基于数据链的多源传感器协同探测体系构成与运行视图如图 4.11 所示，传感器主要采用雷达和红外两种探测手段[37]。

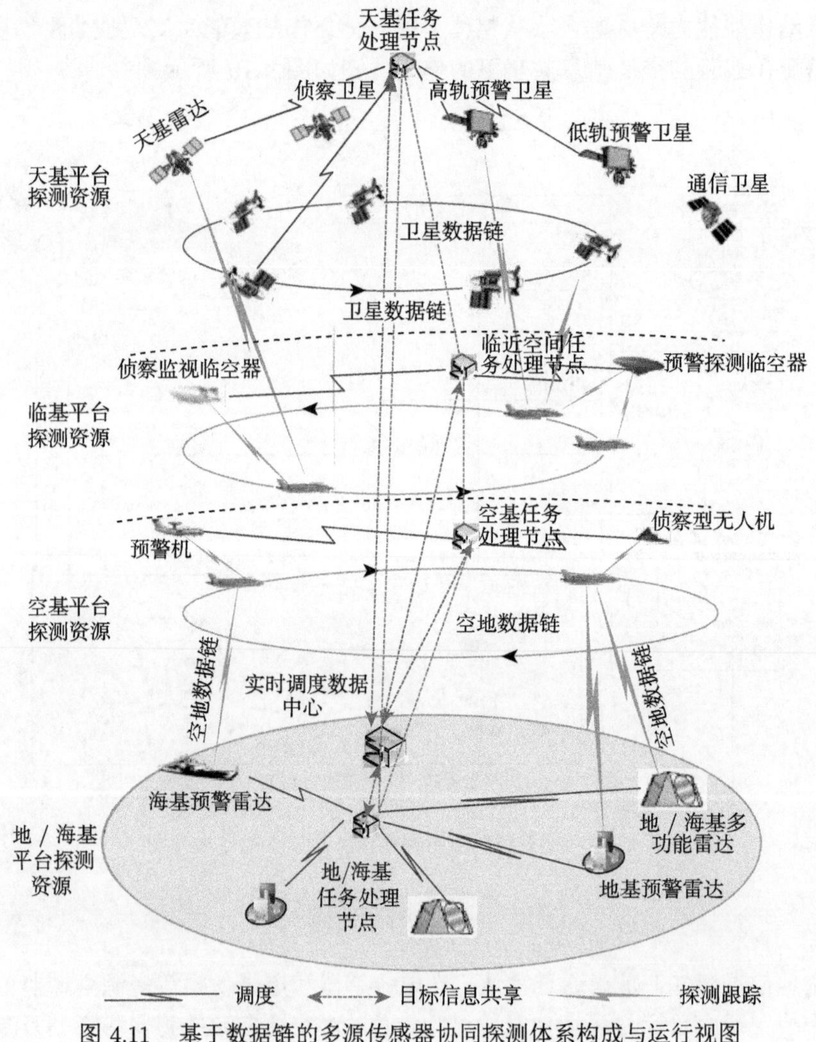

图 4.11 基于数据链的多源传感器协同探测体系构成与运行视图

雷达探测目标主要受到三个因素的影响：一是目标特性。目标的雷达反射截面积、速度、高度、机动等特性影响雷达的检测概率、发现距离和跟踪精度。二是电子干扰。敌施放的各种有源、无源干扰对雷达发现概率、有效发现距离影响巨大。三是地球曲率。地球曲率将导致地（海）基雷达对低空、超低空飞行器存在较大探测盲区，致使探测距离下降，同时受地物（海）杂波影响，目标检测概率也急剧下降。

红外探测是通过目标与其周边背景红外辐射的强度比较来发现跟踪目标，其优点是可实现被动静默跟踪目标，隐蔽性好。缺点是容易受到各种热源、太阳源干扰，无法测量目标的距离信息，同时飞行器的红外强度和谱段对红外探测影响较大。

不同平台搭载不同性能、类型的传感器，在数据链支持下相互协同、共享信息完成对目标的探测跟踪。典型预警探测平台的优缺点比较如表 4.1 所示。

表 4.1　典型预警探测平台优缺点比较

平台		优点	缺点	适用对象
预警卫星		监视范围大	精度低，虚警率高	早期预警
临近空间平台传感器		滞空时间长，探测范围广，跟踪探测精度较高，费用低廉	飞艇平台机动性较差，不适合快速部署	中高空域目标探测
空中平台传感器		可机动快速部署，跟踪探测精度高	滞空时间有限，受飞行高度限制高空探测能力弱	中低空域目标探测
地基平台	天波超视距雷达	可探测地平线以下目标，探测距离远，可实现超视距探测	仅能探测电离层高度以下目标并易受电离层活动影响，没有目标距离信息，精度较低，且存在较大的近距探测盲区	早期预警
	远程预警雷达	探测距离远，精度较高，可探测外层空间和临近空间目标	受地球曲率限制，仅能探测地平线以上视距目标	早期预警
	多功能雷达	跟踪探测精度高，可进行目标识别	受地球曲率限制，仅能实现视距探测	跟踪识别

4.4.2　对己方飞机的协同监视

协同监视，是指己方飞机利用卫星导航系统进行定位，并通过空地数据链将飞行位置及工作状态信息主动下传至信息中心或指挥中心，以实现对己方飞机的实时、精准监视。由于己方飞机是合作目标，采取协同监视方式具有对己方飞机的高效信息感知。空域协同监视技术是当今新一代航空运输系统中保障空中交通管制安全和提高飞行效率的核心技术 [38]。

空域监视技术的发展历程，呈现出从独立被动式向主动协同式演变的特征，经历了从独立、被动式监视向主动、协同式监视方向发展。早期的空域监视技术相对简单，依靠话音通信和飞行员位置报告，实现对飞机飞行位置间断性的“模糊”监视；监视技术引入一次雷达后，发生了重大变革，监视飞机位置的连续性和精度显著提高；引入二次雷达后，使得飞机与地面管制系统的协作性加强，在实现对飞机位置实时监视的同时，还可以获得飞机高度、速度、航向等重要信息。但传统监视手段仅依靠地面设备实现空域监视在精度和可靠性上存在缺陷，飞机大多处于被动监视的状态，难以适应日趋密集的空域监视需求。随着航空电子技术的发展和卫星导航技术、空地数据链技术的应用，飞机自身具备了更为强大的定位与通信能力，通过主动发送飞机精确定位信息，与地面设备协同完成飞行监视，即空地协同的空域监视方式，已成为空域监视技术发展的重要方向。

协同监视通过机载设备与地面设备配合的协作方式获取可信的空域监视信息，在监视模式上从独立、被动工作模式向主动协同工作模式演化 [39]。在协同监视的过程中强调己方飞机的自主性，通过空地数据链，将飞机的飞行高度、速度、位置等参数信息实时地传至联合防空指控中心、预警机和地面防空指控中心等，使指挥机构能够全面掌握己方飞机空中情况。空地协同式监视，有利于全面掌握空中态势，为指挥机构协同调度作战资源提供支撑。

卫星导航系统是己方飞机协同监视的重要位置信息来源，导航卫星实时向己方飞机广播定位信息，机载卫星导航接收机接收卫星导航系统的多颗卫星空间信号并进行自身定位，通过空地、空空或卫星数据链将本机位置信息下传至联合防空指控中心，并接收所在空域飞机和地面系统广播的交通态势信息，从而实现对己方飞机位置的实时监视和指挥控制。

4.4.3 多源传感器的资源调度

多源传感器的资源调度，是指为提高对作战空域监视能力和目标跟踪质量，对空地各类传感器进行资源规划、任务指派和协同探测的动态优化活动。联合防空作战中，传感器探测资源有限，构建空地一体的态势感知网络是夺取信息优势的技术保证，传感器资源科学调度则是提高传感器资源有效利用率和战场态势信息感知能力的重要手段。

随着信息技术的快速发展，传感器监视容量逐步增加，传感器监视任务呈现多元化趋势，传感器的时间控制精度越来越精细，智能化、精细化的空地协同多源传感器资源调度成为关注的重点。多源传感器协同探测体系构建有利于打破协同探测传感器各节点物理资源的壁垒，有利于对协同探测系统的资源进行统一的动态管理。多源传感器协同探测体系构建模型如图 4.12 所示 [40]。其中，资源虚拟化是指对协同探测系统的时间、频率、能量、信息处理通道等物理资源经过功能化抽象、服务化描述等虚拟化操作，透明映射为逻辑资源的过程 [40]。

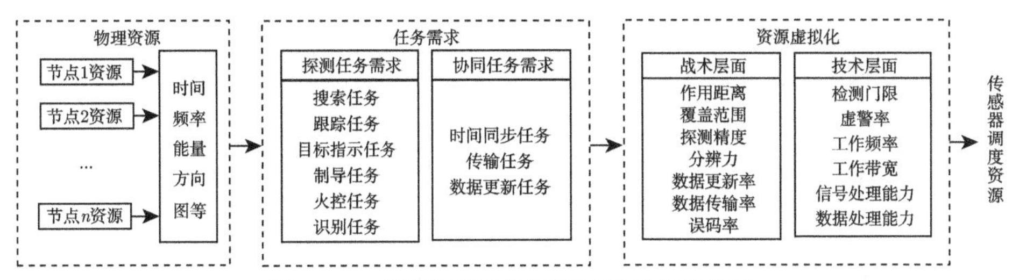

图 4.12　多源传感器协同探测体系构建模型

基于协同探测体系不同视角的多源传感器资源调度通常有如下策略：

(1) 从作战角度考虑，将多源传感器资源调度分解为静态和动态两种优化问题。静态优化是战前对多源传感器进行优化配置并生成多源传感器资源调度预案，在战时通过快速修正预案以提高传感器资源调度方案生成速度；动态优化主要是解决不确定战场环境下发生的突发性事件，通过动态预测方法加快协同探测算法收敛速度。

(2) 从协同探测模型的角度考虑，选择传感器能力最大化使用、目标被观测时间最长和交接次数最少作为优化目标。传感器能力最大化使用，是将传感器探测跟踪能力最大化使用作为目标函数，尽可能多地调用探测跟踪能力强的传感器并对威胁度高的目标进行重点探测，优化传感器探测能力与目标威胁度的匹配，最大程度地发挥传感器资源的利用效用。目标被观测时间最长，是从威胁目标的角度分析，目标被观测的时间越长，对目标的数据采集、进攻意图分析和航迹预测就越精确。目标跟踪丢失的时间越长，目标重新捕获的难度就越大，目标被观测时间的长短对跟踪连续性有很大的影响。交接次数最少，在协同探测跟踪过程中传感器之间的目标交接班十分重要，尽可能减少传感器的目标交接次数，可有效提升目标跟踪的可靠性，避免交接班失败造成目标跟踪丢失，同时降低资源调度的复杂度。

可见，多源传感器不同的资源调度策略，会产生不同的探测跟踪效果。多源传感器调度策略主要是确定调度传感器资源的目标以及确定当前资源不足以满足所有紧急探测需求时的处理策略，同时也考虑非正常环境因素如传感器故障等引起的资源迁移调度。资源调度通常可分为性能优先和成本优先两大类别，每一类别具体包含不同的调度策略。多源传感器调度策略及特点对比如表 4.2 所示。

资源调度体系汇集各平台的探测资源，而各个探测资源又以服务化的形式存在于整个资源调度活动之中。当收到任务执行命令时，联合防空指控中心对探测任务进行分析，并根据各类探测资源的部署位置、探测能力进行任务与资源的匹配，生成相应的资源调度方案，并依次对传感器进行参数设置与调度。多源传感器资源调度规划流程如图 4.13 所示[40]。

表 4.2 多源传感器调度策略及特点对比

分类	调度策略	优化目标	复杂度	优点	缺点
性能优先	负载均衡	使各传感器的利用率基本一致	较低	传感器性能得到发挥	难以兼顾多方面性能
	高可靠性	使各传感器的可靠性达到指定要求	较低	任务执行可靠性有保障	依据可靠性要求不同，会增加资源成本
	最大化满足用户需求	无	低	可按任务优先等级分类	只能定性分配，很难量化
成本优先	最大化利用率	传感器利用率最大	较高	传感器利用率较高	容易导致某个传感器负载较大，增加故障发生概率
	最大化效益	传感器效益最大化	高	有效满足多传感器资源调度探测跟踪的要求	难以满足负载均衡性要求，稳定性存在不足
	最小化成本	传感器成本最小化	高	有利于解决大多数传感器调度的资源受限情况	难以满足快速服务、性能优先等需求

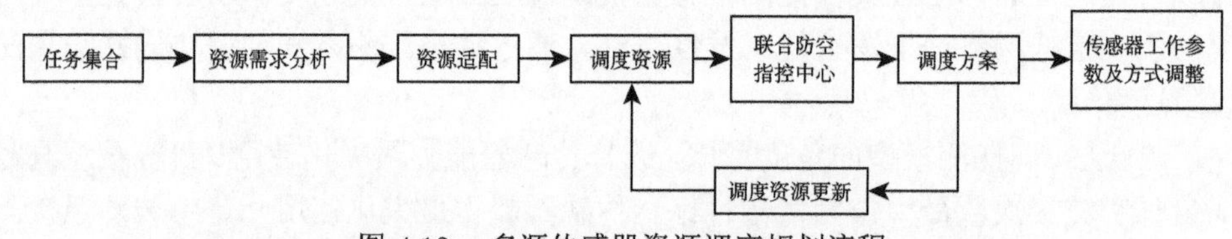

图 4.13 多源传感器资源调度规划流程

多源传感器资源调度的具体规划流程如下 [40]。

步骤 1：遍历探测任务集合，进行任务资源需求分析。

步骤 2：通过任务资源适配器，在调度资源中生成相应的任务资源分配请求方案。

步骤 3：根据任务资源分配请求方案，计算各任务的执行收益。

步骤 4：以各任务的总执行收益作为目标函数，以空地传感器总量为约束条件对各任务资源分配请求方案进行综合评估，选取对各任务的综合资源调度方案。

步骤 5：根据资源调度方案，进行传感器工作参数及方式设置。

步骤 6：更新调度资源，结束本轮调度。

可见，资源适配模型、资源调度优化模型是多源传感器任务指派决策的关键，应综合考虑探测任务、目标状态、传感器性能、传感器空间位置、传感器占用情况以及战场环境影响等约束关系，通过构建合理的目标优化函数，实现多源传感器从任务到能力、平台的最佳分配方案。

依据多源传感器资源调度方案，各传感器按照时间序列以及探测任务、探测能力、协同规则开展协同探测与跟踪，并通过数据链实现各传感器之间信息支援与目标有序交接。空地协同多源传感器调度时序安排如图 4.14 所示。

根据防空作战多源传感器资源调度时序，资源调度可按照以下步骤。

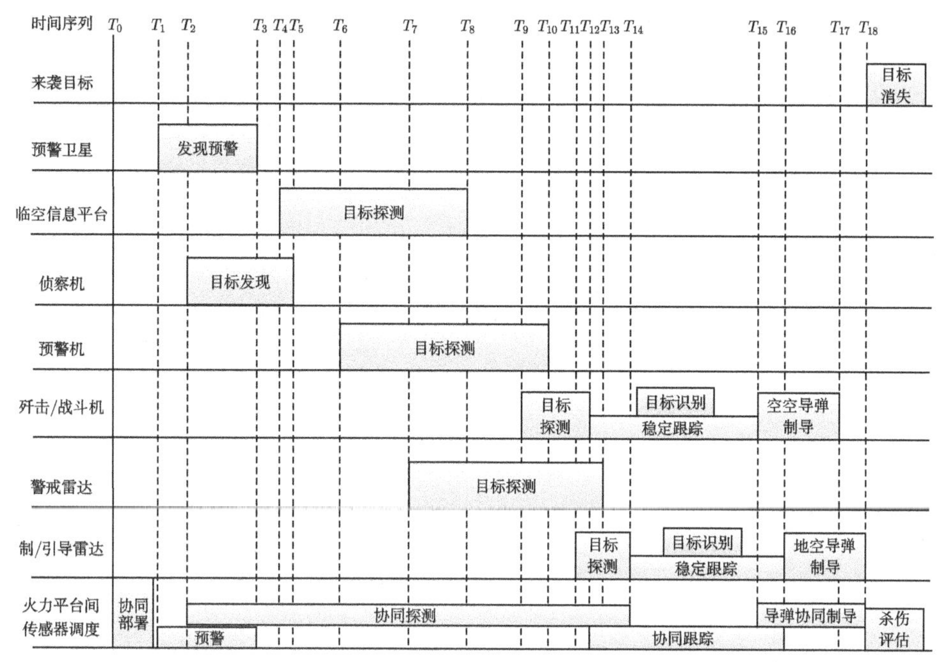

图 4.14　空地协同多源传感器资源调度时序安排

步骤 1：根据空袭目标可能的来袭方向和各传感器的性能特点完成空地各平台传感器的协同部署。

步骤 2：根据情报信息，调度预警卫星对目标进行早期预警。

步骤 3：根据前端预警信息，调度侦察机对目标进行抵近侦察。

步骤 4：根据预警卫星和侦察机的感知信息，调度临近空间信息平台、预警机、警戒雷达、歼击/战斗机和制/引导雷达对目标进行探测。

步骤 5：根据各平台传感器探测信息，调度歼击/战斗机和制/引导雷达对目标进行跟踪识别。

步骤 6：根据目标跟踪和敌我识别情况，调度歼击/战斗机和制/引导雷达制导导弹打击目标。

步骤 7：在目标拦截之后，根据探测跟踪信息完成杀伤效果评估。

4.5　空地信息的融合

信息融合，是指对来自多源传感器的探测跟踪目标数据进行检测、关联、相关、估计与综合的信息处理过程。信息融合可为指挥员提供准确的战场目标和态势信息，是获得信息优势、决策优势、行动优势和胜战优势的关键。

4.5.1　空地信息融合流程

在雷达情报系统中各个雷达站获取的信息均要传送给信息处理中心进行融合处理。雷达信息的处理，分别在雷达站和雷达情报处理中心进行，具体融合处理过程可分为一次处理、二次处理和三次处理 3 个阶段。空地信息融合的基本流程如图 4.15 所示。

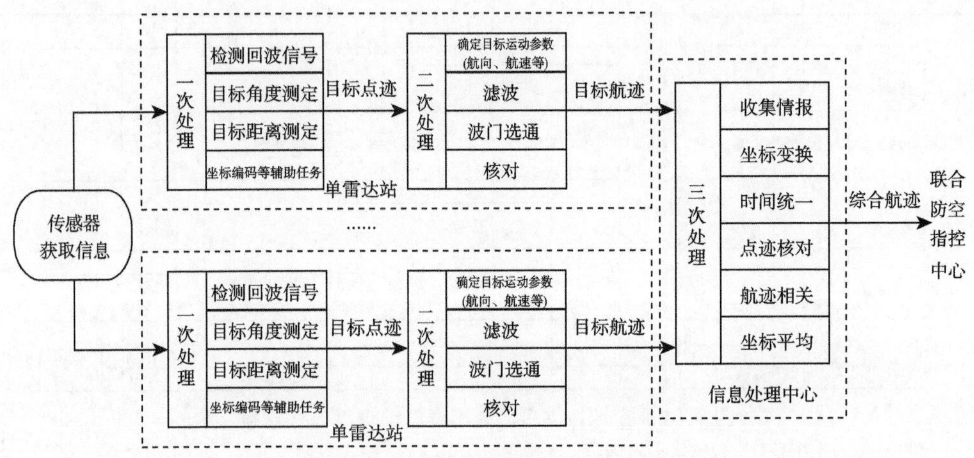

图 4.15　空地信息融合的基本流程

由于各传感器观测坐标系、数据采样频率的不同，即使是对同一个目标的观测，各传感器得到的目标数据也有一定的差别。在进行多源传感器信息融合时，首先要把不同平台、不同传感器获得的目标观测数据进行时空校准，即把不同传感器不同时间获得的目标观测数据转换到统一坐标系下，完成时间与空间的统一。空间校准是指将各传感器的目标观测数据坐标转换至统一坐标系下，常用的坐标系有 CGCS2000 国家大地坐标系、球体坐标系等。时间校准是指将不同时刻的传感器观测数据内插或外推至同一时刻。

一次处理，是单个雷达站在一个扫描周期内获取目标点迹的过程。首先雷达站进行目标探测时通常使用极 (球) 坐标系，一次处理的任务是检测空中目标的回波信号，测定目标坐标。其次是进行目标的坐标编码、批次编号和目标坐标的存储等。在雷达接收机的输出端，除了真实的目标回波信号以外，还伴有各种外部电磁干扰以及接收机内部噪声，目标回波信号是起伏的，噪声是时间上的随机函数，会使真实的目标回波信号产生失真甚至湮没。因此，一次处理首先应从噪声背景中检测出目标回波信号，然后从中提取真实目标的有效信息。

二次处理，是单个雷达站在数个扫描周期内建立目标航迹的过程。雷达信息一次处理只是目标点迹的提取过程，但仅根据目标一个点迹还无法可靠地判定目标，更无法推算目标的飞行参数。通常需要根据三个或三个以上相邻扫描周期的目标点迹，确认一次处理所得到的目标点迹的真实性，再根据多个点迹的位置确定目标的航向，通过目标点迹之间的距离可测算出目标飞行速度。雷达信息二次处理过程可分为目标航迹建立和目标航迹跟踪两个阶段。目标航迹建立可由雷达操作员手动完成或跟踪计算机自动完成，计算机自动完成的过程称为自动截获。目标航迹跟踪是连续地进行点迹与航迹相关、坐标平滑和目标运动参数计算的过程。可由雷达操作员手动完成或跟踪计算机自动完成，计算机自动完成的跟踪称为自动跟踪。雷达信息二次处理的具体过程包括：①确定目标运动参数 (航向、航速、加速度)；②目标坐标的外推与平滑 (滤波)；③波门选通，确定目标在下一扫描周期可能出现的位置区域；④核对，比较位于波门内的目标坐标，选择一个与航迹配对并使航迹连续。

三次处理，是通过对来自多个雷达站目标航迹的融合处理以形成综合航迹信息的过程。多个雷达站的航迹信息送到信息处理中心，空中同一目标可能同时来自多个雷达站，各雷达站由于存在坐标测量误差 (系统误差和随机误差)、探测时间差异及目标坐标转换误差等，信息处理中心首先需要对各雷达站上传的目标坐标进行时空校准，其次对多雷达站航迹进行关联处理和融合，以获得综合航迹和战场空情态势图。在进行雷达信息三次处理时，一般采用直角坐标系。雷达信息三次处理的具体过程包括：①收集来自信息源 (雷达站) 的情报；②把目标点迹的坐标变换到统一坐标系内；③把点迹统一到同一计时时间；④点迹核对 (或称为相关)，即做出点迹属于确定目标的判决；⑤航迹相关，对多雷达航迹进行相关处理，验证航迹是否由这条或这几条航迹创建；⑥对同一目标的多个点迹进行坐标平均，以获得更精确的坐标。

4.5.2　空地信息融合模式

通过空中和地面数据链进行信息融合，在信息处理中心可形成统一的空情态势，按照信息融合的具体处理方式，可分为集中式、分布式和混合式三种信息融合模式 [41,42]。

1. 集中式信息融合模式

集中式信息融合模式，是指将空地各传感器的目标一次处理后信息直接送至信息处理中心，在信息处理中心进行二次处理和三次处理完成航迹建立和航迹综合的融合模式。集中式信息融合将地面和空中各类传感器经过一次处理后的信息通过空中平台数据链、地面防空数据链和空地综合数据链直接发送至信息处理中心汇总，由信息处理中心集中进行二次和三次信息处理，最后再交由联合防空指控中心根据作战需求进行信息分发。优点是对多源传感器信息可实时融合，处理精度高，融合算法灵活；缺点是对通信带宽需求高、信息处理中心数据量大，处理负担重，要求有强大的综合信息处理能力。集中式信息融合模式如图 4.16 所示。

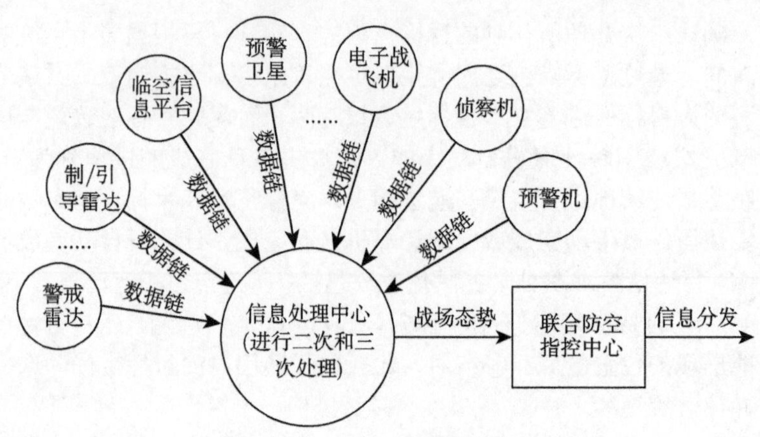

图 4.16　集中式信息融合模式

2. 分布式信息融合模式

分布式信息融合模式，是指空地各传感器将目标二次处理后的信息送至信息处理中心，在信息处理中心完成三次处理并形成航迹综合的融合模式。分布式信息融合是地面和空中各类传感器先进行一次、二次信息处理，获取目标的航迹信息，之后将二次处理结果通过数据链送往信息处理中心进行航迹融合并获取综合航迹，最后通过联合防空指控中心进行信息分发。优点是处理中心数据量小，对通信带宽需求低，处理中心的计算速度快；缺点是难以实现航迹—航迹关联，处理精度不高。分布式信息融合模式如图 4.17 所示。

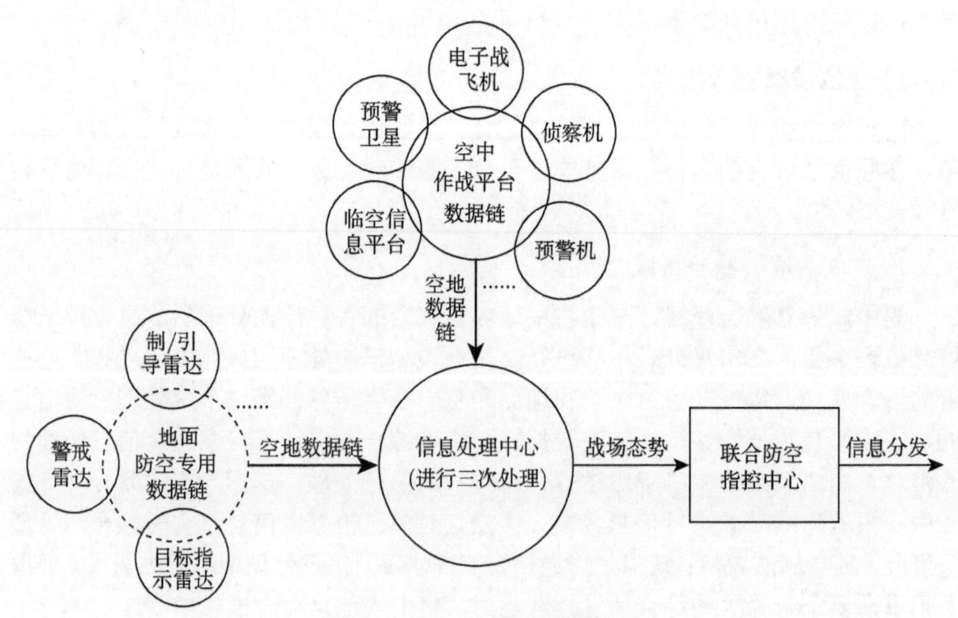

图 4.17　分布式信息融合模式

3. 混合式信息融合模式

混合式信息融合模式是集中式和分布式信息融合模式的组合，一般用于大型防空作战系统。混合式融合结构保留了前两种结构的优点，具有较强的适应能力，稳定性强，但在通信和计算上要付出较昂贵的代价。混合式信息融合模式如图 4.18 所示。

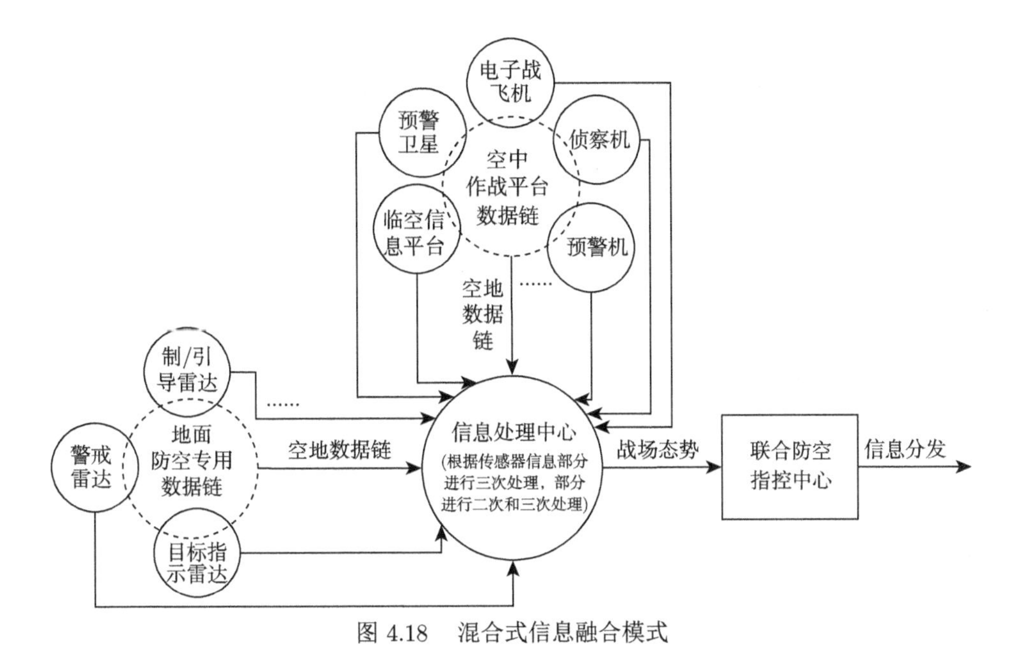

图 4.18　混合式信息融合模式

4.5.3　空地信息融合精度

1. 影响信息融合精度的主要因素

信息融合精度是信息融合的重要评价指标，直接决定空地协同的模式。信息融合精度主要与传感器的探测精度，传感器平台的定位精度，信息传输、处理时延和统一时间基准精度有关。

1) 传感器的探测精度

传感器主要用于探测空中目标的角度、距离和速度等信息，探测的目标信息与真实目标信息均存在一定的误差，探测误差越大，在信息融合时融合精度就越差。不同平台不同传感器探测到的目标精度各不相同，天基红外预警卫星对目标的探测精度较低，一般只作为早期预警使用，无法对目标进行持续稳定高精度的跟踪；警戒雷达的探测精度通常较低，数据率不高，且大部分警戒雷达只能获取目标的二维信息 (通常为目标距离、方位角)；火控雷达的探测精度较高，能获得目标较准确的距离、方位、高度、速度等多维信息，有效满足对目标的持续稳定高精度跟踪和导弹制导。不同平台、不同传感器获取的战场信息要分别进行检测和筛选，按照设定的融合算法，消除不同传感器所获目标信息的不确定性、不完整性、冗余和冲突，然后对不同传感器的目标同类特征、特性和运动规律进行融合，最终获得更为精确、完备的目标运动信息。当来自不同探测精度的目标信息进行融合时，通常以探测精度高的传感器送来的目标信息为主，其具有更高的融合权值。

2) 传感器平台的定位精度

传感器平台既有空中平台、地面平台，也有静止平台和运动平台，各个传感器平台利用 GPS、北斗或基站定位等方式获取自身的位置信息。在获取平台自身定位信息的过程中必然存在与真实位置的定位误差，这种误差在探测目标的过程中会造成目标探测误差以及信息融合后的目标航迹误差。为此，应综合采用多种平台定位方式，提高传感器平台的定位精度。

此外，为便于多源传感器融合处理，还需要把不同空间位置信息源所获取的目标信息转换到信息处理中心的统一坐标系下，在目标信息坐标转换过程中会产生转换误差。

3) 信息传输、处理时延

信息传输、处理时延主要是指目标信息数据在数据传输、处理过程中所耗费的时间，即传感器节点从开始处理、发送数据帧到另一个传感器节点接收、处理完数据帧所需要的全部时间。传输时延通常与数据大小、传输距离和传输介质有关，处理时延通常与数据大小、处理器性能、数据复杂程度有关。信息传输、处理时延主要包括数据预处理时延、空间传输时延、跟踪处理时延等。

信息的传输和处理都需要一定的时间，时延的目标信息在进行一次处理、二次处理和三次处理的过程中所得到的航迹信息与目标真实飞行航迹信息必然存在偏差，时延越大，偏差越大，融合后的信息精度就越差。为提高信息融合精度，应尽可能选用高性能信息处理器，同时进一步优化信息传输方式和传输路径。

4) 统一时间基准精度

信息融合必须在统一、严格的时间基准下处理来自不同平台不同传感器送来的目标信息。如果没有统一的时间基准，对于空中同一批目标处理时就会出现偏差、混乱甚至误判为两个或多个目标。信息化防空作战对时间统一精度要求非常高，达到毫秒级甚至微秒级。在传感器送来的目标信息中均标有反映传感器获取这一目标信息的时间戳，时间戳是数字签名技术的一种变种应用，通常是一个字符序列，唯一地表示某一刻的时间，包括文件信息、签名参数和签名时间等信息。

防空作战中空中目标高速运动变化，某些传感器平台自身也在快速移动，在目标探测和信息融合时对时间的精度要求很高，否则很难实现对多传感器目标探测信息的精确融合。为此，需要建立统一的时间基准，主要是通过授时系统的授时来完成。

授时系统，是指通过短波无线电授时、长波无线电授时、卫星授时和网络授时等手段，传递和发播标准时间信号的系统。授时系统主要由授时、时间同步及精确时刻信息提取三个部分组成。授时部分是接收短波无线电授时、长波无线电授时、卫星授时和网络授时发射出的时间信号，时间同步部分则是用于校准传感器本地时间，精确时刻信息提取部分是在本地时间与标准时间同步后，提取精确时间基准并给目标信息打上时间戳。

授时系统的组成和防空作战授时流程分别见图 4.19 和图 4.20。授时方式不一样，授时精度有较大差异。通常网络授时精度小于 1s，短波授时精度小于 1ms，长波授时精度为 1μs，卫星授时精度小于 1μs。

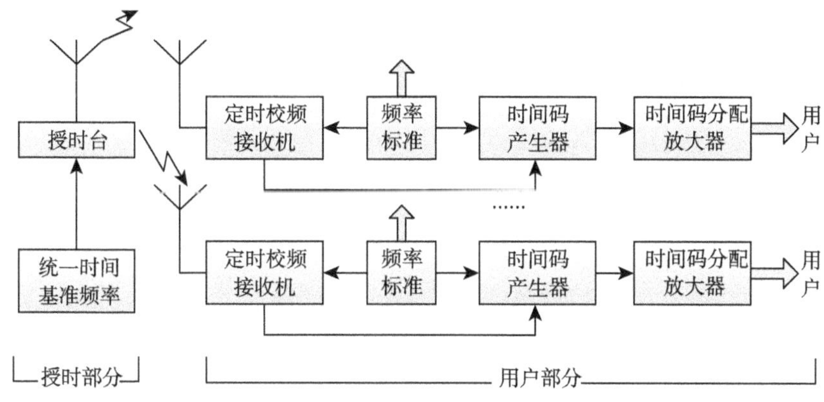

图 4.19　授时系统的组成

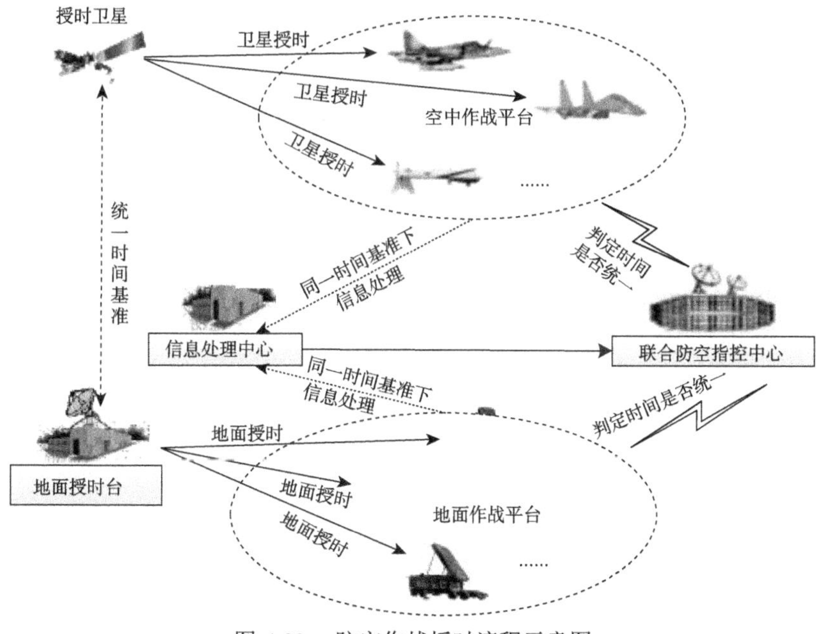

图 4.20　防空作战授时流程示意图

2. 信息融合精度分析

精度分析又称误差分析，信息融合误差主要受动态误差和测量误差的影响，测量误差又分为系统误差和随机误差。

动态误差是在随时间变化过程中进行测量所产生的附加误差，其误差是以时间为变量的函数，具有系统稳态时控制误差随时间变化的规律。动态误差通常是采用的目标运动规律与实际不符合而引起。系统误差是在重复性条件下，对同一被测量对象进行多次测量所得结果的平均值与被测量的真值之差，其特点是误差测量结果向一个方向偏离，其数值按一定规律变化，具有重复性和单向性。由于系统误差有一定的规律，根据其产生的原因可采取不同的措施加以消除或减弱。随机误差又称为偶然误差，是在测定过程中由一系列有关因素微小的随机波动而形成的具有相互抵偿的误差，其特点是误差的大小和方向都不固定，很难消除 [43]。

对于动态误差，一般可采用线性相加法合成 [43]：

$$E_{\mathrm{D}} = E_1 + E_2 + \cdots + E_n \tag{4.1}$$

对于系统误差，一般可采用带正负号的叠加法进行合成：

$$E_{\mathrm{st}} = E_{\mathrm{s}1} + E_{\mathrm{s}2} + \cdots + E_{\mathrm{s}n} \tag{4.2}$$

对于随机误差，若满足独立条件，则采用均方根方法合成：

$$\sigma_{\mathrm{RMS}} = \sqrt{\sigma_1^2 + \sigma_2^2 + \cdots + \sigma_m^2} \tag{4.3}$$

总的误差公式：

$$E = \sqrt{E_{\mathrm{D}}^2 + E_{\mathrm{st}}^2 + \sigma_{\mathrm{RMS}}^2} \tag{4.4}$$

在信息融合精度分析中，其误差主要由传感器平台定位误差、传感器探测误差、信息传输与处理时延误差和时间基准误差四部分组成，每个误差又分别包含动态误差、系统误差和随机误差。

传感器平台定位误差：

$$E_{\mathrm{CD}} = \sqrt{\lambda_{11} E_{\mathrm{D}1}^2 + \lambda_{12} E_{\mathrm{st}1}^2 + \lambda_{13} \sigma_{\mathrm{RMS}1}^2} \tag{4.5}$$

传感器探测误差：

$$E_{\mathrm{CT}} = \sqrt{\lambda_{21} E_{\mathrm{D}2}^2 + \lambda_{22} E_{\mathrm{st}2}^2 + \lambda_{23} \sigma_{\mathrm{RMS}2}^2} \tag{4.6}$$

信息传输与处理时延误差：

$$E_{\mathrm{CC}} = \sqrt{\lambda_{31} E_{\mathrm{D}3}^2 + \lambda_{32} E_{\mathrm{st}3}^2 + \lambda_{33} \sigma_{\mathrm{RMS}3}^2} \tag{4.7}$$

时间基准误差：

$$E_{\mathrm{SJ}} = \sqrt{\lambda_{41}E_{\mathrm{D4}}^2 + \lambda_{42}E_{\mathrm{st4}}^2 + \lambda_{43}\sigma_{\mathrm{RMS4}}^2} \tag{4.8}$$

总的误差公式：

$$E = \sqrt{\alpha_1 E_{\mathrm{CD}}^2 + \alpha_2 E_{\mathrm{CT}}^2 + \alpha_3 E_{\mathrm{CC}}^2 + \alpha_4 E_{\mathrm{SJ}}^2} \tag{4.9}$$

其中：α_1、α_2、α_3、α_4 分别表示传感器平台定位误差、传感器探测误差、信息传输与处理时延误差和时间基准误差所占的权重；λ_{11}、λ_{12}、λ_{13} 分别表示传感器平台定位误差中动态误差、系统误差和随机误差占比；λ_{21}、λ_{22}、λ_{23} 分别表示传感器探测误差中动态误差、系统误差和随机误差占比；λ_{31}、λ_{32}、λ_{33} 分别表示信息传输与处理时延误差中动态误差、系统误差和随机误差占比；λ_{41}、λ_{42}、λ_{43} 分别表示时间基准误差中动态误差、系统误差和随机误差占比。

4.6　空地信息的分发与流转

联合防空作战信息主导的作用日益显著，要充分发挥信息的主导作用，必须优化信息流程，着眼缩短信息路径、降低信息损耗、提升信息潜能，建立和运用多种高效的信息流转模式。按照信息的种类和信息分发的方式，可分为情报信息分发、指控信息流转和协同信息流转 [44]。其中，信息分发是指将信息送达信息使用对象的过程，信息流转则是信息在各个用户间传递、交流的过程。

4.6.1　情报信息分发

情报信息是指通过传感器感知、数据融合中心处理而形成的战场情报、态势等信息。情报信息主要由目标信息和环境信息构成，目标信息包括敌方目标、我方目标、友方目标的数据信息，如目标类型、位置、速度、高度、数量、威胁程度等；环境信息包括陆、海、空、天、电环境等信息。

为满足战场各级平台情报信息的需求，可灵活运用数据链进行情报信息分发，提高情报信息传输速度和战场情报信息运用的时效性，增强情报信息系统的一体化功能，最大程度达成情报信息实时共享，增大情报信息使用效益。根据不同情况，可建立和运用以下三种情报信息分发模式。

1. 信息综合分发模式

信息综合分发模式即各传感器将获取的敌情、我情和战场环境等情报信息，通过数据链传输，在信息处理中心经过信息融合处理，送至联合防空指控中心进行分析研判、精炼综合之后，再把情报信息分发给各作战单元用于目标探测跟踪、火力打击的分发模式。这是最为常用的情报信息分发模式，其涵盖了情报信息分发的各个环节，如图 4.21 所示。

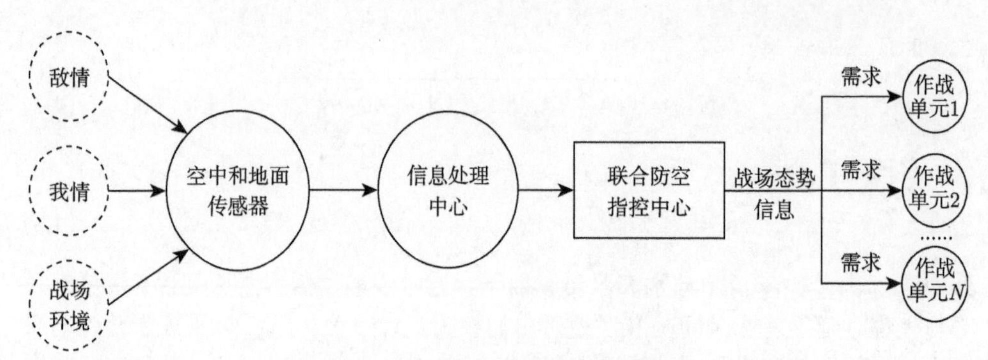

图 4.21 情报信息“信息综合分发模式”

2. 直达用户分发模式

直达用户分发模式即各传感器将获取的敌情、我情和战场环境等情报信息，通过数据链直接分发给各作战单元用于对目标的探测跟踪和火力打击，情报信息不经过信息处理中心和联合防空指控中心的处理，只在传感器和作战单元端进行必要信息处理的分发模式。该模式可减少情报流动环节，缩短情报信息传递路径，实现从传感器到射手的直接流转，适合情报用户紧急、信息处理工作简单的时敏情报信息传递。该模式可实现“传感器—射手端”的快速分发，有利于实现“侦察—打击一体化”的实时协同作战，如图 4.22 所示。

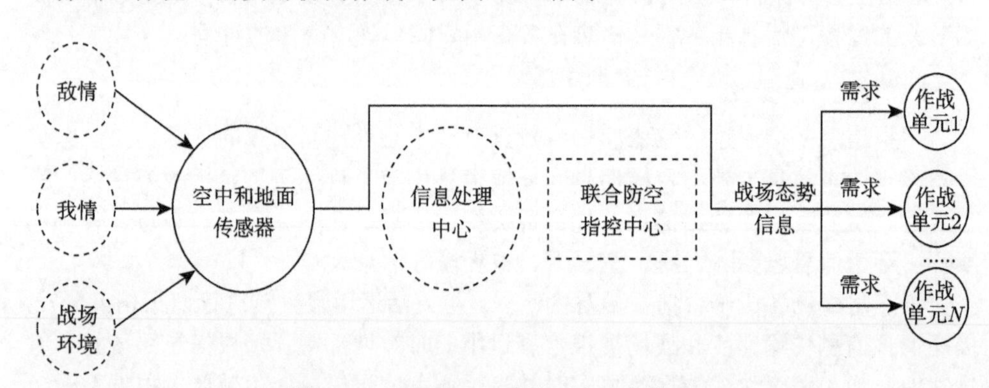

图 4.22 情报信息“直达用户分发模式”

3. 共享信息分发模式

共享信息分发模式即信息处理中心除利用内部各类传感器获取情报信息外，还融合外部情报网的情报信息，以扩大情报信息的获取范围，提高综合情报信息质量，有利于实现情报信息优势向决策优势的转换，如图 4.23 所示。

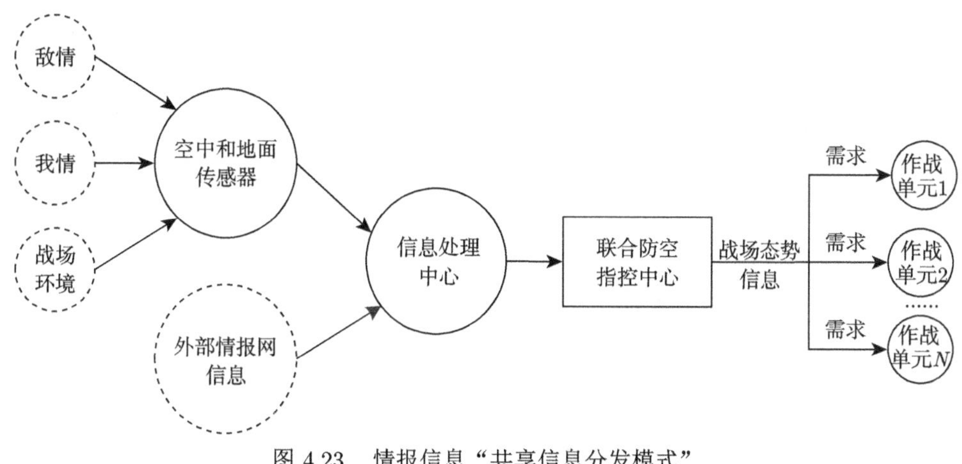

图 4.23　情报信息“共享信息分发模式”

4.6.2　指控信息流转

指挥控制信息是保持作战体系集中统一指挥的关键信息，不仅要快捷高效，而且要确保作战意图的集中和作战行动的统一，是指控信息流转的基本要求。根据不同情况，可构建和运用以下四种指控信息流转模式[44]。

1. 纵向流转模式

纵向流转模式即按照指挥层级进行指控信息的流转。由联合防空指控中心通过数据链将指控信息流转至地面防空指控中心和预警机等具有指控功能的机构，再由地面防空指控中心和预警机通过数据链将指控信息流转至各警戒雷达、火力单元、歼击/战斗机等。优点是体系严谨，能够保证指挥的科学、有序；缺点是信息流转周期长，影响指挥的时效性。纵向流转模式如图 4.24 所示。

2. 同步流转模式

同步流转模式即指挥控制信息利用数据链打造的信息网络，打破指挥体制和层级的限制，将指控信息适度分解，实现指控信息直达式流转，地面防空指控中心、预警机、警戒雷达、歼击/战斗机、火力单元等同时得到指控信息，实现各级同步掌握任务、同步分析判断等，实现指控信息同步并行流转。优点是充分发挥基于数据链的信息网络作用，缩短防空作战的组织指挥过程；缺点是流转逻辑关系复杂。同步流转模式如图 4.25 所示。

3. 授权流转模式

授权流转模式即地空火力单元、歼击/战斗机、预警机、警戒雷达等末端作战单元，根据上级指令，将行动某一阶段的局部指挥权转交另一授权的控制末端，指控信息由授权的控制末端直接流转至末端作战单元。优点是指挥效率高、灵活性强；缺点是受指挥体制机制限制较大。授权流转模式如图 4.26 所示。

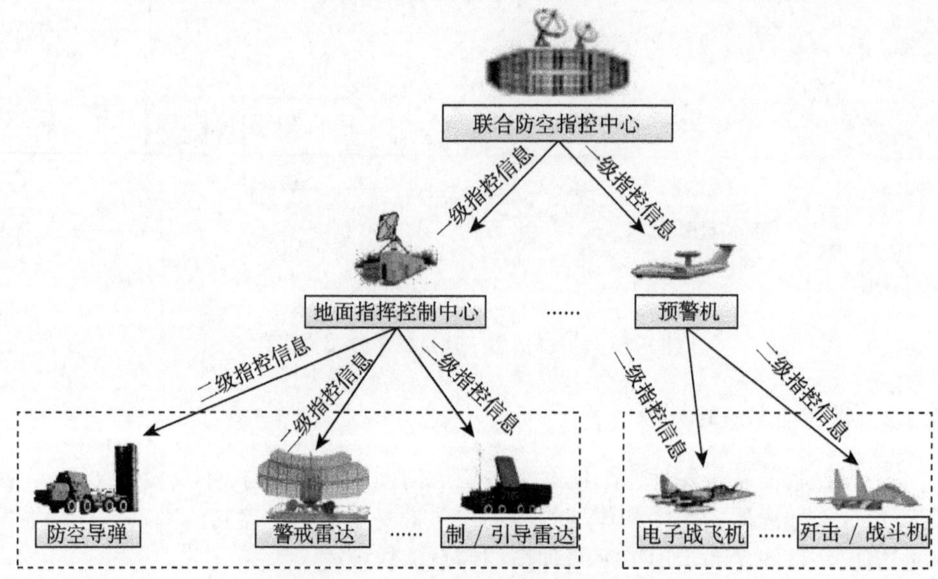

图 4.24　指控信息“纵向流转模式”

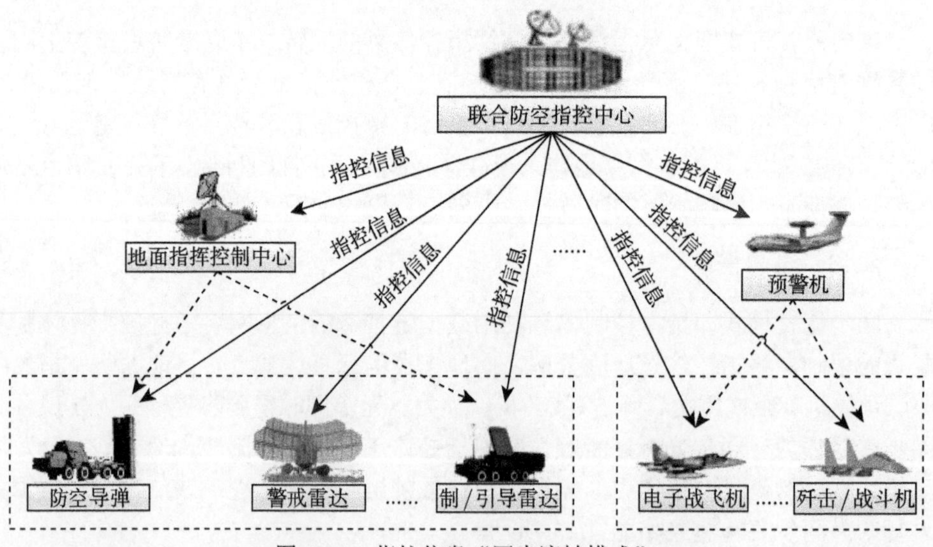

图 4.25　指控信息“同步流转模式”

4. 自适应流转模式

自适应流转模式即地空火力单元、歼击/战斗机、预警机、警戒雷达等作战单元，根据动态更新的战场态势信息并结合上级意图和作战任务，对作战行动进行自适应调控。优点是能够对战场进行实时和近实时反应，充分发挥下级的积极性和主动性；缺点是降低了上级对下级作战过程的监管能力。自适应流转模式如图 4.27 所示。

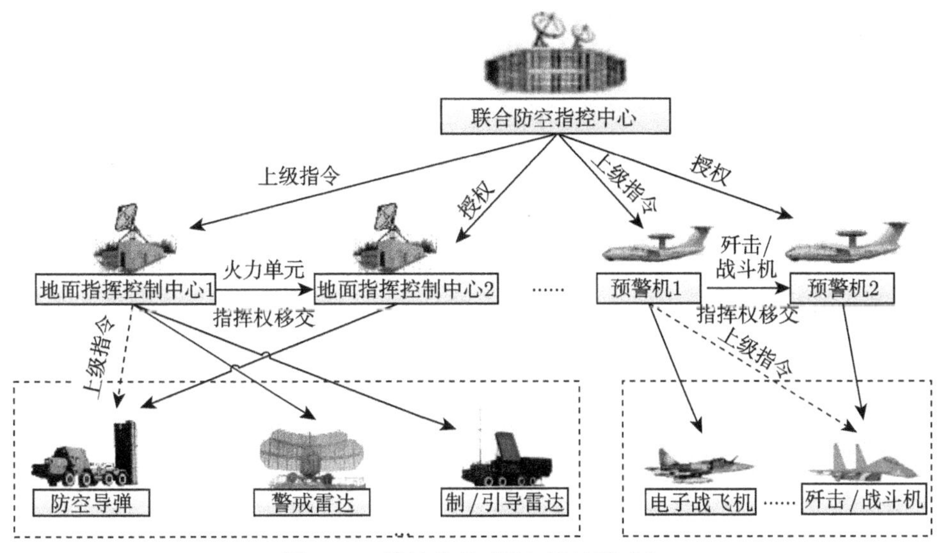

图 4.26　指控信息“授权流转模式”

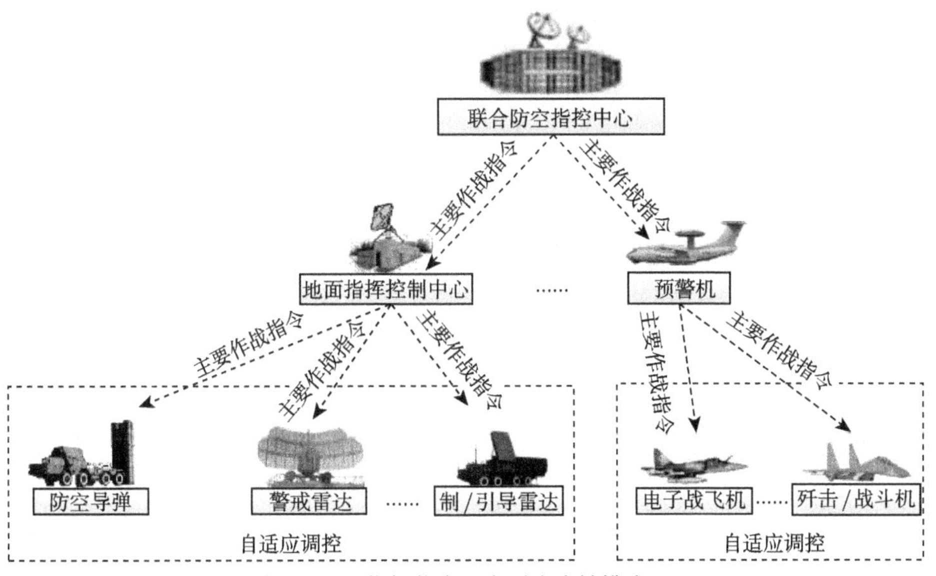

图 4.27　指控信息“自适应流转模式”

4.6.3 协同信息流转

协同信息包括协同意向和协同响应信息，即协同一方发出协同意向，另一方做出协同响应。协同信息承担着保持空地协同作战稳定有序的重要职能，随着战场信息化、联合化水平提升，不同作战单元之间的协同时效性要求越来越高，协同行动越来越精确，协同信息流转方式对提高协同效应具有更加重要的作用。

协同信息可基于相关数据链运用以下三种流转模式 [44]。

1. 集中型流转模式

集中型流转模式即具有协同需求的作战单元，将协同申请通过数据链上传至联合防空指控中心，经联合防空指控中心对战场态势进行综合分析研判后以协同指示的形式下达给相应的协同作战单元。通过联合防空指控中心转发协同信息，形成协同信息的集中型流转。该模式的优点是保证指挥协同上的高度集中统一，缺点是时效性较差，流转过程相对较长。集中型流转模式如图 4.28 所示。

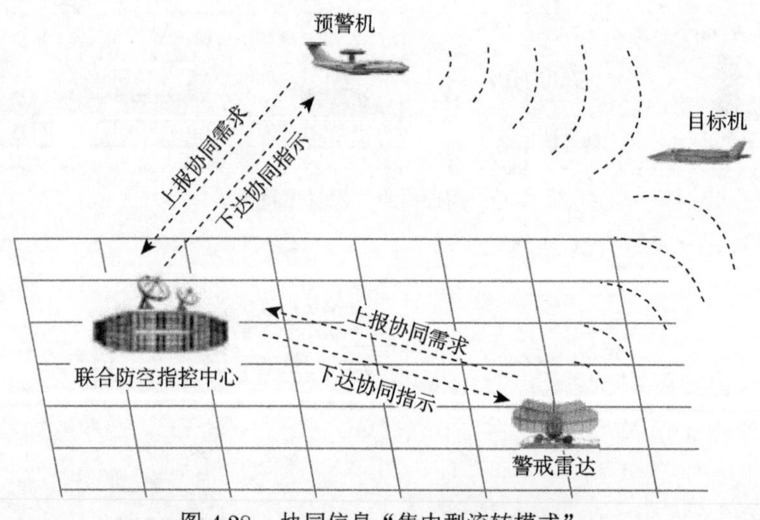

图 4.28 协同信息“集中型流转模式”

2. 自主型流转模式

自主型流转模式即具有协同关系的各作战单元根据联合防空指控中心的授权，利用数据链建立直接的横向联系，通过双方直接协商互相传递协同信息，在目标、时间、空间上实现密切协同配合。该模式不再依赖联合防空指控中心对协同信息进行转发，优点是协同信息流转路线短，时效性高，缺点是容易与上级作战意图产生矛盾。自主型流转模式如图 4.29 所示。

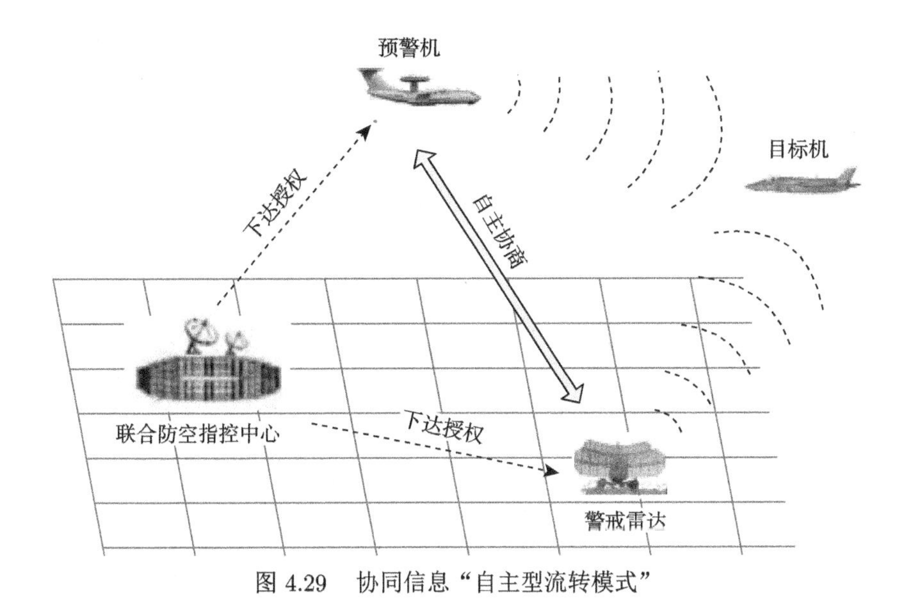

图 4.29　协同信息“自主型流转模式”

3. 监控型流转模式

为充分利用空中信息网、地面信息网和空地综合信息网信息，监控型流转模式综合集中型和自主型流转模式的优点，由联合防空指控中心对协同双方的协同动作进行监控，判断其是否符合作战意图，是否会对全局行动产生干扰，是否会产生协调配合上的混乱。如果出现问题，则由联合防空指控中心接管协同权力，通过流转协同指令实现协同。如果不出现问题，则不插手干预，由协同双方自行达成协同动作。监控型流转模式如图 4.30 所示。

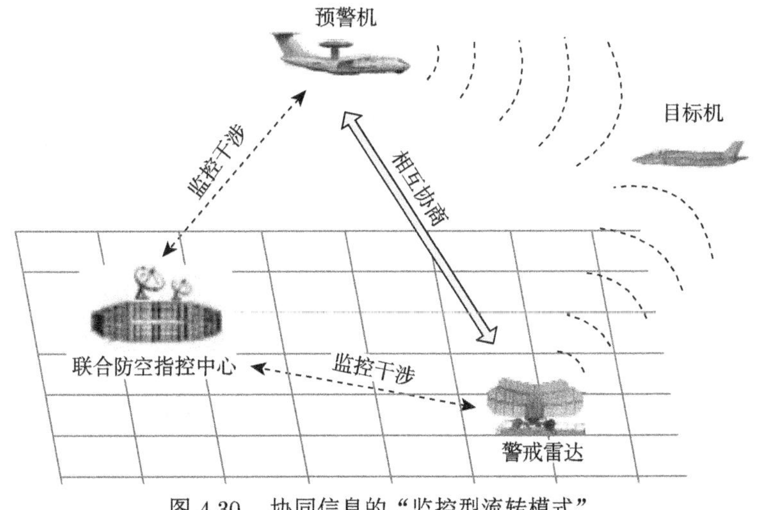

图 4.30　协同信息的“监控型流转模式”

第 5 章　基于空战场管控的空地协同行动联合控制技术

基于空战场管控的空地协同行动联合控制，是指联合防空作战指挥员及其指挥机关在联合防空作战实施阶段，以空战场管控系统为依托，以防空作战协同计划为依据，对诸防空力量在空域使用、信息协同、火力协同行动上所实施的空管空防一体化协调控制活动。空战场管控是组织联合防空作战空域、信息和火力协同行动的基本途径，是联合防空作战实现高效空地协同的前提条件之一。

5.1　空战场管控的基本任务

空战场管控，是空中作战指挥机构为维护战场秩序、确保作战顺利实施、提升联合作战效能，根据作战企图和作战计划，依托一体化指挥信息系统，对空战场进行规划设计，对资源进行配置运用，对用空行动进行协调控制的指挥活动 [45]。空战场管控是对空中作战和对空作战用空行动在空域、信息和火力上所实施的全面协调与控制，贯穿于联合防空作战筹划与实施的全过程，具有保证己方用空行动自由和提升空域资源使用效能的核心作用，已成为有效协调各类用空行动、促进体系作战效能提升的重要手段。

1. 预先规划协同作战空域

空域规划是组织联合防空协同作战的前提和基础。在作战筹划阶段主要是根据诸防空作战力量不同的战斗特点和战斗能力，以主要作战力量的主要行动链为主线对行动空间进行科学、合理区分，明确各作战力量在不同空域的作战任务、协同关系和使用限制，为作战实施阶段实现基于一体化指挥信息系统的空域自动规划、配置与利用奠定基础，以提升战时空域资源配置利用能力。

作战空域规划应综合考虑战场空域容量、力量种类、行动需求、用空安全和指挥控制等制约因素，其重点是要与作战行动需求相匹配，通过统筹空域资源的规划配置，合理制定空域类型、区域分配、使用顺序、限制条件、特情处置等空域使用方案，并通过协同任务规划系统或兵棋仿真推演评估系统预先检测各类行动间的用空冲突和矛盾，并在筹划阶段予以消除，从计划源头上保障空域资源的高效利用，最终形成详细的空域管控计划。

2. 实时监控空地战场态势

实时监控空地战场态势，是指通过飞行计划、战场监视雷达、空中预警机和敌我识别器等手段，对空战场进行全域立体探测、敌我属性识别和战场态势评估的信息感知过程。作为空战场管控的首要任务，实时监控空地战场态势是实施联合防空作战空地协同的前提与基础，没有战场的信息优势，就没有决策的优势和行动的优势。

实时监控空地战场态势需要综合运用地面、空中、海上各类监控设备，连续不间断地实施组网协同探测、协同跟踪和协同识别。对敌可能来袭的重点方向、重要时段实施重点监控，对隐身飞机、巡航导弹和低空、超低空目标等难点目标需综合采取雷达、光电、技侦等组网方式进行协同探测，在遭受敌电子干扰压制时，应采取各种反干扰措施。对弹道导弹、临近空间高超声速目标，需调用预警卫星、地面/海上远程预警雷达、高精度跟踪识别雷达等预警体系实施早期预警和目标识别。在全维、立体、全时段战场信息感知的基础上，依托以空地、空空和地面武器数据链构建的空地战场信息网，实现防空体系内的信息高度共享。

3. 及时检测与消解行动冲突

联合防空作战实施阶段的冲突检测与消解，是指为防止发生误击误伤我机、空中危险接近、空中飞机相撞、弹药危险穿越、用空行动矛盾、电磁频谱互扰等作战行动冲突问题，依托空战场管控系统，对可能发生或正在发生的行动冲突实施及时检测与快速消解的管控过程。行动冲突检测与消解是组织联合防空作战空地协同的一个极其重要的管控环节，是联合作战空地协同行动有序、顺畅的重要保障。

冲突检测与消解主要是以联合防空作战协同计划为基本遵循，依托空战场管控系统组织实施。在联合防空作战准备阶段，虽然可依托兵棋仿真推演评估系统对空地协同行动、空域使用进行时空冲突检测与消解，但在防空作战具体实施过程中很难完全按照作战准备阶段的预想行动组织实施。根据实时监控的空地战场态势，连续检测和评估协同行动，及时发现计划行动偏差，对可能或已经出现的行动时空冲突，依托空战场管控系统进行评估并提供消解冲突的行动决心建议，经确认后采取灵活的调控手段及时下达管控指令。对于战场电磁频谱的监测与冲突消解，通常由战场电磁频谱管理专职机构组织实施，使用电磁频谱监测设备，实时监控和分析空地战场用频设备的频谱占用情况，当出现用频设备自扰、互扰等频谱使用冲突时，应及时采取频域、空域、时域和能域错开的方式实施消解。

4. 精准组织空地协同行动

组织空地协同行动，是依据联合防空作战协同计划，对参战力量在用空、信息和火力行动上所进行的协调控制活动。组织空地协同行动，是达成作战目的的主要手段，是贯穿作战全过程的指挥控制活动，特别是在组织大规模、高强度空中作战行动时，大容量、高精度的空战场管控能力就显得极其重要。

准确识别敌我是组织空地信息协同行动的基本要求。敌我目标识别应综合运用敌我识别器、装备网络识别 ID 号和基于空地数据链所获取的我机位置信息。其中，敌我识别器是空中目标属性识别的基本手段，但敌我识别器容易受到战场电磁干扰环境、空中飞机姿态、操作熟练程度等因素影响，造成识别的准确率和可靠性下降。当空中敌、我双方飞机近距离交战时，受敌我识别器角度或距离分辨力不高的限制，即便有我机应答也很难区分是哪一架飞机的回答信号，即很难对近距交战的两机准确分辨出敌我，通常需结合装备网络识别 ID 号、通过空地数据链接收的我机空间位置实时信息进行综合判定。

精准火力协同是组织空地协同行动的高级要求。精准组织火力协同，应根据空战场的具体态势，区分为战术级火力协同、跟踪级火力协同和制导级火力协同，采取灵活的调控方式组织实施。通常战术级火力协同，可由联合指挥机构统一协调组织，跟踪级火力协同、制导级火力协同通常采取召唤式、自主式临机协同调控方式灵活组织。

5.2　空战场管控系统

空战场管控系统是空地协同行动联合控制的主要依托平台。空战场管控系统并不是一个独立的指控体系，而是依附于一体化联合指挥信息系统框架下的动态结构体系。防空武器装备、网络信息技术的发展以及空地协同模式的变革使得空地协同行动联合控制的复杂度急剧增大，对空地协同行动联合控制的时效性、精准性提出了更高的要求。

5.2.1　系统概述

空战场管控系统作为一体化联合指挥信息系统的重要组成部分，是地面防空与空中交战指挥控制分系统的上位协调控制系统，其协同权高于各防空兵力指控分系统控制权。要实现实时、精确、高效的空战场协同控制，必须依托高度信息化的空战场管控系统。防空作战空地协同参战力量多元、作战地域广泛、协同关系复杂，要保证由信息优势转化为决策优势，由决策优势转化为行动优势，确保空地协同行动高效、精准和有序，必须基于空战场管控系统组织空地联合协同行动。空战场管控系统可通过依托雷达、敌我识别器、二次雷达、数据链等多源传感器系统，以及各类无线电、有线电网组成的网络化信息系统，对接整合空中交通管制系统，建立高效、可靠的空战场信息综合网络，集信息搜集、处理和分发于一体，实现空防与空管的一体化运行。

空战场管控系统基于统一的战场态势，能够实时协调空中与地面防空力量的行动，是实现一体化联合防空的核心指挥与控制平台，需要在联合指挥信息系统的基础上，强化智能辅助决策功能，增强行动精准控制能力，完善基础大数据支撑，强化空域联合规划职能，采用空中作战、地面防空、空域控制三线并行的联合防空作战筹划机制，以空域作战资源为纽带将各类空地行动与战场空域资源分配之间的矛盾消除在计划阶段，科学设置指挥控制机构指挥要素和合理编配岗位人员，实现各指挥要素无缝连接、高效运行，以提升空地一体空战场协同控制能力。

5.2.2　功能需求

在传统的联合指挥信息系统中横向协同的规划控制能力往往较为弱化，致使横向作战单元的协同行动协调困难，容易造成协同行动的无序、冲突和误伤。为此，联合指挥信息系统应围绕空地协同的规划控制功能需求，打通诸防空兵力指挥控制功能模块间的横向协调，更好地协调诸防空力量之间在空域、信息和火力方面的空地协同行动。

1. 全域、实时的空战场态势协同感知需求

空战场态势信息是联合防空空地协同作战能力形成的基础，必须具备强大的战场全域信息获取、融合、分发与流转能力，能够充分利用和协调地基、海基、空基、临基和天基等多源异质传感器资源，在高精度时间同步和空间统一下，为作战空间内的联合防空兵力提供实时准确的作战空间战场态势信息，包括目标、环境信息和己方作战平台及武器装备各种状态信息等，是实现作战空间内空域资源、火力资源和信息资源整体筹划与综合利用的基本依据。

2. 基于计划协同的科学、智能的协同任务规划需求

依据上级作战意图、作战任务、战场初始态势以及各参战力量的作战行动，依托协同任务规划系统，具有科学、智能的作战地域内空域划设、空域使用计划冲突检测与消解、联合作战协同行动推演评估以及空域协同计划制定与调整等支撑计划协同的能力。空域划设，能够依据联合防空作战任务、不同防空力量用空需求和战场环境等将空战场快速划分为若干具有特定用途和使用规则空域，空域划设应符合完备性、详尽性和规范性要求，是防空作战筹划的首要工作；空域使用计划冲突检测与消解，能够对诸防空力量上报的飞行计划、防空计划、火力计划等进行整体分析，检测空域使用过程中可能发生的各种冲突，提出作战空域使用或调整建议，防止空域划设、使用的相互冲突，防止各类航空器的飞行航线与地空导弹、高射炮、远射火炮/火箭弹等火力弹道之间发生用空冲突；联合作战协同行动推演评估，能够依托仿真推演评估系统，对联合防空作战空地协同行动方案

进行全要素、全流程、全时段仿真评估分析，检验和评估行动方案的优劣，提出行动方案的修正建议；空域协同计划制定与调整，能够接收上级空域协同指挥控制机构的指挥，对各军兵种空域使用者的空域使用需求进行协调，并发布空域协同计划。

3. 基于临机协同的快速、精准的空战场管控需求

空战场管控系统是组织实时空地协同行动的物质基础，空战场管控应具有空域使用实时监视与协调、空地行动冲突检测与消解以及空地火力协同精准调度等功能。空域使用实时监视与协调，能够依据空战场综合态势信息，对诸防空兵力的作战空域使用情况进行不间断地实时动态监视，识别判断敌我情况，连续掌握空情态势；空地行动冲突检测与消解，能够根据实时监控我方飞行器的空中位置和飞行动态，对偏离预定航线的飞行器或可能发生相撞的冲突及时发出危险警告，下达航线调整命令，及时通报给相应的地面防空作战力量，并能动态更新和发布空域协同管控图；空地火力协同精准调度，按照空地火力临机协同的需求，能够采取程序式、指令式、召唤式或自主式等不同的调控方式，组织对空地不同平台火力的任务分配、火力协调与控制。

4. 高速、可靠的空地数据链支撑需求

高速、可靠的空地数据链是空地高效协同的基础支撑，能够利用各类数据链将空中、地面平台的指控系统、传感器和武器平台等系统相连接，其扁平化的信息快捷传递模式，可实现空地武器平台之间信息的互联、互通与共享，各指挥终端的指挥员凭借信息网络提供的战场共享态势图进行实时信息交流，缩短战术信息有效利用时间，在空地数据链的支撑下可构建空中信息网、地面信息网和综合信息网等信息网络。

5. 空管空防的一体化运行体系能力需求

空管空防一体化运行是空战场管控的重要发展方向。空管空防联系紧密，“9 • 11” 事件作为具有象征意义的空管空防事件，对传统的空管空防观提出了巨大的挑战。空管系统与空防系统实际上是分工不同的一个有机整体。空管负责对空域内的一切飞行活动进行强制性的统一监督、管理和控制，空防负责监视空情，抗击空中来犯之敌。两者虽有侧重，但根本目的是一致的。为此，空战场管控系统应综合集成两个系统，实施一体化运行，其能力指标应同时满足空管空防任务的性能要求，以提高空战场管控的一体化能力[46,47]。

5.2.3 体系架构

空地协同作战是以高速可靠的信息共享和信息交互网络为基础，在战场综合信息系统的支持下，依据战场态势和作战任务要求，实现分布的信息和火力资源

的科学运用，从而达成最佳的作战效果，依据联合防空空地协同作战基本思想，构建空战场管控体系框架，如图 5.1 所示 [48,49]。

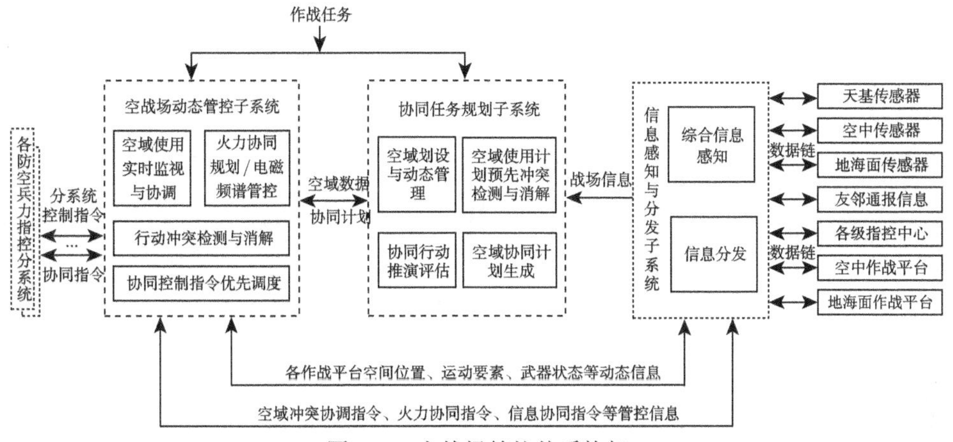

图 5.1　空战场管控体系构架

空战场管控体系构架以信息感知与分发子系统为基础，以空战场任务规划子系统和空战场动态管控子系统为核心，在战场数据链的支撑下，综合侦察卫星、预警雷达、光电侦察、技术侦察以及各防空武器平台传感探测设备的探测信息形成空战场统一态势，围绕协同作战计划和作战任务，实时监视空战场空地行动，以行动冲突检测与消解模块为内核，对已实时检测到的各用空兵力协同行动状态以及各用空兵力指控分系统欲发出的行动控制指令逐一进行冲突"过滤"与"审核"，对正在发生的行动冲突或行动控制指令可能造成的行动冲突及时进行消解，经协同控制指令优先调度模块生成并发出科学合理的协同指令，以优化分配作战空域、电磁频谱、火力平台等作战资源，协调分散配置的用空兵力协同高效完成联合协同作战任务。可见，当空战场管控系统发出的空域、信息、火力协调指令与各防空兵力指控分系统发出的控制指令发生冲突时，空战场管控系统的协同权高于各防空兵力指控系统的控制权而优先得到执行。

普利高津的耗散结构理论认为，封闭的系统由于缺乏与外界物质、能量和信息的交换，最终将走向无序的混乱状态。空地协同作战需将信息与火力融为一体，实现信息与火力的一体化协同，通过构建一个基于数据链的网络化、信火一体的开放式协同体系架构，采用开放式、模块化架构和柔性接口，使得系统集成模式可扩展、交链要素可扩展、打击技术可扩展，实现传感器要素级的协同感知、武器要素级的协同打击和要素级的协同控制，支撑对作战空域的高效利用和对空中目标的快速精确协同打击。

1. 作战视图

空战场管控系统作战视图如图 5.2 所示。

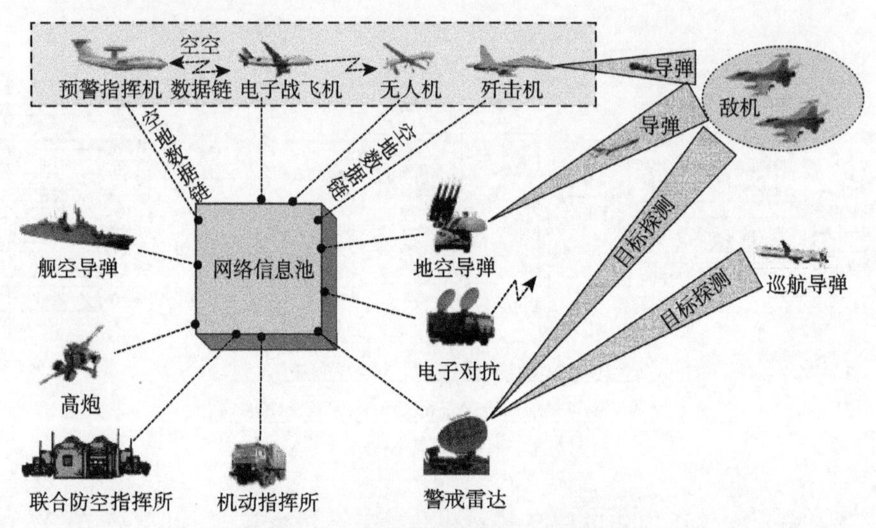

图 5.2　空战场管控系统作战视图

空战场管控系统中空地各作战平台通过数据链信息网络连接起来，并经统一的消息标准和协议处理实现地面作战单元、空中作战单元之间平台到平台的高效信息交互。空地作战单元之间指挥控制信息、统一态势信息以及精确打击信息实时交互，密切协同，实现对空中目标的快速精确打击。空战场管控系统支持协同感知与定位识别、分层分级态势形成与共享、通用化火力控制、跨平台目标指示和跨平台武器控制等协同作战能力。基于开放式的系统架构，空战场管控系统可方便地在平台、要素、功能和模式等方面进行系统功能性能的扩展 [50]。

2. 系统视图

空战场管控系统的基础是空地一体的自适应数据链网络和高精度的时空一致，两者共同保证信息和数据的时效性。通过综合空地各平台传感器形成协同感知网，对目标进行感知并生成和共享统一态势。通过综合空地平台指控要素形成协同控制网，进行多平台协同控制，生成协同控制决策方案。综合空中各平台武器形成协同打击网，交联各平台武器单元，通过战术级、跟踪级和制导级火力协同，实现对空中目标的跨平台精确协同打击。通过综合管控把协同感知网、协同控制网和协同打击网统一组织起来，完成对空中目标的“侦、控、打、评”作战链路。空战场管控系统视图如图 5.3 所示 [50]。

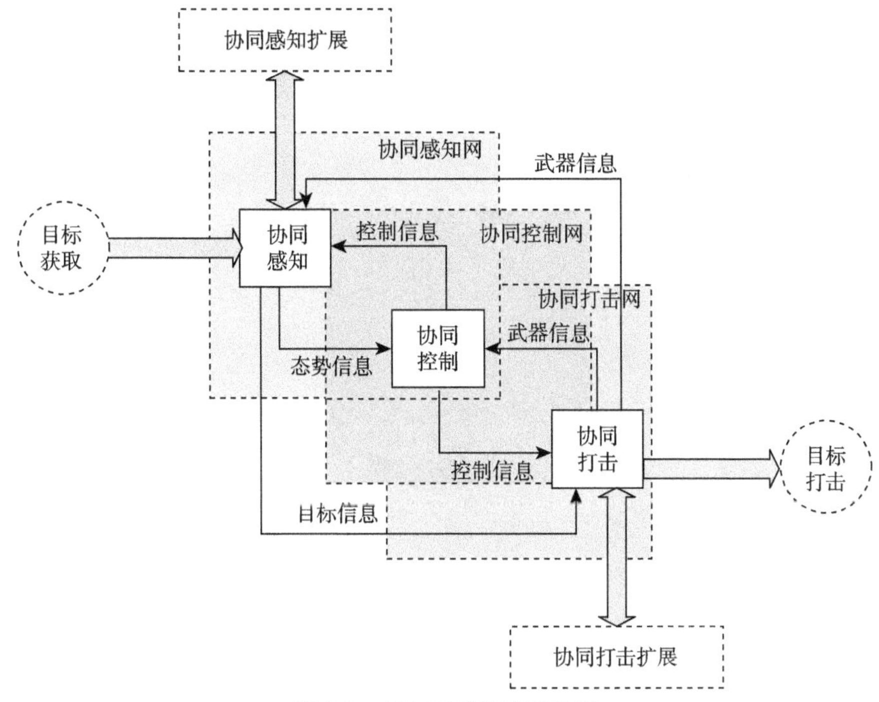

图 5.3　空战场管控系统视图

3. 网络视图

空战场管控网络主要包括通用战术网、综合信息网、地面信息网和空中信息网，其网络视图如图 5.4 所示 [50]。

其中，通用战术网主要用于实现各军种之间战术级的态势共享和指挥协同。综合信息网主要是基于空地数据链，用于预警机、作战飞机、无人机等与地面防空作战单元之间的信息协同、火力协同与战术支援。地面信息网主要是基于地面防空数据链，用于地面作战部队之间的战术协同。空中信息网主要是基于空空数据链，用于空中作战编队、有人/无人编队内的传感器协同、火力协同以及有人/无人协同。每种网络按照实现功能的不同，传输波形、组网协议有所不同，不同的网络之间可以通过信息要素的一致表征、信息精度的分层定义进而实现网络间的信息统一与信息转发。

美海军率先提出“网络中心战”，“协同交战能力”等相关协同理论，其实质是利用信息网络对空中、地面分散配置的作战单元实施一体化的指挥控制，充分利用各类传感器信息实现空域、信息与火力的灵活指挥和运用。美军“网络中心战”协同网络结构分为三级：第一级是联合跟踪网 (JCTN)，使用海军“协同交战能力”(CEC) 等系统，信息传输时间为毫秒级，信息精度达到武器控制级；第二级为

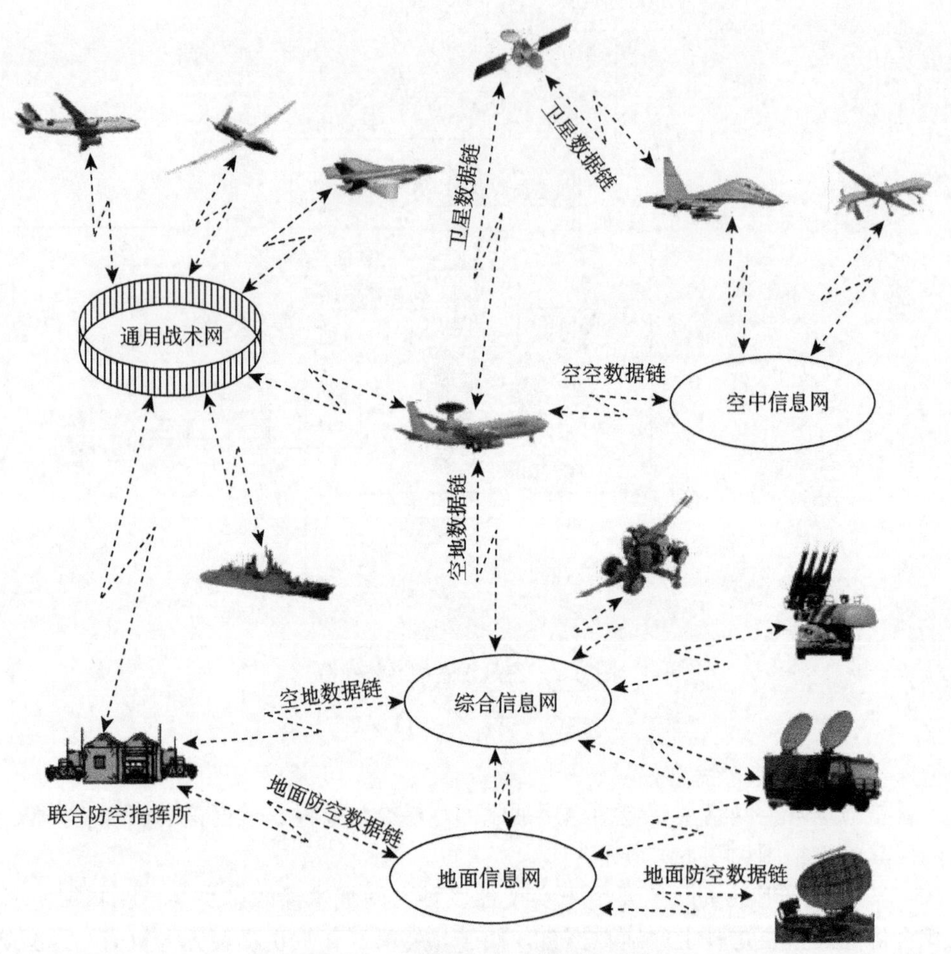

图 5.4　空战场管控系统网络视图

联合数据网 (JDN)，使用 Link11、Link16 等系统，主要用于传送和显示目标位置、航向、航速、识别数据和指挥命令等战术数据，信息传输时间为秒级，精度达到部队控制级要求；第三级为联合规划网 (JPN)，使用多媒体信息网络运用全球指挥控制系统 (GCCS) 等系统，可提供连续的音频、视频、文本、图形、图像信息，信息传输时间为分钟级，精度达到部队协调级要求 [51]。

美军“网络中心战”三级协同网络结构如图 5.5 所示。

4. 技术视图

空战场管控系统技术视图如图 5.6 所示。

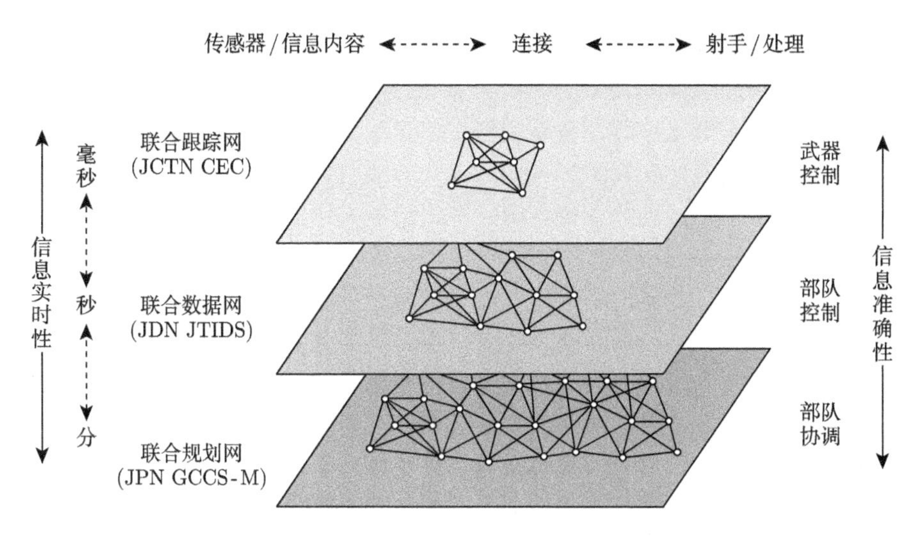

图 5.5　美军“网络中心战”的三级协同网络结构图
CEC—协同交战能力；GCCS—全球指挥控制系统。

图 5.6　空战场管控系统技术视图

信息感知与分发网络层，包括信息协同感知、信息多源融合处理、信息分发与流转、自适应组网调度、数据链信息标准协议和网络安全防护。其中自适应组网调度是协同平台之间自动建立战术局域网络以实现协同兵力动态嵌入/退出和召唤式、自主式敏捷临机协同的保障；数据链信息标准协议是实现信息协同、信息共享和精确协同的前提和技术基础；网络安全防护是保证协同作战网络信道的抗干扰、低截获和防侵入。

协同规则与模型支撑层，包括空域、信息、火力的协同规则以及冲突检测与消解模型、空域划设计算模型和火力调度计算模型等。空域、信息和火力的协同规则是实施空地协同行动的管控准则；冲突检测与消解模型分为计划协同阶段空域使用的冲突检测与消解以及临机协同阶段用空行动实时监视、冲突预判和冲突消解技术；空域划设计算模型包括计划协同阶段的静态空域划设计算模型和临机协同阶段的空域时空动态调整计算模型；火力调度计算模型则包括战术级、跟踪级和制导级空地火力协同调度的计算模型。

空地协同应用层，包括协同感知、协同控制、协同打击和协同评估，是实现空地协同的表现形式，也是研究新战法和提升体系协同作战能力的依据。

时空统一通过高精密时钟、标准时频信号源和相应接口设备向战场信息网络提供标准时间、频率，是构建精准战场态势、实现火力协同控制和网络化指控的重要保障，贯穿于信息感知、信息传输、信息融合和协同应用的全过程。

5.2.4 关键技术

空地协同的高效实现是一项复杂的系统工程，围绕空地协同功能需求和协同指控系统的体系架构分析，空地协同作战所需突破的关键技术主要包括分布式战场信息综合处理与分发技术、空地协同作战任务规划技术、空地协同动态管理与控制技术等。

1. 分布式战场信息综合处理与分发技术

分布式战场信息综合处理技术，重点解决分布式协同作战过程中战场统一态势生成与态势分析需要，保证空地协同作战平台对目标的跟踪精度、信息处理质量、信息连续性和一致性的要求，可分为战场综合态势生成技术和综合态势分析与处理技术。战场综合态势生成技术，主要解决不同平台各类传感器战场态势信息的综合处理和统一态势生成，包括分布式点迹数据处理与融合、时空校准、航迹关联、误差估计与修正等理论方法及工程模型；战场综合态势分析与处理技术，主要解决空地协同作战对战场综合态势的分析判断和处理，包括目标协同跟踪与识别、威胁等级判断与排序、协同交战态势处理、实时交战态势监控判断等理论方法及工程模型。

分布式数据传输分发技术，重点解决各作战平台节点之间数据分发、传输的实时性、可靠性和抗干扰性的要求，包括通信资源管理控制、动态网络规划与组网、动态时隙分配规划、多链路管理、资源动态调整等数据链网络技术，以保证情报级与火控级数据实时共享、传感器单元协同控制、火力单元协同共用信息的实时传输和交换。

美军基于“网络中心战”构建的三级协同作战网信息综合处理与分发性能指标如表 5.1 所示。

表 5.1 美军基于“网络中心战”构建的三级协同作战网性能指标

网络层级	主要作用	网络用户数量	信息传输时间	数据率
武器控制层	支持战术单位内部武器协同控制；利用多武器平台高精度制导信息，实现远程数据交战、接力制导等协同作战功能，提高战术单位整体作战效能，如美海军协同交战能力 (CEC) 系统、“爱国者”防空系统数字信息链 (PADIL)	<100 个	毫秒级	CEC：2～5Mbit/s PADIL：32kbit/s
部队控制层	支持作战指挥协同与决策；实现各级部队之间的统一控制问题，如美军 Link11、Link 16、联合战术信息分发系统 (JTIDS)	<500 个	秒级	Link11： 2250～4800bit/s Link16 28800～238080bit/s JTIDS：480～9600bit/s
部队协调层	支持多军兵种联合作战计划；解决多军兵种联合作战、作战计划制定和部署优化问题，如美军全球信息栅格 (GIG)、全球指控系统 (GCCS)	<1000 个	分钟级	GIG(微波接入)： 64kbit/s～2Mbit/s

2. 空地协同作战任务规划技术

任务规划，是指运用现代信息技术，围绕完成作战任务，以作战理论为牵引，针对作战力量体系，全面分析敌我态势、作战资源和战场环境，通过作战效益最大化预测性评估，系统优化作战指挥决策，合理预期作战行动进程，结合仿真推演消解各种冲突，提供可靠、可调和可行的作战方案和作战计划，运用最优或次优方法和手段实现联合作战目的。空地协同作战任务规划需重点解决针对空地协同作战中依据平台武器信息、目标信息、目标状态和任务要求完成传感器资源与火力资源的合理调度、组织、分配与协调控制，形成协同作战相关优化决策和应用规划所需要的相关规则、模型和方法等技术支撑 [52,53]。

作战空域规划技术，主要是作战空域的划设和空域使用计划冲突检测与消解的理论、模型和方法，包括作战空域的空间划设模型、开启关闭的时间规划管理、用空行动预先冲突检测、空域使用消解优化的规则方法及空域数据库架构技术。

协同作战决策优化，主要是协同作战规划优化及交战任务的分解和执行，包括协同交战效果评估、方案优化、临机交战决策、跨平台软硬武器使用时序和时机优选等规则与模型。

3. 空地协同动态管理与控制技术

空地协同动态管理与控制技术主要是依托多源传感器生成的分层分级统一态势图和战场通用数据库提供的数据支撑，进行用空行动时空冲突实时检测与消解、空地传感器协同感知管理规划和空地协同火力调配与控制等。

用空行动时空冲突的实时检测与消解，主要是在协同行动实施过程中对不同武器用空行动可能或即将发生时间、空间上冲突的预判与消解的模型和方法，包括不同武器用空实时监视与行动冲突预判评估模型、空域时间管理与动态优化控制模型以及空域使用消解规则和方法。

空地传感器协同感知管理规划，主要是在分布式协同作战中各平台传感器资源协同完成各类目标探测跟踪的组织与管理，包括传感器资源协同探测模式选择、不同协同模式下空域时域的分配、跨平台精确捕获提示、跨平台传感器互引导等协同规则与模型。

空地协同火力调配与控制，主要是依据空战场态势信息对目标进行威胁估计处理，在综合考虑敌我空间位置、武器性能、交战事件等众多要素的基础上，建立空地协同目标威胁模型、目标分配模型以及火力协调控制模型，进行协同火力分配优化，给出协同火力打击方案，需要协同作战火力通道组织、多源复合跟踪数据与火力单元适配选择、武器协同共用、制导接力、火力交接等协同规则与模型支撑。

美国海军“协同交战能力”(CEC) 是一个典型的分布式网络化作战系统，把战斗群中各协同作战单元的目标探测系统、指挥控制系统和武器系统以及预警机等有机连接起来，允许各协同作战单元以极短的延时共享各种探测器获取的所有数据，为舰艇编队提供一致、准确、可靠的空中目标航迹态势，从而实现复合目标跟踪与识别、精确目标提示和协同交战能力。基于 CEC 的网络化防空与传统防空的作战模式有着本质的区别：传统的防空是以单作战平台为主的“平台中心战”，即由单平台独立形成对目标的探测、跟踪、识别、制导与毁伤的整个杀伤环节，而 CEC 条件下的网络化防空中目标探测、跟踪、识别、制导与毁伤等各环节可以由不同的平台分别完成，可实现网络资源的重新组合，通过构建网络化作战系统，形成最优的闭环协同杀伤链，由于平台实现了功能解耦，又称为协同杀伤网，是典型的“网络中心战”运用模式。

按照网络化作战系统所构建的闭环协同杀伤链跨平台类别的不同，可分为同构同型链、同构异型链和异构异型链三种类别，如图 5.7 所示。其中，同型号飞机间 (如 A 型飞机间) 或同型号防空导弹系统间 (如 C 型防空导弹间) 所构建的跨平台闭环杀伤链为同构同型链，不同型号飞机间 (如 A 型与 B 型飞机间) 或不同型号防空导弹系统间 (如 C 型与 D 型防空导弹间) 所构建的跨平台闭环杀伤链为同构异型链，飞机与防空导弹系统间 (如 A 型飞机与 C 型防空导弹间) 所构建的跨平台闭环杀伤链为异构异型链，异构异型所构建的闭环杀伤链技术最为复杂。制导级空地火力协同模式就是由飞机与防空导弹系统所构建的典型异构异型协同杀伤链。

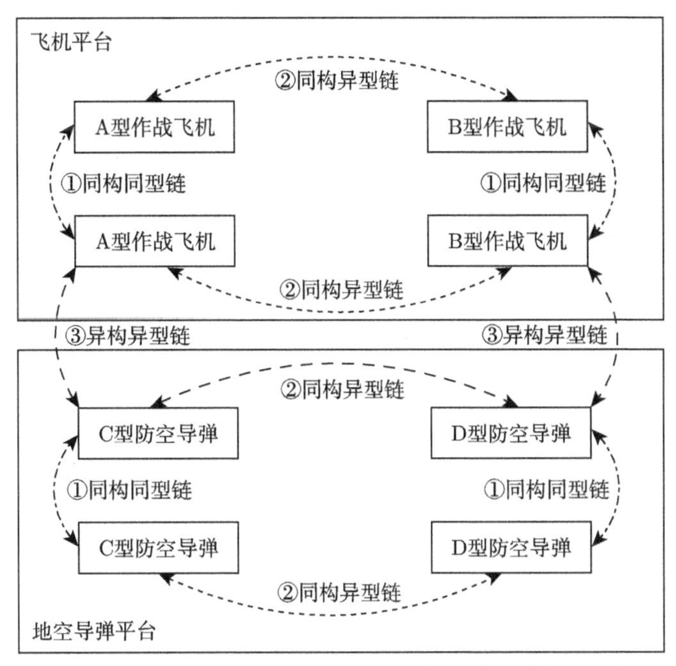

图 5.7　网络化作战系统的跨平台闭环协同杀伤链类别示意图

为构建跨平台的闭环协同杀伤链 (协同杀伤网)，必须依托网络化作战系统。CEC 网络化作战系统中的任何一个作战平台都是网络的一个节点，称为协同工作单元 (cooperative unit，CU)。每个 CU 均是由协同作战处理器 (cooperative engagement processor，CEP)、数据分发系统 (data distribution system，DDS) 以及协同作战处理器与武器系统的接口三部分组成，如图 5.8 所示 [51,54]。

DDS 确保能够在各协同作战单元快速传送大量数据，以使所有协同作战单元能共享其他单元传感器的实时数据。为了满足对 DDS 的要求，必须有高的数据速度，低的数据传输时延以及保证传输可靠的强纠检错编码、跳频等信号低差错率措施。

CEP 具有强大的处理能力，各协同作战单元均配置有一个 CEP，可同步处理由 DDS 网传来的数据和由本平台传感器提供的数据，以毫秒级的时延产生复合跟踪画面。由于各协同作战单元几乎同步接收到相同的各种传感器数据，各协同作战单元的 CEP 又以相同的算法独自完成对所有数据信息的融合滤波，最终

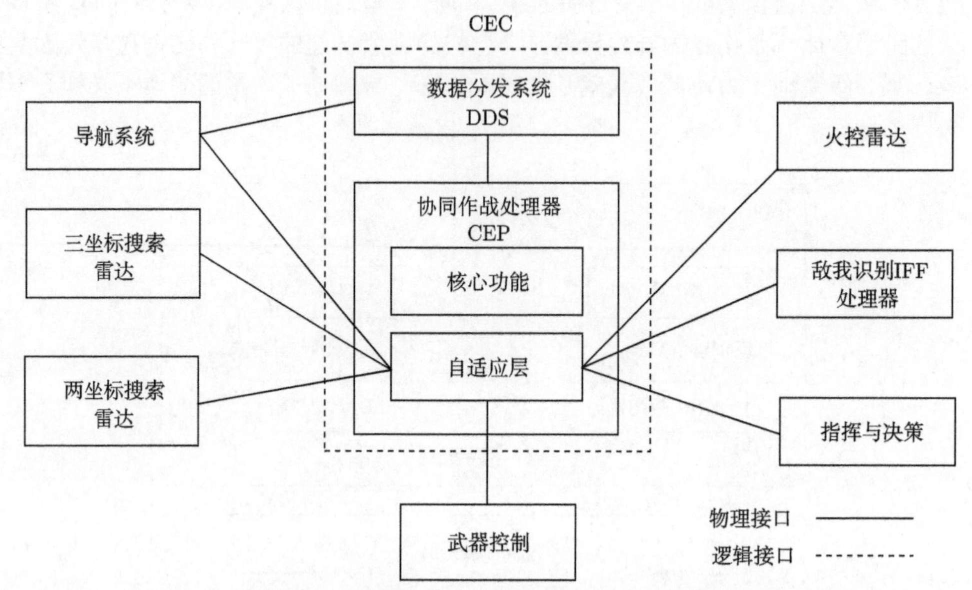

图 5.8 美国海军 CEC 基本组成与功能联系图

获得统一的综合态势图，包括战斗群状态、目标威胁状态、战场态势及交战状态，以便实现网络内各协同作战单元的互联、互通、互操作 (如导弹接力制导等)，从而大幅提高战斗群的协同防空能力。

美军已把 CEC 系统装备到航空母舰、“宙斯盾” 驱逐舰、两栖舰以及 E-2C 预警机上，并逐步引入到 “爱国者” 防空导弹系统、军属防空导弹系统、E-3A 预警机以及战区高空防御/地基雷达 (THAAD/GTRR) 系统之中，以形成真正意义的无缝隙区域防空反导系统。

5.3 空地协同行动的空战场管控通行规则

防空作战空地协同包括作战空域使用、信息感知共享和火力协同打击等主要空地协同行动，其管控规则是联合防空作战指挥机构组织指挥与控制诸军兵种空地协同行动的基本准绳，也是空战场管控系统运行的基本依据。

5.3.1 作战空域使用规则

作战空域管控是组织实施联合防空作战的重要环节，管控规则是消解用空矛盾的基本准则。为最大程度地利用好空域资源，提高作战空域的使用效率，确保联合防空作战行动有序、安全和灵活，应当在作战准备阶段空域划设的基础上，进一步明确作战空域的管控规则，并以空域管控规则为基本依据消解空域使用矛盾。

1. 最大程度减少行动限制原则

空域划设是组织联合防空作战协同的基础，战前依据作战任务、战场环境、作战对手以及防空力量的不同用空需求，以最大程度地发挥各种防空力量的作战效能、减少行动限制为准则，划设各类不同用途的作战空域并经过行动冲突的预先检测与矛盾消解，以此为依据制定相应的协同计划，是作战实施阶段空域使用的基本依据。在作战实施过程中，如果战场态势没有出现大的偏差，各方在空域使用时应依照协同计划所规定的空域使用主体、使用时段执行，这样可大幅降低指挥员的指挥协调强度，提高空地协同的指挥效率，让指挥员把更多的精力聚焦在重要方向、重要时节和重点目标的指挥协同上。

为最大程度地减少对防空诸力量的行动限制，在实施过程中应灵活控制好空域的时间与空间调配规则。在空域划设时，除了按照联合作战行动规划空域外，还应预判可能出现的用空冲突，制定各参战力量空域使用的时间、空间调配规则以及应急处理措施，明确特殊情况条件下空域使用优先级、冲突调配方法，为作战实施阶段空域实时调控提供基本遵循 [45]。在作战实施阶段具体行动展开后，一旦出现预想中的空域使用冲突时，原则上应根据任务的轻重缓急，按照协同计划中所规定的用空冲突处置预案组织实施。

2. 主要任务行动优先使用原则

在作战实施过程中，随着战事的推进和态势的不断演变，不可避免会出现空域使用时间、空间上的矛盾冲突，打乱了原定作战协同计划的行动节奏，造成联合防空作战行动出现紊乱。当不同作战行动之间出现战前预案中没有且较为严重的时空冲突时，应以“主要任务行动优先使用、次要任务行动调配使用”为用空行动冲突的消解规则 [16]。俄军将其表述为：根据完成主要任务部队的行动方式，确定其他所有参加作战兵力兵器的行动程序。

在防空作战抗击、反击不同阶段，谁主谁次，谁先谁后均具有不同的行动优先使用原则。在联合防空作战抗击阶段，应以地面防空力量和空中抗击力量行动优先为原则。抗击阶段的力量主体是地面防空兵力和空中防御兵力，抗击行动主要有地对空射击、空中交战等，此时如果与反击力量的空域使用出现矛盾，通常应首先保证抗击力量优先使用空域。在联合防空作战反击阶段，通常应以地面反击力量和空中反击力量行动优先为原则。反击阶段的力量主体是进攻航空兵、巡航导弹、弹道导弹及远程火炮，反击行动主要有空中对地突击、巡航导弹对地打击、地对地导弹火力打击以及远程火炮对地打击等，此时如果与抗击力量的空域使用出现矛盾，通常应首先保证反击力量优先使用空域。在作战行动与支援保障行动、军航行动与民航行动出现空域使用矛盾时，通常应优先保障作战行动和军航行动。美军防空炮兵规定“为减少飞机与防空炮兵间的相互干扰，通常防空炮兵武器优先的防空行动区域，则是飞机的限定作战区域，或者二者反之”。

3. 行动主导力量优先使用原则

当同一作战行动各参战力量之间出现较为严重的行动时空冲突时，应以“行动主导力量优先使用、行动配合力量调配使用”为空域使用矛盾消解规则。任何一个联合作战行动中，作战力量之间在行动上有主次之分，当出现空域使用矛盾时也应具有高低不同的空域优先使用权[16]。

在执行同一作战任务时，当空中与地面防空力量出现空域使用矛盾冲突时，由于空中力量的高速机动性，进入作战空域后不宜空中待战，通常以空中力量优先使用空域为原则；当空中突击行动和地对地突击行动之间出现空域使用矛盾时，通常以空中突击行动优先使用空域为原则；当空中力量之间出现空域使用矛盾冲突时，通常以行动的轻重缓急程度为优先使用原则。美军防空炮兵将地面防空武器规定为自由射击、限定射击和自卫射击三种武器控制状态。其中，自由射击是最宽松的武器控制状态，是指可对已判明或未判明的任何飞机实施交战射击；限定射击是正常的武器控制状态，是指按照敌我识别标准确实判明为敌机时才组织交战射击；自卫射击是最严格的武器控制状态，只有在自卫或根据上级命令时才组织交战。

4. 确保作战行动安全底线原则

空域管控的底线是通过对地面、空中、水面力量和军民航管制机构的协调，首先要确保作战空域的使用安全。军民、空地和敌我在作战空域内行动相互交织，情况异常复杂，为确保作战行动的顺利实施，防止各类航空器空中危险接近或空中相撞事故的发生是基本前提。此外，为了达成作战目的，不同航空器所采取的机动和战术随时可能产生变化，立足联合防空作战攻防行动交织、地空火力衔接紧密特点的特点，严密组织战场空域管控是防止误击误伤、消除矛盾冲突的重要手段。

通过对空战场空域的管控，找出各作战行动之间存在的主要矛盾，综合考虑空域的空间矛盾、时域矛盾和频域矛盾，尽最大可能消除行动冲突并保证己方安全。外军在实施联合空域控制时，均是在一定空域中，实时或近实时地使用一系列规范程序对空域使用实施管理，确保在联合作战指挥官认为的安全范围内实现战场空域高效、灵活的使用，同时尽可能减少对己方作战运用的限制，防止误击误伤以及航空器空中相撞现象的发生。

5.3.2 信息感知共享规则

1. 目标敌我识别规则

目标敌我识别是对空中目标的敌、我、不明等属性的判断。凡符合我机判定准则或其他行为表现为我机者，则判定为“我机”；凡不符合我机判定准则或其他行为足以证明为敌机者，判定为“敌机”；当没有足够事实证明为敌，但也不足以证明为我者，或出现判定准则冲突时，则可判为“不明”。空地数据链的应用，使目标识别信息的来源极大拓展，推动了目标识别准确性、实时性和可靠性的跃升。目标敌我识别的基本规则如下 [55-57]。

规则 1：依据敌我识别器 (IFF) 识别结果。空地数据链支持下的敌我识别系统中，IFF 识别信息包括火力单元雷达 IFF 识别和数据链网络系统 IFF 综合识别。火力单元在进行 IFF 识别时，各国普遍采用询问二次，至少应答一次便判为我 (友) 机，否则为敌机；为防止误射我机，火控雷达应在稳定跟踪目标后和导弹发射前各进行一次目标属性识别，只有在确认无误后，才允许发射导弹 [55,56]。

规则 2：根据飞行计划进行识别。飞行计划，是指预先或临时确定的有关我方飞机 (含民航、转场飞机等) 的飞行航线和飞行诸元的总和。其内容包括批号、架数、起飞时间、飞行速度、飞行高度、起始坐标和终止坐标等。通过对雷达发现的目标航迹与飞行计划进行比对，若雷达发现的目标航迹位置和飞行诸元与飞行计划完全相关，可判定为“我机”，否则，视为“敌机”或“不明”[55,56]。

规则 3：根据空中走廊进行识别。空中走廊区分为静态空中走廊和动态空中走廊。对空中走廊内目标识别时，完全在空中走廊误差范围内并且按空中走廊规定方向飞行的飞机，暂时识别为“我机”，若在指定时间内这些目标航迹继续和同一空中走廊相关，就自动识别为“我机”[55,56]。

规则 4：根据我机定位信息识别。在数据链支持下的防空作战中，每架留空飞机均是数据链网络的用户终端，其留空飞行的全过程均可利用数据链系统的定位功能实时测定空中位置，并将定位信息作为敌我识别的依据，供空地信息网络共享。当网络接收到我机定位信息后，即确定为“我机”，否则为“不明”。

规则 5：根据外部情报综合识别。分析战场布势、作战方向、来袭航路等信息，并结合外部各类敌情综合信息，判断敌机行动规律，并依此对符合条件的暂定为“敌机”，否则为“不明”。

规则 6：人工指定识别。根据我机飞行计划、我机定位信息、空中走廊和外部情报进行综合识别，一旦敌我识别的最高权限机构确认某批目标的敌我属性，各级均要无条件服从，并按相应目标属性执行作战行动。

2. 战场电磁管控规则

防空作战同时使用雷达、导弹、高炮、电子战等多种软硬武器实施一体化作战，电磁资源是各类防空武器系统电子设备正常运转的重要保障。由于电磁资源是有限的而用频设备对电磁资源的使用又具有独占性，各类用频设备工作频段之间以及与电子对抗系统干扰频段之间就会存在交集，如果同时在使用时域和空域上有交叉，就会产生电磁资源使用冲突。可见，电磁资源的使用冲突与各型电子设备使用的频域、空域和时域有关。如果这 3 个因素中只要有 1 个因素不相关，则电磁频谱是兼容的或者使用不冲突；只有当 3 个因素都相关时，电磁频谱才发生使用冲突 [58,59]。

为此，需要对战场电磁频谱的使用进行科学有效的协调、管理与控制。根据防空武器系统用频设备的相关性以及空地协同行动的用频特点，战场电磁管控通常应遵循以下规则 [60]。

规则 1：用频装备综合性能最大化。在实施电磁管控过程中，应尽可能地保证各用频装备执行任务中的作战性能不受限制，当无法完全保证时，应以主要用频装备综合效能发挥最大化为原则进行管控。

规则 2：数据链装备频谱使用优先。数据链装备是将空地协同兵力连接为一体的关键装备，当其他装备的频谱使用与数据链装备冲突时，通常应优先保证数据链装备的频谱使用。

规则 3：优先使用频率分割法。频率分割法是实施电磁管控最有效和最基本的方法。其具有两层含义，一是要保证在无敌方干扰的情况下己方设备的频率相互分割，避免自扰和互扰；二是在受到敌方有意干扰时，采取有效的措施，避开敌方的干扰频率，达到与敌方干扰信号频率的分割。在所有频率管控方法中，应率先考虑频率分割法，并在电磁管控的整个过程中，只要具备频率分割条件就要优先使用此种方法。

规则 4：综合运用其他管控方法。当频率分割法不能达成电磁管控目标时，可按照用频装备互扰相关性计算模型，综合运用区分空间、区分时间和限制能量的方法实施战场电磁管控。

区分空间是指当无法满足频率分割要求时，应尽量保证各用频设备在方向或距离上相互错开。当己方空地装备工作在同一频段时，应在保证各装备性能最大化的前提下，通过调整作战飞机的空域或地面用频装备的辐射方向，以避免、减弱相互影响；当受到敌方积极干扰而无法避开频率时，可利用接收天线的方向性尽可能回避主要干扰源方向。

区分时间是指频率和空间均无法回避时，应采取区分工作时间进行干扰回避。根据任务需求，采取用频装备分时交替工作方式，避免互扰；当用频装备遭遇敌反辐射导弹攻击时，可采用紧急关机或交替开、关机方式规避打击。

限制能量是在满足作战要求的情况下，通过降低用频装备的能量辐射并实施有效控制，从而避免或减弱自扰、互扰。

3. 空地信息保障规则

面对激烈的信息对抗，能否夺得战场信息优势，准确掌握空防态势，已经成为能否掌握空防对抗主动权，正确实施联合防空行动的关键。信息使用是获取信息和处理信息的最终目的，信息流控制物质流和能量流，信息只有被有效利用才能体现其应用价值，才能提升信息效能、发挥信息潜能，实现由战场信息优势向行动优势、胜战优势转化。

联合防空战场信息具有信息流量大、信息时效性强、信息流转复杂等特点，要提高信息使用效用，提升信息流速，应充分依托基于空地数据链的空地信息网络，优化战场信息流转模式，缩短空地信息流程，空地信息的使用通常应遵循以下准则。

准则 1：确保主要作战行动的信息优先保障原则。在联合防空作战不同的作战阶段，同一作战阶段的不同作战时节，都有一个主要作战行动。在作战信息保障上应全力确保当前主要作战行动所需信息的全面、连续和精准。否则，主要作战行动一旦失利，将造成整体作战行动处于被动状态。

准则 2：确保行动主导力量的信息优先保障原则。无论什么样的联合防空作战行动，均有行动主导力量和配合力量之分，在信息保障能力有限的情况下必须确保行动主导力量所需的信息保障，并尽可能兼顾行动配合力量的作战信息需求。

准则 3：确保时效要求紧迫行动的信息优先保障原则。防空作战战场时空变化快，对于各种突发的紧急情况，应有轻重缓急之分，信息保障应优先保障行动最为紧急的作战行动。

5.3.3 火力协同打击规则

火力协同打击是联合防空作战的重要行动样式，也是实现防空作战目标的主要途径。先进空地数据链的应用使得空地火力协同的内容、模式和手段都发生深刻变革，空地信息网提供空地协同力量高度的信息共享，催生战术级、跟踪级和制导级三种新的空地火力协同模式，实现由传统的“概略、粗放、非实时、集中式”向“多域、精确、实时、自主式”转变，确立空地火力协同打击规则，是高效组织联合防空作战空地火力协同的基本依据。

1. 分域使用火力原则

分域使用火力原则，是指参战力量在预先所划设的各自作战空域内可以不受限制地独立使用火力。通常歼击航空兵空中作战以空中自由交战区为主，地空导弹兵以地空导弹自由射击区为主，近程地空导弹、高射炮、弹炮结合武器系统等近程防空火力通常以弹炮末端防御区为主要射击区域 [61]。

空中自由交战区是联合防空作战的第一道拦截屏障，处于地空导弹射击区之外，通常由航空兵先行组织拦截。地空导弹自由射击区是地面防空兵的独立抗击区，重点抗击突破航空兵外围防线的敌空袭兵器，己方航空兵未经授权不得进入地空导弹火力范围，但歼击机在追击敌机时其火力 (即空空导弹) 可以延伸进入地空导弹自由射击区。弹炮末端防御区以近程地空导弹、高射炮或弹炮武器系统为主，重点抗击临空突击我保卫目标的敌载机、载机投射的各型弹药或空地导弹。航空兵与地面防空兵以战术协同为主，采取区分空域、高度、目标、时间等手段进行协同 [45]。远程地空导弹受地球曲率的限制，在远距离主要打击中高空目标，航空兵主要打击中低空高度飞行目标，航空兵保持规定飞行诸元通过返航点和空中走廊，地面防空兵对符合飞行程序和规定的空中目标不得擅自攻击。由于地空导弹武器系统反应时间短、作战范围大，俄军规定，遇敌突然袭击而情况紧急时，可首先使用地空导弹歼灭空中目标，掩护歼击航空兵起飞投入战斗，随后再按空地协同规定执行，当地空导弹弹药消耗完时，歼击航空兵可不受空域限制地实施战斗。

美军为不同防空火力类别划分了不同的火力使用区域，以便更好地组织空地火力协同行动。主要包括 [61]：① 战斗机交战区，是在地空导弹武器系统攻击范围之外，由歼击机单独负责对空攻击任务的空域；② 高空导弹交战区 (HIMEZ)，是在防空作战空域内划定的空域，通常由高空地空导弹负责该空域内对空攻击任务。当高空地空导弹系统在射程、指挥与控制、交战规则或反应时间等方面比使用飞机具有明显作战优势时，通常使用高空导弹交战区；③ 低空导弹交战区 (LOMEZ)，是为低空至中空防空导弹单独划设的空域，该空域内对空攻击任务通常由低空至中空防空导弹负责；④ 近距防空攻击区 (SHORADEZ)，是在防空作战中划设由近距离防空武器系统负责对空攻击任务的空域，通常划设在高价值目标附近；⑤ 弹道导弹交战区，是由导弹战术指挥官规定的一个方位角 10° 范围的区域，该区域以导弹部署位置为中心，距离延伸至反弹道导弹武器系统的最大射程。

2. *灵活调控火力原则*

灵活调控火力，是指集中指挥与最大程度分散控制相结合，采取灵活的临机调控方式高效组织运用空地火力。现代防空作战呈现出作战空域变化迅速、抗击目标复杂多样、时间要求精准连续的特征，地面防空群与航空兵实施火力协同时，应突出“多域、精确、实时、自主”的协同要求，依托火力协同指控系统，由区域火力协调中心、地面防空群指控中心及航空兵指控中心按照区分空域、区分时间或区分目标的方式组织实施。美军认为：为保证各层次防空部队作战行动的协调和统一，发挥整体最佳效能，必须实施高度的集中管理；同时，为增强防空作战的敏捷性和灵活性，充分发挥下级指挥员的积极性和主动性，又要最大程度地实施作战行动的分散控制。美军强调：没有哪个指挥官能够单独指挥或控制 4 个不同类型和不同性能的防空武器射击。因此，火力控制权的适当下放是高强度、高动态防空作战中组织实施空地火力协同的基本途径，但这种权力下放是防空指挥员统一管理下的权力下发或开火授权，并不是不受限制的各自为战的行为，可在集中指挥的前提下，最大程度地实施分散控制，灵活控制空地火力。

对于地面防空与空中交战力量共同使用和打击空中目标的协同交战区，要根据空地火力协同的组织形式合理掌控集中指挥与分散控制的关系。对于空地集火、分火和接替三种战术级空地火力协同，可采取集中指挥，按照目标协同法组织两个及两个以上的空地作战单元对同一个目标实施射击，以程序式、指令式临机协同调控方式组织临机空地火力协同；对于跟踪级、制导级空地火力协同，由于时效性要求高，为达到“发现即摧毁”的协同效果，缩短杀伤链反应时间，空地作战单元可主要采取目标协同和授权分散控制，以召唤式或自主式临机协同调控方式组织空地火力协同。

由多型地面防空武器系统构建的地面防空群，具有全空域火力配系、火力范围大、抗饱和能力强的特点，但主要依托固定阵地作战，机动性能较弱，火力覆盖范围相对固化；航空兵具有高机动性，可快速调度火力资源，实现火力覆盖范围的动态优化。空地火力打击平台的上述特点，决定地面防空群与航空兵实施火力协同流程的特殊性。灵活调控火力应在“多域、精确、实时、自主”协同思想下贯彻以下火力协同准则 [61]。

准则 1：地面防空火力部署在重点保卫方向，形成以地面防空火力为固定点，空中火力为机动节点的实时、动态全向防御；航空兵协同远程地空导弹扩大防御纵深。通常先组织航空兵尽远拦截，待其完成规定任务，退至安全空域，再由地面防空火力接替抗击。

准则 2：对上级指定的空中目标和重点目标 (按目标威胁程度排序得出)，空中或地面防空火力在构成独立射击条件时均要优先拦截，在空地数据链实时信息支持下尽可能实施空地集火射击。

准则 3：拦截低空目标时，由于地形遮挡，敌我识别距离缩短，为避免误伤，空地防空兵力应按边界线协同。边界线的划分以火力单元制导雷达搜索的最大距离为界，航空兵通过空地数据链实时通报飞机位置。

准则 4：当共同责任区纵深较浅，空中目标数量多于地面防空兵的目标抗击通道时，空中火力和地面火力可按空域或目标协同，并实时更新目标清单。

3. 火力安全规避原则

在空地火力协同时，防止误击误伤我机、确保我机安全是火力协同的运用前提。在对空射击时要综合运用多种手段准确识别敌我，并注意准确校对目标，严禁在目标属性不明的情况下贸然下达射击命令。航空兵一般不应进入己方地面防空火力范围之内，为充分发挥航空兵机动性强、作战空域大的优点，在特殊情况下，经联合作战部队指挥员批准，航空兵方可进入地空导弹射击区实施作战。特殊情况通常包括：① 己方航空兵处于优势，有确切把握歼敌时；② 地空导弹因兵器故障、导弹耗尽、受到敌严重干扰或实体摧毁而无法对空射击时；③ 己方航空兵实施兵力机动时 [62]。

在伊拉克战争中，美军 F-16 战机在没有准确识别敌我的情况下，就贸然发射一枚“哈姆”反辐射导弹将己方的“爱国者”防空导弹制导雷达摧毁。当指挥信息中断或敌我识别器故障时，原则上对处于地空禁止射击区、空中走廊内出返航或由内向外飞行的空中目标不允许射击。紧急情况下，航空兵无法按预先约定的程序和要求出返航时，地面防空指挥机构应及时通报地面防空作战单元；当导弹已发射且判明为我机时，应即刻启动导弹自毁程序，中断导弹制导飞行使其自毁。

5.4 空地协同行动的空战场管控方式

空战场管控方式是联合防空作战指挥员及其指挥机关对防空诸力量空域使用、信息协同和火力协同行动实施协调控制的方式或手段。依据人工干预和授权程度的不同，可分为程序自动控制法、分散自主控制法和人工指令控制法三种方法 [48]。

1. 程序自动控制法

程序自动控制法，是指依照预先拟定的空战场管控计划、程序和交战规则所进行的自动控制与管理方法。程序自动控制法主要是通过区分空域、时间和武器状态的控制进行空战场管理，是实施空战场管控的基本方法。

美军作战纲要指出：“空域协调可以最大程度地发挥陆空联合部队在空地一体作战中的效率，而又不妨碍任何一个军种发挥其战斗力”“现代战斗的速度和复杂性不允许采用复杂而费时的协调工作体制”。因此，“最大程度地依靠事先做出的程序安排” 实施空战场管控是美军空地一体作战中陆空协调的主要方法。其优点是执行操作简单，且能提高复杂条件下持续作战能力，不易遭受干扰和破坏。尽管其应用也具有一定的局限性，特别是难以应对战场上瞬息万变的情况，但当防空系统不具备实时数据传输与共享能力时，也只能使用程序自动控制法。程序自动控制法作为空战场管控的主要方式，主要依据空域控制计划和交战规则对参战力量的用空行动进行规范和限制，即在整个空域中建立若干个特定空域，并对使用该空域的作战力量进行限制，通过相关指令下发，从程序上对空域使用进行自动协调和控制。由于程序自动控制法是按照预先拟定的协同计划进行程序控制和管理，无法根据当前情况的变化进行灵活调整。

2. 分散自主控制法

分散自主控制法，是指根据战场上随时出现的情况变化主动进行协调的管控方法，也称为委托式控制法。分散自主控制法是依靠从雷达、其他传感器、敌我识别器、数据链路、C^3I 系统等其他要素获得空域管控所需的实时信息，根据这些信息进行自主控制管理。分散自主控制法是数据链支持下的一种常用的空地协同行动控制方法，其基本特点是“示任务而不示手段”。美军认为空地协同应遵守“只为例外情况进行管理”的原则，将分散自主控制作为空地协同的一种主要方法。分散自主控制法在联合防空作战空战场管控中具有实时性强、精确性高的特点，但对支持设备和通信条件要求高，不具备完善的通信网络系统支持难以实施。

利用先进的空域控制技术平台有利于提高空战场控制的自动化水平与控制速度，降低对各种作战力量的使用限制，有利于作战力量发挥作战优势。先进的空域控制技术平台包括雷达、数据链、敌我识别系统及其他各种传感器等，通过这些先进的空域控制技术平台，实现对战场目标特征、参数的获取，掌握空中态势，协调控制空域使用，避免干扰误伤。在未来联合防空作战中，应充分利用雷达、敌我识别系统、数据链、战场监视系统、通信设备等，采用积极主动的方式，实现目标识别、跟踪和指挥各类用空用户。特别是航空兵与地面防空兵应积极运用数据链中的敌我识别手段，加强兵种之间的协调，从而保证对空战场的控制与使用更加实时高效。

3. 人工指令控制法

人工指令控制法，是指指挥员根据空中突发的紧急情况，直接向协同双方发出协同控制命令的一种管控方式。人工指令控制法是集中指挥的体现，通常在不适合采取程序自动控制法和分散自主控制法时采用，能够适应战场态势的变化，控制管理比较灵活，但控制管理容量有限，通常适用于重点方向、重点目标、重要时节、主体力量等关键空地协同行动中的协调与控制。指挥员应集中精力进行全局统筹和决策指挥，人工干预控制应慎重，尽量避免过度干预与控制泛化，正确把握好集中指挥与分散控制的关系。

5.5　空战场高效管控的支撑条件

空战场管控是一个复杂的系统工程，要实现空战场管控高效有序，提高空战场管控效率，借鉴外军空战场管控的实践经验，离不开无缝的技术上互联互通、完善的法规制度机制、复合型空战场管控人员和深厚的联合作战文化价值认同等软硬外部条件的支撑。

1. 无缝的技术上互联互通

基于高速信息网络的各协同作战单元/平台实现设备技术上的互联互通，是空战场高效管控的硬件准入条件和实现精准、实时协同防空的“最后一公里”。其中，互联是前提，可提供信息网内外畅通的数据链通信链路，网络化是其基本特征；互通是基础，可提供空战场信息的共享与交流，无缝和实时是其本质要求；互联互通的最终目的是实现基于高速数据链信息网络的各协同作战单元/平台间的功能互操作，互操作是最高要求和最终目的 [63]。

装备技术上互联互通是实施“网络中心战”的前提条件。以美海军 CEC 为典型代表的“网络中心战”协同作战模式，将一定区域内所有的侦察探测系统、通信系统、指挥控制系统和武器系统有机地组成一个网络体系，完全摆脱了“平台中心战”单平台各自为战的模式，在高速数据链信息网络的支持下，形成由协同传感器网、协同指挥控制网和协同火力打击网构成的协同作战体系，其结构如图 5.9 所示。体系内的任何一个传感器、指控系统或火力平台都是高速数据链信息网的一个节点，通过在每个节点增加协同处理和数据分发功能模块，可有效缩短作战体系内各协同单元的目标锁定和识别时间，实现体系各作战平台态势的统一，解决协同交战过程中武器的互联、互通与互操作问题，是打通“最后一公里”的重要技术途径 [64]。

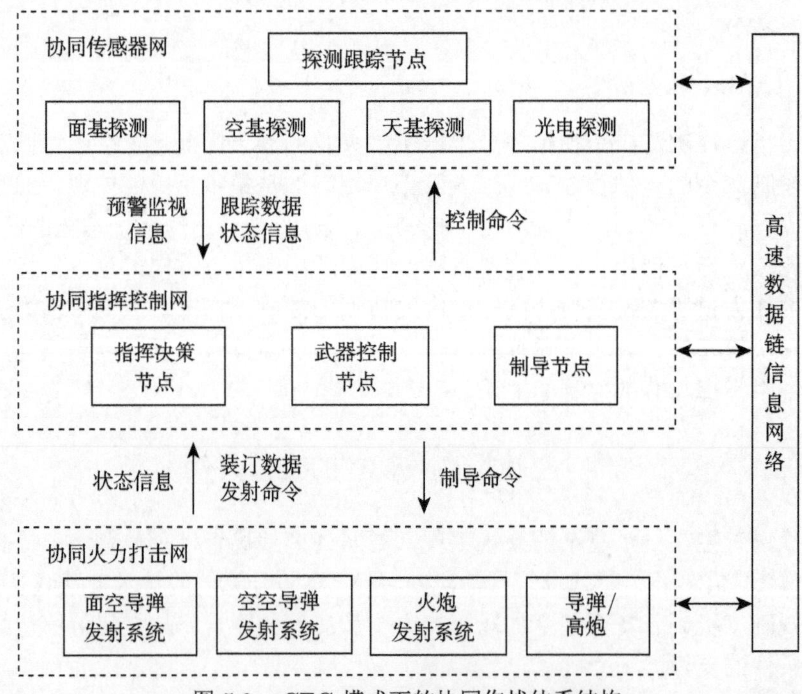

图 5.9　CEC 模式下的协同作战体系结构

协同作战平台与传统的作战平台在系统组成上基本相同，两者的主要区别是在协同作战平台的协同火控设备中增加了协同处理模块 (CEP) 和数据分发模块

(DDS)，用以实现各协同作战平台之间的协同作战功能与数据分发，如图 5.10 所示 [65]。

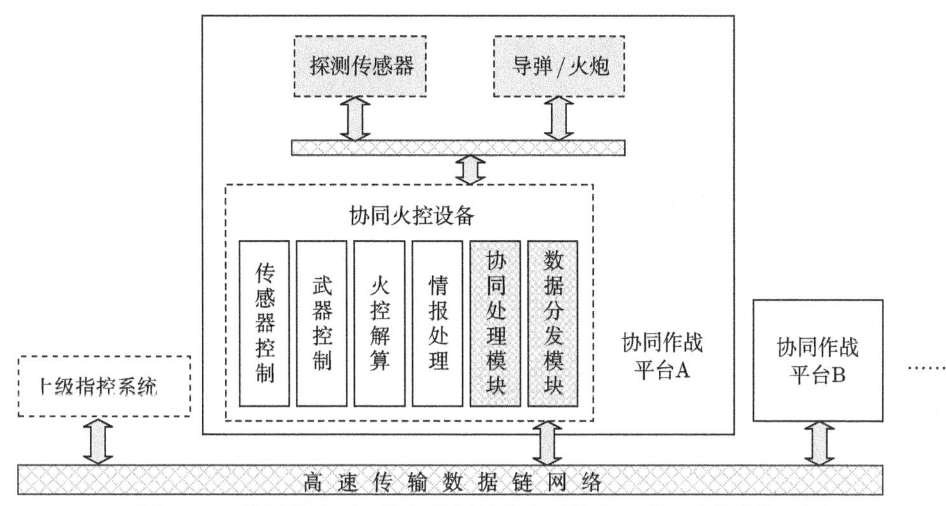

图 5.10　协同作战平台接入数据链信息网络的互联互通集成接口图

协同处理模块主要是将对来自多协同作战平台的目标原始数据进行融合处理，生成满足火控级质量的综合航迹，保证各协同作战平台获得一致的战术态势图像, 并根据目标信息、各协同作战平台的位置、可调用的资源状况和作战性能，形成协同交战规划。

数据分发模块是实现上述数据传输、分发的手段，主要是将目标数据、火控命令等封装为标准的数据结构，通过发布/订阅主题的方法，在协同处理模块下进行数据分发，将合适的数据发送到合适的网络节点 [65]。

此外, 协同作战平台还需要高速传输网络的支持, 传输网络应具有高带宽、大容量、保密以及抗干扰的通信能力，在数据分发模块的控制下完成目标数据、火控数据等信息的高速网实时、可靠传输。

2. 完善的空战场管控法规

诸葛亮之《兵要》曰：有制之兵，无能之将，不可以败；无制之兵，有能之将，不可以胜。空战场管控是联合作战指挥控制的重要内容，作为一种空中作战管理控制的先进方法，更需要从法规制度上加以规范和约束，确保空战场管控始终在法规的约束下有序运行。与空战场管控相关的通用航空飞行及管制法规，见表 5.2[30]。

由表 5.2 可见，通用航空飞行及管制法规支撑的是航空器的空中交通管理而不是作战，其对地面发射的导弹、炮弹、火箭弹等武器并没有约束能力。

表 5.2 常见的通用航空飞行及管制法规

序号	立法层次	法规名称	相关内容
1	国际航空委员会	《巴黎航空公约》	第一次以国际公约的形式确认了国家对于其领土上空具有完全和排他的主权，有权禁止其他国家航空器在本国领空飞行。外国军用航空器未经特许，不得飞越或降停该国领土
2	国际民用航空组织	《国际民用航空公约》	通称《芝加哥公约》，是有关国际民用航空最重要的现行国际公约，被称为国际民用航空活动的宪章性文件
3	中华人民共和国全国人民代表大会常务委员会	《中华人民共和国民用航空法》	规定了民用航空器国籍、权利、适航管理，航空人员，民用机场，公共航空运输和通用航空等内容，是制定民航法规、规章的依据
4	中华人民共和国国务院和中央军事委员会	《通用航空飞行管制条例》	中国通用航空的基本法规，规定了通用航空飞行的基本规则
5		《中华人民共和国飞行基本规则》	规定了空域管理、飞行管制、机场区域内飞行、航路和航线飞行、飞行间隔、飞行指挥、特殊情况处置及飞行保障等内容
6		《飞行间隔规定》	为了防止飞行冲突，提高飞行空间与时间利用率，规定了航空器之间应当保持的最小安全距离，包括垂直间隔和水平间隔等内容
7	中国民用航空局	《中国民用航空空中交通管理规则》	规定了民用航空空中交通管制的一般规则、空域、管制程序和方式方法等内容
8		《中国民用航空通信导航雷达工作规则》	规定了中国民用航空通信、导航和雷达保障的组织与实施以及专机、特殊情况下的飞行保障等内容
9		《外国民用航空器飞行管理规则》	对外国民用航空器飞入或者飞出中华人民共和国国界以及在境内飞行或者停留时的管理规定

联合防空作战，各军兵种作战力量对空域的使用需求有很大的不同，为了统一空战场管控，必须制定联合作战力量共同遵守的空战场管控法规。在法规中应将空战场管控各级指挥控制机构的编组、职责、权限及相互关系规定下来，同时明确各级指挥控制机构空战场管控的控制方式、控制内容和协同规则等，构建空域标准库及空域编码规则，以实现空战场管控的标准化、程序化和法制化。

3. 复合型空战场管控人员

空战场是诸军兵种、军民共用的核心作战资源，是协同联合作战行动的重要枢纽。空战场管控贯穿作战筹划与作战实施全过程。作战筹划阶段，空战场管控的重点是与作战行动相匹配，同步组织空域资源的统筹规划与配置，将各类作战行动用空矛盾冲突消除在筹划阶段，从源头上保障空域资源高效利用；作战实施阶段，空战场管控强调对空域使用实施全程监督评估和有效控制，确保作战行动的顺畅有序实施。可见，信息时代的空域管控不是传统意义上的航行保障，更不是被动地保障各类飞行用空，而是要面向所有用空、涉空力量，主动地实施空战场空域、信息和火力的多域管理与控制。空战场管控人员身兼诸防空力量的谋划者、执行者和控制者的多重身份，需要管控人员具备丰富的军兵种作战理论知识和实践经验的积累与沉淀。

为此，必须逐步培养选拔一批既懂得高科技和诸军兵种知识，又能高效组织实施空地协同作战和训练的复合型指挥与参谋人才，使他们进入各级指挥班子，以改变传统空战场指挥群体的知识与人才结构。美军明确规定：凡上校以上军官，必须在陆、海、空和海军陆战队四个军种不同层级岗位上任过职，熟练掌握不同军兵种知识，具有协同诸军兵种联合作战的素质和能力。在美国参谋长联席会议颁布的《交战地区联合空域管制概则》中提出“在联合力量作战指挥官中通常任命一名联合力量空中作战指挥官、一名空战场管制指挥官和一名区域防空指挥官。空战场管制指挥官和区域防空指挥官的职责通常由同一人行使，此人也可以是联合力量空中作战指挥官”[66]。可见，美军认为空战场管制指挥军官同时也是防空指挥军官，甚至可以兼任联合防空作战指挥军官。

为适应联合防空作战指挥的需要，联合防空作战指挥员须经过多岗位、多军兵种的锤炼，开阔视野、胸怀全局、思维更新，明确联合防空指挥员能力标准，提高联合防空作战指挥员的综合指挥能力与素养，才能够创造性地开展工作。联合防空作战不应依赖于协同部队派出“协同小组”的初级方式，应从根本上提升联合指挥与参谋人员指挥能力，使其自身具有独立实施联合作战指挥的能力素养。

4. 联合作战文化价值认同

联合作战文化，是为保证军队赢得联合作战胜利而创造的物质和精神财富的总和，是随着联合作战的发展而形成并从属于军事文化的亚文化，主要包括联合知识体系、联合价值观念、联合思维方式、联合法规制度和联合行为规范。联合作战文化作为一种新型的军事文化现象，需要一个长期潜移默化的凝练过程，是联合作战能力的“软实力”和重要组成部分，对联合作战能力建设具有深刻的影响。没有先进的联合作战文化，就不可能有真正的联合作战。因此，推动联合防空作战空地协同创新发展一个重要的前提就是要营造好联合防空作战浸润成长的联合作战文化。没有建立起这种文化，或者这种文化价值没有得到普遍认同，联合防空作战在实践中就会遇到各种无形的阻力。

联合作战对各军兵种原有的思维定式和行为方式、情感归属和利益关系均产生重大冲击，由此衍生的文化将成为联合作战能力发展的障碍。如果没有思想共识、上下同心、力量凝聚和一致行动，就不可能顺利达成真正意义上的联合作战目标，而这一切都离不开深厚而自觉的联合作战文化认同作为支撑。时任美军参谋长联席会议主席鲍威尔把联合视作各军种间的团队协作，美国国防大学第七任校长保罗在《军种认同与联合文化》一书中指出：联合文化是对军种文化进行的调和，可以减少联合行动中的摩擦，灵活平衡、良性竞争的军种文化是联合作战文化的真谛。美军在联合作战指挥体系日趋成熟、制度日渐完备、技术遥遥领先的情况下，率先提出联合文化概念，并将其作为转型总体战略的首要方面，视为“实现联合的核心因素”。在 20 世纪 90 年代，美军在《武装部队的联合作战》中就提出了“联合文化”，随后又在《联合作战概念》中突出强调了联合文化培育。进入 21 世纪后，美军更是将其列为转型总体战略的首要指标，贯穿军事职业教育全程，甚至认为“军事革命的前 10 年到 15 年，主要是进行联合文化的塑造”，可谓对联合文化情有独钟 [67]。

美军认为“自以为是、相互对立”的军种价值观是制约联合作战的病灶所在。海湾战争、伊拉克战争的经验，深化了美军对联合作战的认识：信息化战争联合作战行动依赖于各军种力量的精确协同与配合，这种联合行为还需要通过联合法规条令加以塑造。为此，美军制定并定期更新系列联合出版物以及联合战术、技术程序，如 JP5-0《联合作战计划制定纲要》就对联合作战计划的程序步骤、工作内容、工作方法进行系统规范，各军种均依此对本军种作战计划进行细化。同时，美军通过联合训练进一步培塑联合文化、规范联合行为，让联合意识内化于心、外显于形 [67]。

因此，借鉴外军联合作战的有益经验，在保持军兵种文化特色的同时，应积极发挥联合作战文化的“软实力”对于联合作战能力生成的引领和支撑作用，注重依靠文化的引领推动，着力塑造联合作战的主流精神，树立牢固的联合制胜作战理念和价值观念，打破军种壁垒和思想观念障碍，消除军兵种文化隔阂，摒弃“军种黑”“兵种黑”的思维怪圈，形成强烈的联合意识、深厚的联合情感和高度的联合自觉，推动不同军兵种、不同领域的官兵融为一体，将共同的联合作战文化与价值观认同作为提升联合作战能力的重要途径。

第 6 章　防空作战空地协同基础模型

为实现联合防空指挥信息系统对空地协同行动的精确化、实时化和自主化管控，必须通过构建各种标准化数学模型，将空域、信息和火力协同规则模型化，并将数学模型转化为计算机代码嵌入到作战指控软件之中。模型化是实现基于联合防空作战指挥信息系统精准、高效运用的前提，对提高防空作战空地协同效能具有十分重要的作用。

6.1　空地协同基础模型概述

空地协同基础模型是空地协同思想、规则的量化反映，是协同方法的具体应用，在人 (协同行动的组织者与执行者)、机 (数据链系统) 之间搭建起一座可供交互的平台，通过 “人–机” 对话满足空地协同行动的需求。其编制与运用的一般程序：作战指挥人员根据空地协同行动需求，提出空地协同行动的控制准则、程序和方法等，并通过数学公式、判断流程和控制流程等方式进行规则表达，即建立作战数学模型、指控模型及参量数据库；工程技术人员依据这些模型针对不同的用户终端运用计算机语言编制成相应作战控制软件并嵌入到指控系统，使数据链系统及相应武器终端具备精确、实时、自主的空地协同支持能力。

空地协同基础模型包括空域规划计算模型、空地信息协同模型、火力协同运用模型和协同兵力自主嵌入/退出控制模型，涵盖从空域规划、空地信息协同到火力协同的若干方面。

6.2　地面防空空域规划计算模型

地面防空空域规划计算模型是地面防空力量组织战前空域静态划设和战中空域动态管理的基本计算模型，其作用是通过参数设置形成符合空地协同行动需求的立体作战空域，并在协同各方的显示终端以剖面图的形式显示。

6.2.1　地空导弹射击区计算模型

地空导弹射击区实质就是地空导弹发射区，当目标处于地空导弹射击区时发射导弹，导弹将与目标在地空导弹杀伤区遭遇。地空导弹射击区是在地空导弹杀伤区基础上，根据空中目标的飞行诸元计算出来的。因此，要得到地空导弹射击区计算模型，必须首先计算地空导弹杀伤区参数。

1. 地空导弹杀伤区参数计算

1) 杀伤区主要参数

杀伤区是地空导弹武器系统的固有属性，不同的武器系统具有不同的杀伤区形状和大小。地空导弹武器系统一旦定型，其杀伤区形状、大小就已确定，杀伤区是一个空间立体形状，通常在地面参数直角坐标系下进行描述。当用某一高度 H_{m} 的平行切面切割立体杀伤区时，就可以得到高度 H_{m} 的水平杀伤区；当用航路捷径 $P_{\mathrm{m}}=0$ 的垂直切面切割立体杀伤区时，就可以得到垂直杀伤区，地空导弹武器系统杀伤区参数是发射区计算的基础，如图 6.1 所示 [31]。

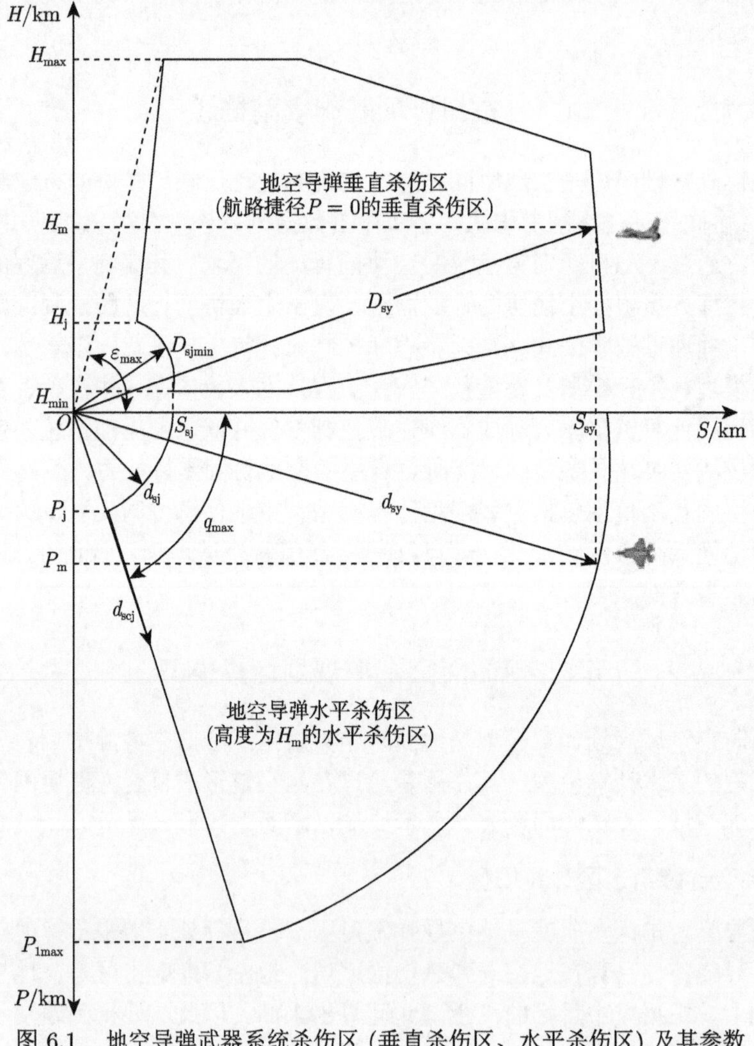

图 6.1　地空导弹武器系统杀伤区 (垂直杀伤区、水平杀伤区) 及其参数

描述地空导弹武器系统垂直杀伤区的主要参数有：

H_{max}——杀伤区最大高度，km；

H_{min}——杀伤区最小高度，km；

D_{sy}——给定高度 H_m 的杀伤区远界斜距，km；

D_{sj}——给定高度 H_m 的杀伤区近界斜距，km；

D_{sjmin}——杀伤区最小近界斜距，km；

ε_{max}——杀伤区最大高低角，°；

H_j——交界高度，是垂直杀伤区高近界与低近界交点对应的高度，km。

描述地空导弹武器系统水平杀伤区的主要参数有：

d_{sy}——给定高度 H_m 的杀伤区远界水平距离，km；

S_{sy}——杀伤区远界水平距离在 S 轴上的截距，km；

d_{sj}——给定高度 H_m 的杀伤区近界水平距离，km；

S_{sj}——杀伤区近界水平距离在 S 轴上的截距，km；

d_{scj}——给定目标高度 H_m 和航路捷径 P_m 的杀伤区侧近界水平距离，km；

q_{max}——杀伤区最大航路角，°；

P_{1max}——保证对目标发射一发导弹的杀伤区最大航路捷径，km；

P_j——交界航路捷径，是水平杀伤区近界与侧近界交点对应的航路捷径，km。

2) 杀伤区主要参数计算

计算杀伤区参数时，H_{max}、H_{min}、ε_{max}、q_{max} 和 D_{sjmin} 等参数可依据地空导弹武器系统性能指标得到。杀伤区远界水平距离 d_{sy} 可由地空导弹装备随机技术资料提供，其随目标高度 H_m 的变化通常可分为曲线和折线两种情形。

当杀伤区远界水平距离 d_{sy} 是一条随目标高度 H_m 变化的曲线时，其通用计算模型可表述为 [31]

$$d_{sy} = aH_m^2 + bH_m + c \tag{6.1}$$

式中　a、b、c——曲线的拟合系数。地空导弹型号不同，其系数也不相同。

当杀伤区远界水平距离 d_{sy} 是由若干条折线构成时，d_{sy} 通用计算模型则为一个随目标高度 H_m 变化的分段函数，其通用计算模型可表述为 [31]

$$d_{sy} = \begin{cases} b_1H_m + c_1 & (\text{当 } H_2 < H_m \leqslant H_{max}\text{时}) \\ b_2H_m + c_2 & (\text{当 } H_1 \leqslant H_m \leqslant H_2\text{时}) \\ b_3H_m + c_3 & (\text{当 } H_{min} \leqslant H_m < H_1\text{时}) \end{cases} \tag{6.2}$$

式中　H_1、H_2——远界折线拐点处所对应的高度值；

$b_1 \sim b_3$、$c_1 \sim c_3$——构成折线的各直线拟合系数。

杀伤区交界高度 $H_{\rm j}$ 和交界航路捷径 $P_{\rm j}$ 主要影响对杀伤区近界 (最小近界、高近界和侧近界) 的分区计算，其计算模型为

$$H_{\rm j} = D_{\rm sjmin} \sin \varepsilon_{\max} \tag{6.3}$$

$$P_{\rm j} = \begin{cases} \sqrt{D_{\rm sjmin}^2 - H_{\rm m}^2} \cdot \sin q_{\max} & (\text{当 } H_{\min} \leqslant H_{\rm m} \leqslant H_{\rm j}\text{时}) \\ H_{\rm m} \cot \varepsilon_{\max} \cdot \sin q_{\max} & (\text{当 } H_{\rm j} < H_{\rm m} \leqslant H_{\max}\text{时}) \end{cases} \tag{6.4}$$

在上述计算的基础上，杀伤区 $D_{\rm sy}$、$D_{\rm sj}$、$P_{1\max}$ 等主要参数的通用计算模型为 [31]

$$D_{\rm sy} = \sqrt{d_{\rm sy}^2 + H_{\rm m}^2} \tag{6.5}$$

$$D_{\rm sj} = \begin{cases} D_{\rm sjmin} & (H_{\min} \leqslant H_{\rm m} \leqslant H_{\rm j}, 0 \leqslant P_{\rm m} \leqslant P_{\rm j}) \\ H_{\rm m} / \sin \varepsilon_{\max} & (H_{\rm j} < H_{\rm m} \leqslant H_{\max}, 0 \leqslant P_{\rm m} \leqslant P_{\rm j}) \\ \sqrt{(P_{\rm m} / \sin q_{\max})^2 + H_{\rm m}^2} & (H_{\rm j} < H_{\rm m} \leqslant H_{\max}, P_{\rm j} < P_{\rm m} \leqslant P_{\max}) \end{cases} \tag{6.6}$$

$$P_{1\max} = d_{\rm sy} \sin q_{\max} \tag{6.7}$$

3) 目标飞行特性对杀伤区参数的影响

目标飞行特性通常用目标的飞行高度 ($H_{\rm m}$)、飞行速度 ($V_{\rm m}$) 和航路捷径 ($P_{\rm m}$) 进行描述。对于同一型地空导弹武器系统，当目标的飞行特性不同时，其杀伤区参数均会发生变化。图 6.2 为目标不同飞行特性下的垂直杀伤区和水平杀伤区特性示意图。

2. 地空导弹发射区参数计算

地空导弹射击区参数计算实质就是发射区参数计算，在考虑空域划设时参数主要包括发射区远界斜距 $D_{\rm fy}$ 和发射区近界斜距 $D_{\rm fj}$。

发射区参数计算的前提条件：已知目标飞行高度 $H_{\rm m}$、飞行速度 $V_{\rm m}$ 和航路捷径 $P_{\rm m}$，同时已计算出对该目标的杀伤区远界斜距 $D_{\rm sy}$ 和近界斜距 $D_{\rm sj}$。发射区参数可通过目标飞行诸元和杀伤区参数外推得到，发射区与杀伤区参数间的空间几何关系如图 6.3 所示。

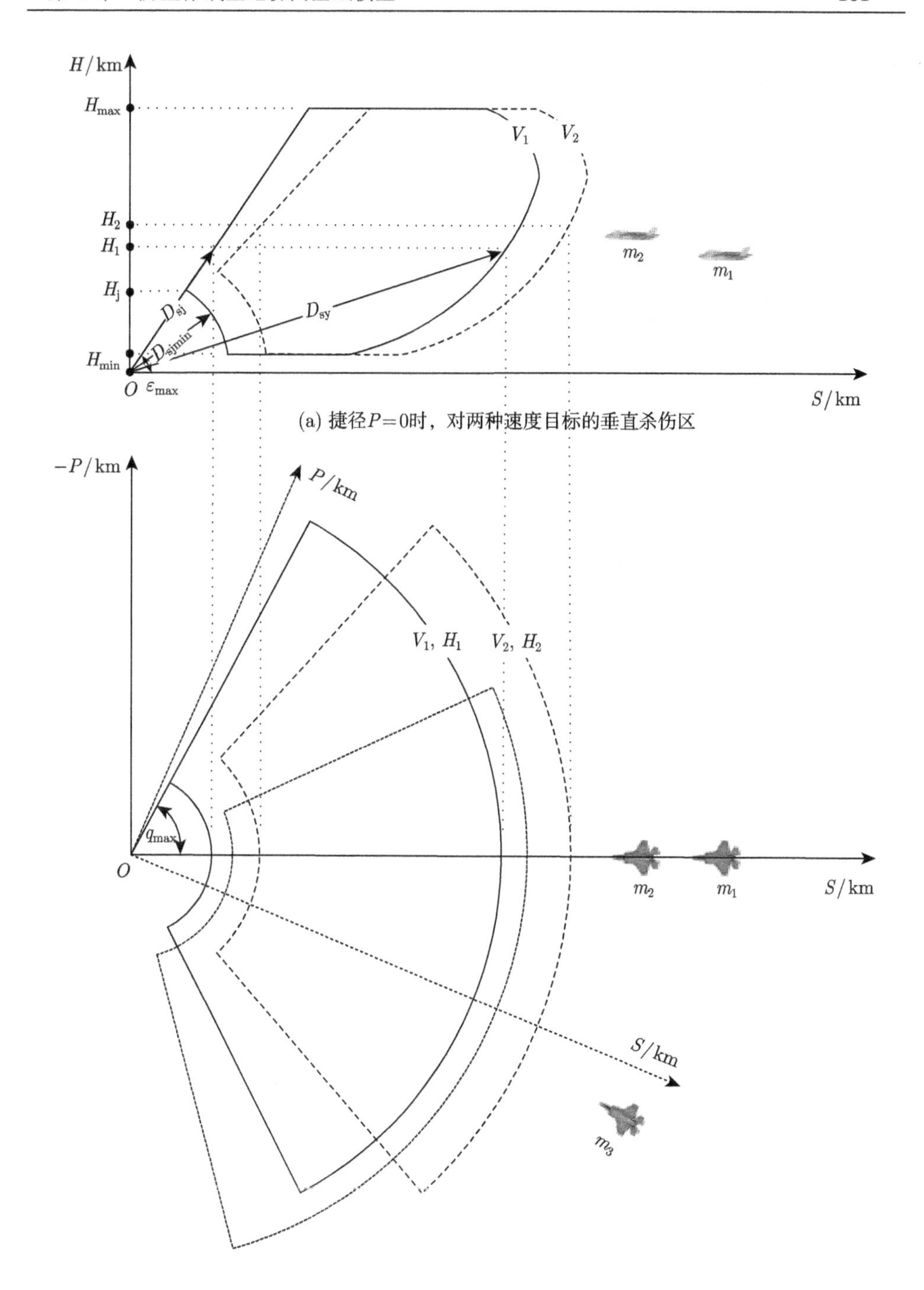

(a) 捷径$P=0$时，对两种速度目标的垂直杀伤区

(b) 对不同高度、不同速度、不同方向目标的水平杀伤区

图 6.2　目标不同飞行特性下的杀伤区特性示意图

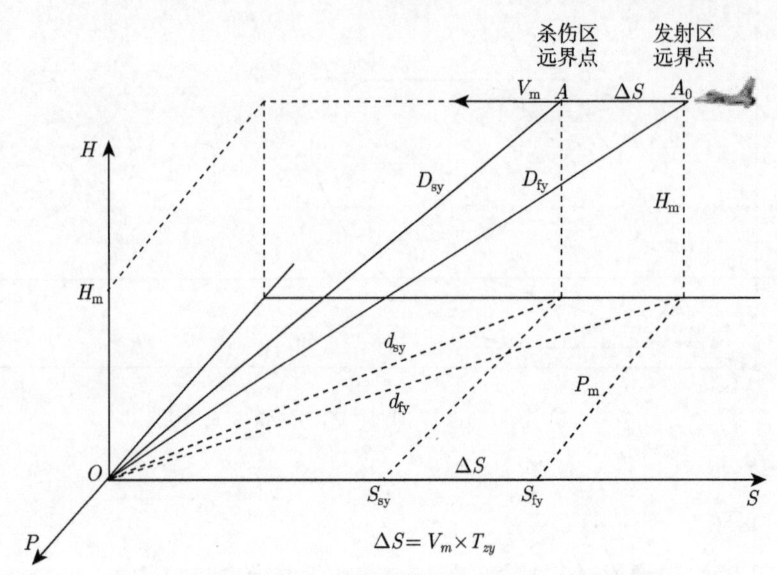

图 6.3　发射区与杀伤区参数间的空间几何关系示意图

这里以发射区远界斜距计算为例。在图 6.3 中，A_0 为地空导弹发射时的飞机位置点，A 为导弹与飞机遭遇时的位置点，显然飞机由 A_0 飞到 A 的时间等于导弹从发射点 O 飞至 A 点的时间。OA_0 为地空导弹发射区远界斜距 D_{fy}，OA 为地空导弹杀伤区远界斜距 D_{sy}。

根据图 6.3 中发射导弹时的飞机位置点 A_0 与遭遇点 A 的空间几何关系，可知

$$D_{\mathrm{fy}} = \sqrt{d_{\mathrm{fy}}^2 + H_{\mathrm{m}}^2} = \sqrt{S_{\mathrm{fy}}^2 + P_{\mathrm{m}}^2 + H_{\mathrm{m}}^2} \tag{6.8}$$

$$S_{\mathrm{fy}} = S_{\mathrm{sy}} + \Delta S = \sqrt{D_{\mathrm{sy}}^2 - H_{\mathrm{m}}^2 - P_{\mathrm{m}}^2} + \Delta S \tag{6.9}$$

$$\Delta S = V_{\mathrm{m}} \cdot t_{\mathrm{zy}} \tag{6.10}$$

将式 (6.10) 代入式 (6.9)，可得

$$S_{\mathrm{fy}} = \sqrt{D_{\mathrm{sy}}^2 - H_{\mathrm{m}}^2 - P_{\mathrm{m}}^2} + V_{\mathrm{m}} \cdot t_{\mathrm{zy}} \tag{6.11}$$

将式 (6.11) 代入式 (6.8) 并整理，可得到发射区远界斜距 D_{fy} 计算公式：

$$D_{\mathrm{fy}} = \sqrt{D_{\mathrm{sy}}^2 + (V_{\mathrm{m}} \cdot t_{\mathrm{zy}})^2 + 2V_{\mathrm{m}} \cdot t_{\mathrm{zy}} \cdot \sqrt{D_{\mathrm{sy}}^2 - H_{\mathrm{m}}^2 - P_{\mathrm{m}}^2}} \tag{6.12}$$

式中　t_{zy}——地空导弹从发射至杀伤区远界遭遇点的飞行时间，s。

同理，可得到发射区近界斜距 D_{fj} 计算公式：

$$D_{\mathrm{fj}}=\sqrt{D_{\mathrm{sj}}^2+(V_{\mathrm{m}}\cdot t_{\mathrm{zj}})^2+2V_{\mathrm{m}}\cdot t_{\mathrm{zj}}\sqrt{D_{\mathrm{sj}}^2-H_{\mathrm{m}}^2-P_{\mathrm{m}}^2}} \tag{6.13}$$

式中　t_{zj}——地空导弹从发射至杀伤区近界遭遇点的飞行时间，s。

导弹从发射至遭遇点的飞行时间 t_{z} 是一个以弹目遭遇距离 D_{z} 为变量的函数，遭遇距离越远，t_{z} 就越大。对于不同型号的地空导弹武器系统，由于导弹飞行速度和飞行弹道均不同，导弹飞到同一遭遇距离的时间也不相同，t_{z} 函数也就各不相同。以 D_{z} 为自变量的 t_{z} 函数表达式通常有以下三种：

$$t_{\mathrm{z}}=aD_{\mathrm{z}}^2+bD_{\mathrm{z}}+c \tag{6.14}$$

$$t_{\mathrm{z}}=aD_{\mathrm{z}}+b \tag{6.15}$$

$$t_{\mathrm{z}}=D_{\mathrm{z}}/(a+bD_{\mathrm{z}}) \tag{6.16}$$

式中　D_{z}——导弹与目标遭遇时的斜距离，km；

a、b、c——拟合系数。地空导弹型号不同，其系数也不相同。

当需要计算导弹从发射点到杀伤区远界点的飞行时间 t_{zy} 时，上述公式中 D_{z} 就等于杀伤区远界斜距 D_{sy}。同样，当需要计算飞至杀伤区近界点时间 t_{zj} 时，D_{z} 就等于杀伤区近界斜距 D_{sj}。

6.2.2　地空自由射击区计算模型

地空自由射击区是地空导弹的一个独立抗击区，能够提高作战反应时效，最大程度地发挥地空导弹武器系统的作战效能，但同时也限制了己方航空兵的空域使用。地空自由射击区是在地空导弹武器系统杀伤区的基础上，根据空地协同的具体需要进行划设，地空自由射击区划设可分为只规定高度、只规定斜距和将杀伤区全部设为自由射击区三种模式，如图 6.4 所示。

(1) 只规定高度。通过划定地空自由射击区的高界 H_{fmax} 来明确地空自由射击区的范围，高界 H_{fmax} 以下的杀伤空域为地空自由射击区，见图 6.4(a)。一旦我机进入地空自由射击区外设置的预警缓冲区时，应及时对我机和地面防空火力进行预警提示。预警提示模型为

$$\text{连续告警区间：} H_{\mathrm{fmax}}<H_{\mathrm{m}}<H_{\mathrm{fmax}}+\Delta H_{\mathrm{b}} \tag{6.17}$$

式中　H_{fmax}——地空自由射击区的规定高界，km；

H_{m}——目标飞行高度，km；

ΔH_{b}——预警缓冲区高度，km。

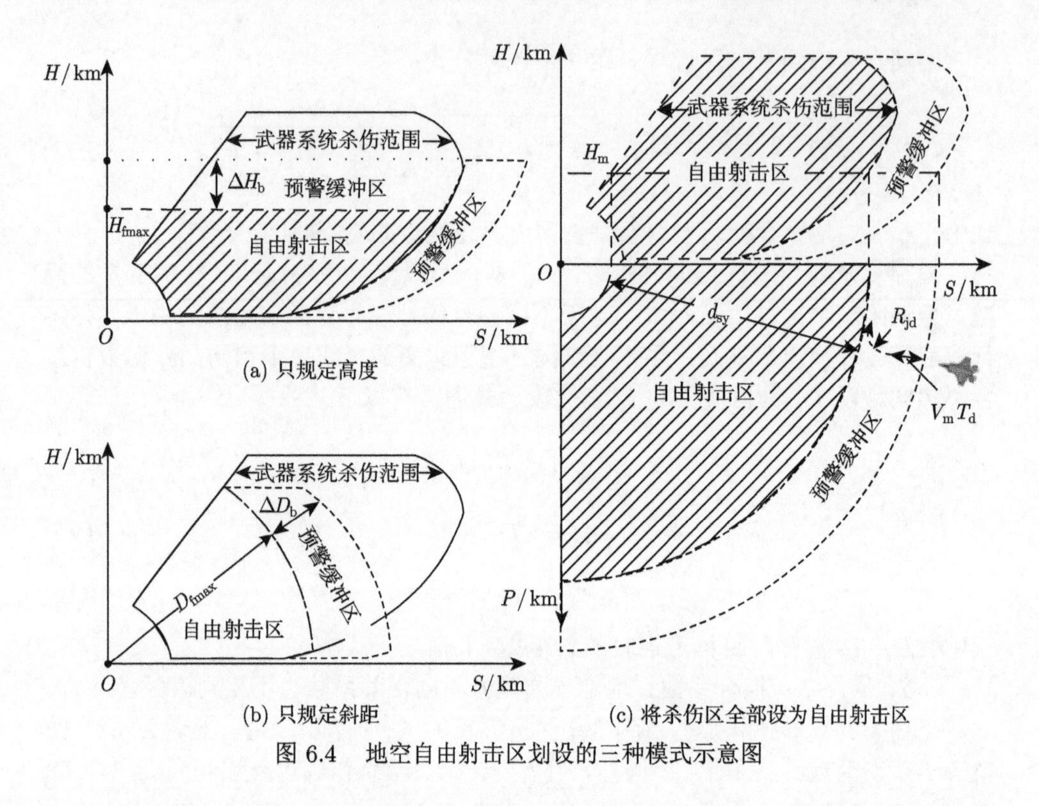

(a) 只规定高度

(b) 只规定斜距

(c) 将杀伤区全部设为自由射击区

图 6.4　地空自由射击区划设的三种模式示意图

(2) 只规定斜距。通过划定地空自由射击区的斜距离 D_{fmax} 来明确地空自由射击区的范围，在 D_{fmax} 距离以内的空域为地空自由射击区，见图 6.4(b)。预警提示模型为

$$\text{连续预警区间：} D_{\mathrm{fmax}} < D_{\mathrm{m}} < D_{\mathrm{fmax}} + \Delta D_{\mathrm{b}} \tag{6.18}$$

式中　D_{fmax}——地空自由射击区的规定斜距离，km；

D_{m}——目标斜距离，km；

ΔD_{b}——预警缓冲斜距，km。

规定地空自由射击区斜距的方法也可与规定地空自由射击区高度的方法结合使用，以增加地空自由射击区应用的灵活性。

(3) 将杀伤区全部设为自由射击区。此模式能够最大程度地释放地空导弹火力，见图 6.4(c)。其预警提示模型为

$$\text{当 } d_{\mathrm{sy}} + R_{\mathrm{jd}} < D_{\mathrm{m}} < d_{\mathrm{sy}} + R_{\mathrm{jd}} + V_{\mathrm{m}} T_{\mathrm{d}} \text{ 时，断续报警} \tag{6.19}$$

$$\text{当 } d_{\mathrm{sy}} < D_{\mathrm{m}} < d_{\mathrm{sy}} + R_{\mathrm{jd}} \text{ 时，连续报警} \tag{6.20}$$

式中　D_{m}——目标斜距离，km；

d_{sy}——给定高度 H_m 的杀伤区远界水平距离，km；

R_{jd}——目标机动退出时的转弯半径，km；

V_m——目标飞行速度，km/s；

T_d——地空导弹对我机的识别反应时间，s。

6.2.3 弹炮末端防御区计算模型

弹炮末端防御区，是近程地空导弹武器系统、高射炮等对保卫要地的末端对空防御区。通常以保卫要地为中心，以近程地空导弹防御区、高射炮有效射击区所构成的防空火力远界为边界进行设置。其中，近程地空导弹防御区的计算模型同地空导弹射击区。高射炮有效射击区见图 6.5。

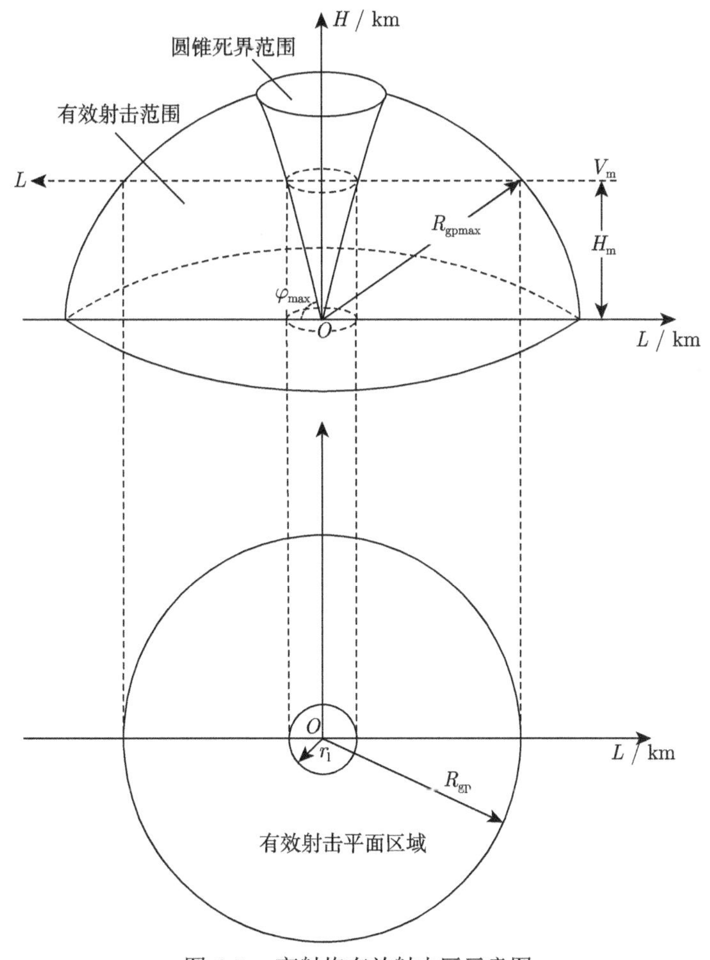

图 6.5　高射炮有效射击区示意图

高射炮有效射击区，是高射炮有效射击边界与最小射击边界间的空域，其有效射击边界的大小主要由最大有效射击距离 R_{gpmax} 来体现。高射炮有效射击区的范围主要受到以下因素影响：

(1) 有效射击半径。当目标在某一高度 H_{m} 飞行时，通过目标航路作一个水平面来横切有效射击范围，所得出的圆截面是有效射击平面区域，圆截面半径是有效射击半径 R_{gp}。目标高度 H_{m} 越高，有效射击平面区域越小，有效射击半径 R_{gp} 就越小，且 $R_{\mathrm{gp}}=\sqrt{R_{\mathrm{gpmax}}^2-H_{\mathrm{m}}^2}$。

(2) 死界范围。高射炮受设备构造限制无法实施射击的空域称为死界范围，主要有圆锥死界范围和瞄准死界范围两种类型。

圆锥死界范围，是由于高射炮最大射角限制所形成的位于顶部的圆锥形无法射击区域，通常用目标在高度 H_{m} 上的圆锥死界半径 r_1 来表示，由图 6.5 可知 $r_1=H_{\mathrm{m}}\tan(90^\circ-\varphi_{\max})$，其中 $\varphi_{\max}$ 为高射炮的最大射角，r_1 值随着目标高度 H_{m} 的增大而增大。

瞄准死界范围，是指当目标角速度大于高射炮、指挥仪或炮瞄雷达的最大跟踪角速度时，会在目标接近阵地的上空产生一个无法跟踪瞄准的射击区域。当采用雷达诸元射击时，雷达最大方向瞄准死界的水平距离就成为高射炮的瞄准最大死界半径 r_2，通常可按照经验公式 $r_2=aV_{\mathrm{m}}$ 计算，其中 a 为固定参数，取值与具体装备有关，V_{m} 为目标飞行速度，r_2 随目标速度的增大而增大。

因此，高射炮射击死界范围半径 $r_{\mathrm{gp}}=\max(r_1,r_2)$。

根据以上因素，可得高射炮有效射击区的计算模型为

$$R_{\mathrm{gp}}=\sqrt{R_{\mathrm{gpmax}}^2-H_{\mathrm{m}}^2} \tag{6.21}$$

$$r_1=H_{\mathrm{m}}\tan(90^\circ-\varphi_{\max}) \tag{6.22}$$

$$r_2=aV_{\mathrm{m}} \tag{6.23}$$

$$r_{\mathrm{gp}}=\max(r_1,r_2) \tag{6.24}$$

式中 R_{gp}——高射炮有效射击半径，km；

R_{gpmax}——高射炮最大有效射击距离，km；

H_{m}——目标飞行高度，km；

r_{gp}——高射炮射击死界半径，km；

r_1——高射炮圆锥死界半径，km；

r_2——高射炮瞄准死界半径，km；

a——固定参数，s，其取值大小与高射炮型号有关；

V_{m}——目标飞行速度，km/s；

$\varphi_{\max}$——高射炮允许最大射角，°。

6.2.4 地空电子对抗区计算模型

地空电子对抗区是地面干扰站对空中飞机电子设备实施电子压制的一个区域，地对空雷达干扰压制敌机载雷达是地空电子对抗区的典型用例。地对空雷达干扰站发射的干扰功率、配置位置不同，所形成的有效干扰区也不同。为确保保卫目标不被敌机载雷达探测定位，应依据地空干扰站、机载雷达和被保卫目标之间的空间能量关系，推算地对空雷达干扰站对敌机载雷达的电子压制能力[68]。

由雷达方程可得，机载雷达接收的探测目标回波信号功率 P_{rs} 为

$$P_{\mathrm{rs}}=\frac{P_{\mathrm{t}}G_{\mathrm{t}}^{2}\lambda^{2}\sigma}{(4\pi)^{3}R_{\mathrm{t}}^{4}} \tag{6.25}$$

式中 P_{t}——机载雷达发射功率，W；

G_{t}——机载雷达天线主瓣增益，dB；

λ——雷达信号波长，m；

σ——保卫目标的雷达反射截面积，m^2；

R_{t}——敌机 (机载雷达) 至保卫目标的距离，km；

由二次雷达方程可得，进入到机载雷达接收机输入端的地对空干扰信号功率 P_{rj} 为

$$P_{\mathrm{rj}}=\frac{P_{\mathrm{j}}G_{\mathrm{j}}'(\varphi)G_{\mathrm{t}}'(\theta)\lambda^{2}\gamma_{\mathrm{j}}\Delta f_{\mathrm{r}}}{(4\pi)^{2}R_{\mathrm{j}}^{2}\Delta f_{\mathrm{j}}} \tag{6.26}$$

式中 P_{j}——地对空干扰机发射功率，W；

$G_{\mathrm{j}}'(\varphi)$——地对空干扰机天线在机载雷达方向上的增益，dB，φ 是干扰机对机载雷达定位的误差角，现代干扰机对雷达定位的误差角很小，通常小于干扰机波瓣宽度 $\varphi_{0.5}$ 的一半，此时 $G_{\mathrm{j}}'(\varphi)=G_{\mathrm{j}}\,(0\leqslant|\varphi|\leqslant\varphi_{0.5}/2)$；

$G_{\mathrm{t}}'(\theta)$——机载雷达天线在地对空干扰机方向上的增益，dB，θ 是机载雷达分别到保卫目标和地空干扰机连线的张角；

λ——机载雷达信号波长，m；

γ_{j}——干扰信号对机载雷达天线的极化损失，当采用圆极化时，取 $\gamma_{\mathrm{j}}=0.5$；

R_{j}——地对空干扰机到机载雷达的距离，km；

Δf_{r}——机载雷达接收机带宽，MHz；

$\Delta f_{\rm j}$——地对空干扰机信号带宽，MHz。

通常，当机载雷达发现目标的概率 $P_{\rm d}$ 降到 0.1 以下时，雷达接收机天线输入端外的干扰信号功率 $P_{\rm rj}$ 与目标回波信号功率 $P_{\rm rs}$ 之比，为该干扰信号的端外压制系数，记为 $K_{\rm j}$。此时机载雷达由于受到地对空干扰而不能发现目标 ($P_{\rm d} \leqslant 0.1$) 的空间区域称为干扰压制区，其应满足

$$\frac{P_{\rm rj}}{P_{\rm rs}} = \frac{4\pi\gamma_{\rm j}}{\sigma} \cdot \frac{P_{\rm j}G_{\rm j}}{P_{\rm t}G_{\rm t}} \cdot \frac{G'_{\rm t}(\theta)}{G_{\rm t}} \cdot \frac{R_{\rm t}^4}{R_{\rm j}^2} \cdot \frac{\Delta f_{\rm r}}{\Delta f_{\rm j}} \geqslant K_{\rm j} \tag{6.27}$$

当机载雷达受到干扰仍能发现目标 ($P_{\rm d} > 0.1$) 的空间区域称为干扰暴露区，其应满足

$$\frac{P_{\rm rj}}{P_{\rm rs}} = \frac{4\pi\gamma_{\rm j}}{\sigma} \cdot \frac{P_{\rm j}G_{\rm j}}{P_{\rm t}G_{\rm t}} \cdot \frac{G'_{\rm t}(\theta)}{G_{\rm t}} \cdot \frac{R_{\rm t}^4}{R_{\rm j}^2} \cdot \frac{\Delta f_{\rm r}}{\Delta f_{\rm j}} < K_{\rm j} \tag{6.28}$$

机载雷达探测目标时通常要将雷达天线主瓣的法相方向对准目标，干扰站为了压制机载雷达也应将干扰天线主瓣的法相方向对准雷达。地空干扰站通常与保卫目标不配置在一处 (自卫干扰除外)，为此一般干扰信号从敌机载雷达天线的旁瓣进入，地空干扰站、保卫目标、敌机载雷达的地面投影关系如图 6.6 所示。图中，O 为保卫目标中心，$r_{\rm c}$ 为保卫目标区域的半径，M' 为敌机在地面的投影位置点，J 为地空干扰站位置，$d_{\rm j}$ 为地空干扰站距保卫目标中心的水平距离，$D_{\rm t}$ 为敌机载雷达发现该保卫目标的水平距离，$D_{\rm j}$ 为地空干扰站到敌机载雷达的水平距离。

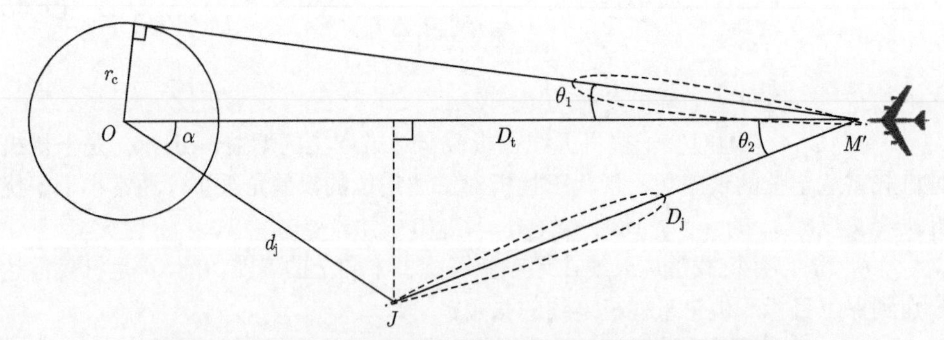

图 6.6　地空干扰站掩护保卫目标与敌机载雷达的地面投影关系

为了能够有效地压制敌机载雷达使其无法探测要攻击的保卫目标，应在机载雷达天线指向保卫目标边缘时就成功压制其工作，此时敌机载雷达天线主瓣方向

偏离地空干扰站天线主瓣方向的角度 $\theta_{\rm j}=\theta_1+\theta_2$，其中 θ_1、θ_2 可分别由图 6.6 求得，即

$$\theta_1=\arcsin\frac{r_{\rm c}}{D_{\rm t}} \tag{6.29}$$

$$\theta_2=\arcsin\frac{d_{\rm j}\sin\alpha}{\sqrt{D_{\rm t}^2+d_{\rm j}^2-2D_{\rm t}d_{\rm j}\cos\alpha}} \tag{6.30}$$

建立以保卫目标中心 O 为极点，保卫目标中心指向地空干扰站方向 OJ 为极轴的极坐标系，见图 6.7。图中，M 为敌机位置，M' 为敌机在地面的投影点，H 为敌机的高度，J 为地空干扰站的位置，$d_{\rm j}$ 为地空干扰站距保卫目标中心的水平距离。

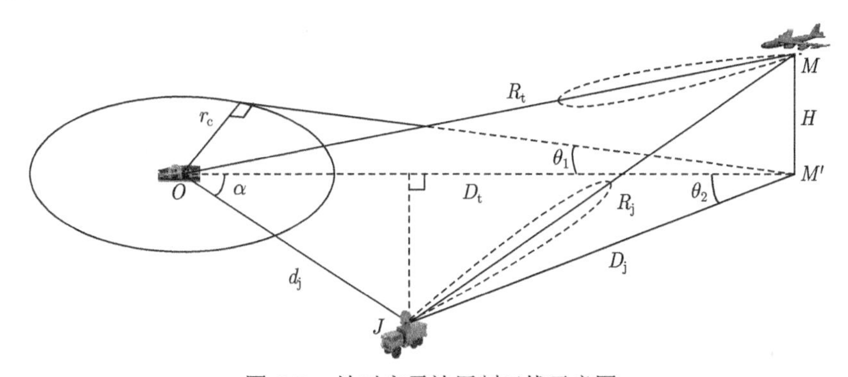

图 6.7　地对空雷达压制干扰示意图

设 $D_{\rm t}$ 是 α 极角上保卫目标中心相对于敌机载雷达在水平面上干扰压制区边界的水平距离，则根据式 (6.27)，$(\alpha,D_{\rm t})$ 应满足极坐标方程

$$\frac{4\pi\gamma_{\rm j}}{\sigma}\cdot\frac{P_{\rm j}G_{\rm j}}{P_{\rm t}G_{\rm t}}\cdot\frac{G_{\rm t}'(\theta)}{G_{\rm t}}\cdot\frac{R_{\rm t}^4}{R_{\rm j}^2}\cdot\frac{\Delta f_{\rm r}}{\Delta f_{\rm j}}\geqslant K_{\rm j} \tag{6.31}$$

式中　$G_{\rm t}'(\theta)$ 可以根据 $G_{\rm t}(\theta)$ 雷达天线水平方向图简化模型计算得到：

$$G_{\rm t}(\theta)=\begin{cases}G_{\rm t} & \left(0\leqslant|\theta|\leqslant\dfrac{\theta_{0.5}}{2}\right)\\[2ex] q\left(\dfrac{\theta_{0.5}}{\theta}\right)^2\cdot G_{\rm t} & \left(\dfrac{\theta_{0.5}}{2}<|\theta|\leqslant 90^\circ\right)\\[2ex] q\left(\dfrac{\theta_{0.5}}{90^\circ}\right)^2\cdot G_{\rm t} & (90^\circ<|\theta|\leqslant 180^\circ)\end{cases} \tag{6.32}$$

式中 $G_{\mathrm{t}}(\theta)$——雷达天线在 θ 方向上的增益，dB；

$\theta_{0.5}$——雷达水平方向半功率波瓣宽度，°；

θ——雷达至目标连线与雷达至干扰机连线之间的夹角，°；

G_{t}——雷达天线水平方向最大增益，dB；

q——常数，取 0.04~0.10，对高增益方向性强的天线取大值，对低增益波束较宽的天线取小值。

一般情况下，$\theta_1+\theta_2\in\left(\dfrac{\theta_{0.5}}{2},90^\circ\right)$，则有

$$\frac{4\pi\gamma_{\mathrm{j}}}{\sigma}\cdot\frac{P_{\mathrm{j}}G_{\mathrm{j}}}{P_{\mathrm{t}}G_{\mathrm{t}}}\cdot\frac{q\left(\dfrac{\theta_{0.5}}{\theta_1+\theta_2}\right)^2\cdot G_{\mathrm{t}}}{G_{\mathrm{t}}}\cdot\frac{R_{\mathrm{t}}^4}{R_{\mathrm{j}}^2}\cdot\frac{\Delta f_{\mathrm{r}}}{\Delta f_{\mathrm{j}}}\geqslant K_{\mathrm{j}}$$

$$\frac{4\pi\gamma_{\mathrm{j}}}{\sigma}\cdot\frac{P_{\mathrm{j}}G_{\mathrm{j}}}{P_{\mathrm{t}}G_{\mathrm{t}}}\cdot\frac{q\theta_{0.5}^2}{(\theta_1+\theta_2)^2}\cdot\frac{R_{\mathrm{t}}^4}{R_{\mathrm{j}}^2}\cdot\frac{\Delta f_{\mathrm{r}}}{\Delta f_{\mathrm{j}}}\geqslant K_{\mathrm{j}}$$

令常数 $A=\dfrac{4\pi\gamma_{\mathrm{j}}}{\sigma}\cdot\dfrac{P_{\mathrm{j}}G_{\mathrm{j}}}{P_{\mathrm{t}}G_{\mathrm{t}}}\cdot\dfrac{\Delta f_{\mathrm{r}}}{\Delta f_{\mathrm{j}}}\cdot\dfrac{q\theta_{0.5}^2}{K_{\mathrm{j}}}$，则干扰压制区边界 $f(\alpha,D_{\mathrm{t}})$ 满足

$$\begin{aligned}f(\alpha,D_{\mathrm{t}})&\approx(\theta_1+\theta_2)^2\cdot\frac{R_{\mathrm{j}}^2}{R_{\mathrm{t}}^4}\\&=\left(\arcsin\frac{r_{\mathrm{c}}}{D_{\mathrm{t}}}+\arcsin\frac{d_{\mathrm{j}}\sin\alpha}{\sqrt{D_{\mathrm{t}}^2+d_{\mathrm{j}}^2-2D_{\mathrm{t}}d_{\mathrm{j}}\cos\alpha}}\right)^2\cdot\\&\quad\frac{H^2+\left(D_{\mathrm{t}}^2+d_{\mathrm{j}}^2-2D_{\mathrm{t}}d_{\mathrm{j}}\cos\alpha\right)}{\left(D_{\mathrm{t}}^2+H^2\right)^2}\end{aligned}\tag{6.33}$$

建立以目标中心为极点的坐标系，按照一定步长取 α 的值，代入式 (6.32) 可算得一系列 $G_{\mathrm{t}}(\alpha)$ 的值，经过拟合可得到关于极轴对称的“8”字形曲线即干扰压制区边界线，如图 6.8 所示。斜线区域内是干扰暴露区，敌机载雷达在此区域内即使受到地空干扰站的干扰，也能够发现要攻击的保卫目标；干扰暴露区外是干扰压制区，当敌机在此区域时，机载雷达无法探测要攻击的保卫目标。

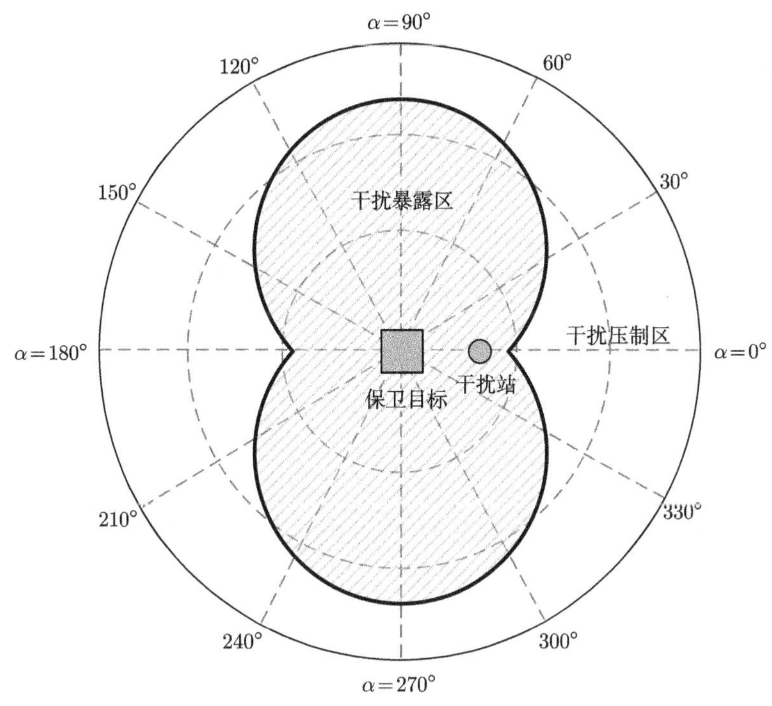

图 6.8　地对空干扰压制区和干扰暴露区示意图

6.2.5　地空预警监视区计算模型

地空预警监视区主要以地空预警监视雷达的实际最大探测距离为基本依据进行划设。地空预警监视雷达的实际最大探测距离是由受地球曲率影响的雷达极限直视距离 D_{ts}(考虑大气层对电磁波的折射作用)、对某一特定雷达反射截面积目标的探测距离 D_{m} 和受阵地遮蔽角影响的雷达通视距离 D_{zb} 三个距离中的最小值决定。

地空预警监视雷达的实际最大探测距离计算模型为

$$D_{\mathrm{ts}}=4.12\left(\sqrt{h_{\mathrm{ld}}}+\sqrt{H_{\mathrm{m}}}\right) \tag{6.34}$$

$$D_{\mathrm{m}}=D_{0\max}\sqrt[4]{\sigma_{\mathrm{m}}/\sigma_0} \tag{6.35}$$

$$D_{\mathrm{zb}}=\sqrt{\left(R_0\sin\alpha\right)^2+2R_0H_{\mathrm{m}}}-R_0\sin\alpha \tag{6.36}$$

$$D_{\max}=\min\left(D_{\mathrm{ts}},D_{\mathrm{m}},D_{\mathrm{zb}}\right) \tag{6.37}$$

式中　$D_{\max}$——地空预警监视雷达的实际最大探测距离，km；

D_{ts}——受地球曲率影响的雷达极限直视距离 (考虑大气层对电磁波的折射作用)，km；

D_{m}——对雷达反射截面积 σ_{m} 目标的探测距离，km；

D_{zb}——受阵地遮蔽角影响的雷达通视距离，km；

h_{ld}——雷达阵地的天线高度，m；

H_{m}——目标相对雷达阵地的飞行高度，m；

$D_{0\max}$——雷达对反射截面积 σ_0 目标的最大探测距离，km；

σ_{m}——目标雷达反射截面积，m^2；

σ_0——典型目标雷达反射截面积，m^2；

α——雷达阵地的遮蔽角，°；

R_0——地球等效半径，约为 8490km。

6.3 联合防空空域规划计算模型

联合防空空域规划计算模型是实施战前空域静态划设和战中空域动态管理的基本计算模型，主要包括防空识别区计算模型、协同交战区计算模型和空域协调区计算模型。

6.3.1 防空识别区计算模型

防空作战时的防空识别区多为战时防空识别区，通常可用最远边界线、最近边界线进行区域大小的描述。为保证对进入防空识别区的航空器能够进行全程监视、及时查证和有效管制，战时防空识别区最远边界线应不大于预警雷达的最大有效监视距离，最近边界线通常应不小于地空导弹武器系统的最大射程。

战时防空识别区是一个相对动态的区域，其最远边界线、最近边界线大小具体受到以下因素的影响：

(1) 预警雷达最大有效探测距离 ($R_{\mathrm{L\,max}}$，km)。如果没有对防空识别区的有效预警和监视，防空识别区的划设就没有实际意义。预警雷达最大有效探测距离是防空识别区的理论最远边界线，实际划设时可综合战场环境适当压缩。

(2) 防空识别区系统查证时间 (T_{IDE}，s)。防空识别区系统查证时间是由预警识别查证时间 (T_{L}，s)、航空兵识别查证时间 (T_{h}，s) 和地空导弹兵识别查证时间 (T_{d}，s) 综合确定。

预警识别查证时间是防空识别区预警监视系统发现、跟踪、识别进入防空识别区目标属性所需时间，与预警监视系统所采用的识别方式和目标数据率有关。当采取雷达敌我识别器进行识别时，反应时间受识别询问周期与识别概率/次数制约。当采取空地数据链识别时，反应时间受整个数据链网的反应时间制约。

航空兵识别查证时间是指航空兵从接到飞机起飞指令开始到完成对进入防空识别区飞行器抵近查证、识别所需的最长时间。

地空导弹兵识别查证时间是指地空导弹兵从接到识别查证指令开始到完成对飞行器雷达敌我识别器识别所需的最长时间。

防空识别区系统查证时间 T_{IDE} 的计算公式为

$$T_{\mathrm{IDE}} = T_{\mathrm{L}} + \max\left(T_{\mathrm{h}}, T_{\mathrm{d}}\right) \tag{6.38}$$

(3) 地空导弹射击区远界水平距离 (d_{fy}，km)。地空导弹射击区远界实质是地空导弹武器系统发射区远界，其大小是决定防空识别区最近边界线距离的主要因素之一。

(4) 空中目标飞行参数。空中目标飞行参数主要是进入防空识别区目标的飞行速度、飞行高度和机动转弯半径。

目标飞行速度 (V_{m}，km/s)。当时间一定时，目标飞行器的速度越快，识别区的纵深需要就越大，则最远、最近边界线就越远。

目标飞行高度 (H_{m}，km)。目标飞行高度不同，则地空导弹武器系统发射区的远界大小则不同。

目标机动转弯半径 (R_{jd}，km)。R_{jd} 是当目标飞行器机动退出时，飞行器的最小转弯半径。

假设进入防空识别区的空中目标临近直线飞行，防空识别区的最近边界线应当是地空导弹射击区远界外推一个地空导弹武器系统反应时间所对应的目标飞行距离和目标退出半径 ($V_{\mathrm{m}}T_{\mathrm{IDE}} + R_{\mathrm{jd}}$)，如图 6.9 所示。

防空识别区最远边界线距离 $R_{\mathrm{IDE\_max}}$ 和最近边界线距离 $R_{\mathrm{IDE\_min}}$ 计算模型为

$$R_{\mathrm{IDE\_max}} = R_{\mathrm{Lmax}} \tag{6.39}$$

$$R_{\mathrm{IDE\_min}} = D_{\mathrm{IDEJ}} \tag{6.40}$$

$$d_{\mathrm{IDEJ}} = d_{\mathrm{fy}} + V_{\mathrm{m}}T_{\mathrm{IDE}} + R_{\mathrm{jd}} \tag{6.41}$$

$$D_{\mathrm{IDEJ}} = \sqrt{d_{\mathrm{IDEJ}}^2 + H_{\mathrm{m}}^2} = \sqrt{\left(d_{\mathrm{fy}} + V_{\mathrm{m}}T_{\mathrm{IDE}} + R_{\mathrm{jd}}\right)^2 + H_{\mathrm{m}}^2} \tag{6.42}$$

式中　$D_{\mathrm{IDE\_max}}$——防空识别区最远边界线距离，km(实际确定时，可根据战场环境适当压缩)；

$D_{\mathrm{IDE\_min}}$——防空识别区最近边界线斜距离，km(实际确定时，可根据战场环境适当延伸)；

R_{Lmax}——预警雷达最大有效探测距离，km；

d_{IDEJ}——确保地空导弹武器系统远界拦截目标的最近水平距离，km；

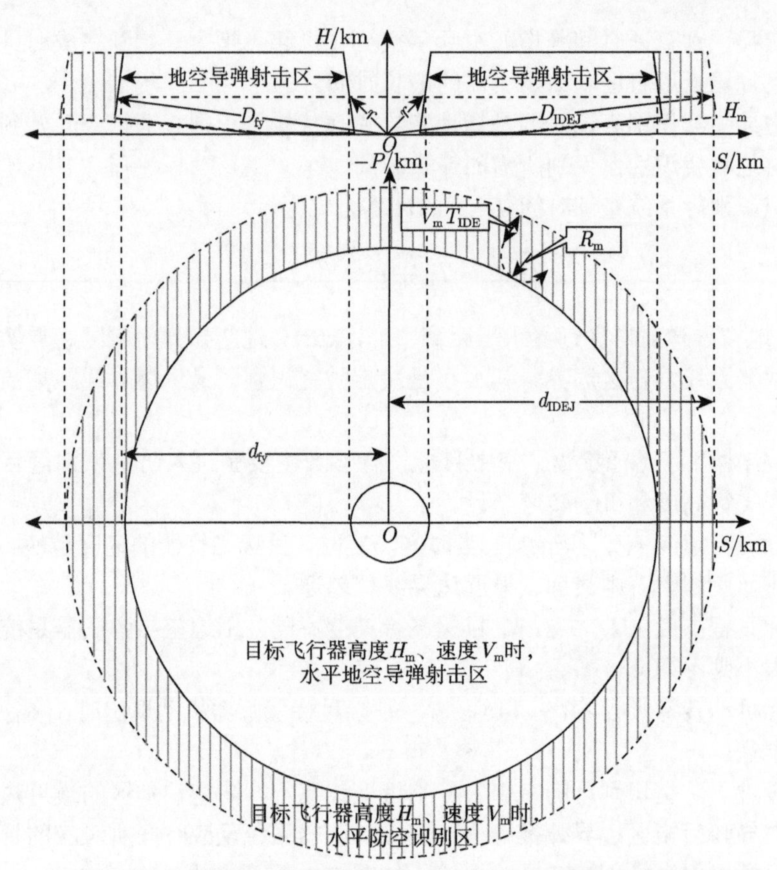

图 6.9　地空导弹射击区远界所对应的防空识别区最近边界线剖面图

D_{IDEJ}——确保地空导弹武器系统远界拦截目标的最近斜距离，km；

d_{fy}——地空导弹射击区远界水平距离，km；

T_{IDE}——防空识别区系统查证时间，s；

V_{m}——目标飞行高度，km；

R_{jd}——目标机动转弯半径，km；

H_{m}——目标飞行高度，km。

6.3.2　协同交战区计算模型

协同交战区是地空导弹射击区和空中自由交战区的交叉重叠空域，是地空导弹兵和己方航空兵的协同抗击区域，又称为地空导弹限制射击区。其建立的前提条件是地空导弹武器系统对协同交战区内的目标具备射击能力，故参与协同交战区划设的地空导弹武器系统通常为中远程武器系统。为确保空地高效协同，地空导弹武器系统通常只对进入其射击区的目标实施攻击，而对射击区外的目标不予抗击。因此，地空导弹武器系统射击区是划设协同交战区的基本依据。

根据作战任务和战场环境需要，协同交战区可以是地空导弹射击区的全部，也可以是其中的部分空域，下面分别讨论两种情况下协同交战区的计算模型。

1. 全部地空导弹射击区作为协同交战区的计算模型

当全部射击区作为协同交战区时，协同交战区的计算等同于地空导弹射击区(发射区) 的计算，但由于空域功能和应用途径不同，协同交战区的合成规则和形状又与地空导弹射击区有所区别。根据地空导弹射击区的计算原理，协同交战区的计算可按以下步骤进行。

步骤 1：确定目标的飞行特性。

目标飞行特性是时间变量函数 $F\left[H_{\mathrm{m}}(t), V_{\mathrm{m}}(t), P_{\mathrm{m}}(t)\right]$，当目标机动飞行时，目标飞行特性函数 $F(t)$ 随时间不断变化，相应的地空导弹射击区也不断变化。但就某一时刻 $t=t_0$ 而言，目标的高度、速度和航路捷径是确定的，即 $F(t_0)$ 为一定值，该时刻对应的地空导弹射击区也是确定的，即按此时的目标飞行特性参数 $H_{\mathrm{m}}(t_0)$、$V_{\mathrm{m}}(t_0)$、$P_{\mathrm{m}}(t_0)$ 等速平直飞行所对应的发射区。

步骤 2：计算射击区参数。

从地空导弹兵与航空兵协同作战的角度出发，协同交战区需要明确的地空导弹射击区参数主要包括：发射区远界斜距 (D_{fy})，发射区近界斜距 (D_{fj})，发射区远界水平距离 (d_{fy}) 和发射区近界水平距离 (d_{fj}) 等，如图 6.10 所示。具体计算模型可参照 6.2.1 小节地空导弹射击区计算模型。

步骤 3：合成协同交战区的水平空域图。

协同交战区是歼击航空兵与中、远程地空导弹部队共同作战的空域，应时刻掌握该区域地空导弹武器系统的最大射击范围，以便地空导弹部队适时组织目标识别以及航空兵适时采取空地协调行动。协同交战区及其参数具有以下特点。

(1) 协同交战区显示只需要水平范围参数。实时的综合空情和敌我态势通常是以“平显”的形式显示，作战飞机与地面防空武器的相对位置是地面水平投影的相对位置，其是否进入协同交战区只要与目标所在高度的协同交战区剖面相比较即可，即地空导弹发射区远界、近界水平距离是构建协同交战区的重要参数。

(2) 协同交战区水平剖面边界是一个封闭的圆弧。由于歼击航空兵是根据作战任务来选择作战空域，其相对于单个地空导弹武器系统而言，在没有明确主要协同方向的情况下，各个方向均有可能成为协同交战区。为此，协同交战区水平剖面的边界线通常由封闭的圆弧构成。

(3) 目标径向飞行时 ($P_{\mathrm{m}}=0$) 发射区远界最大。发射区远界斜距 $D_{\mathrm{fy}}=\sqrt{d_{\mathrm{fy}}^2+H_{\mathrm{m}}^2}$，如图 6.10 所示，三角形的两边之和大于第三边，即当航路捷径 $P_{\mathrm{m}}\neq 0$

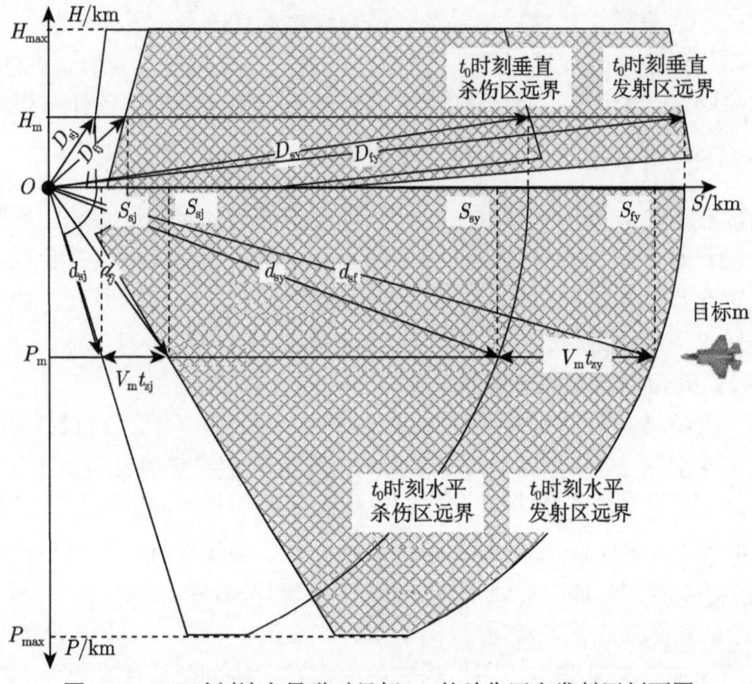

图 6.10　t_0 时刻地空导弹对目标 m 的杀伤区和发射区剖面图

时，恒有 $d_{fy} < d_{sy} + V_m t_{zy}$，而 H_m 确定不变。在目标高度、速度一定情况下，目标径向飞行时目标航路捷径 $P_m = 0$，此时发射区远界最大，以此距离画圆将涵盖该目标的全部发射区。

(4) 多个协同交战区重叠不影响其各自的协同方式。地空导弹武器系统通常不是单独使用，而是由多个火力单位共同部署，这将导致多个协同交战区重叠，但无论有多少个区域重叠，其都具有协同交战区的共同属性，空地协同单位间所采取的协同行动没有发生改变，与单对单协同方式相同。

综上所述，同时考虑地空导弹射击区的远界和近界，协同交战区计算模型是以地空导弹阵地为中心的双圆环，圆环的外径 R_s 是地空导弹发射区远界水平距离 d_{fy}，圆环的内径 r_s 是典型杀伤区近界水平距离 d_{sj}，如图 6.11 所示。

由图 6.3 中发射区与杀伤区参数空间几何关系，可推出 d_{fy} 和 d_{sj} 计算模型为

$$d_{fy} = \sqrt{S_{fy}^2 + P_m^2} \tag{6.43}$$

$$S_{fy} = S_{sy} + V_m \cdot t_{zy} = \sqrt{D_{sy}^2 - H_m^2 - P_m^2} + V_m \cdot t_{zy} \tag{6.44}$$

$$d_{sj} = \sqrt{D_{sj}^2 - H_m^2 - P_m^2} \tag{6.45}$$

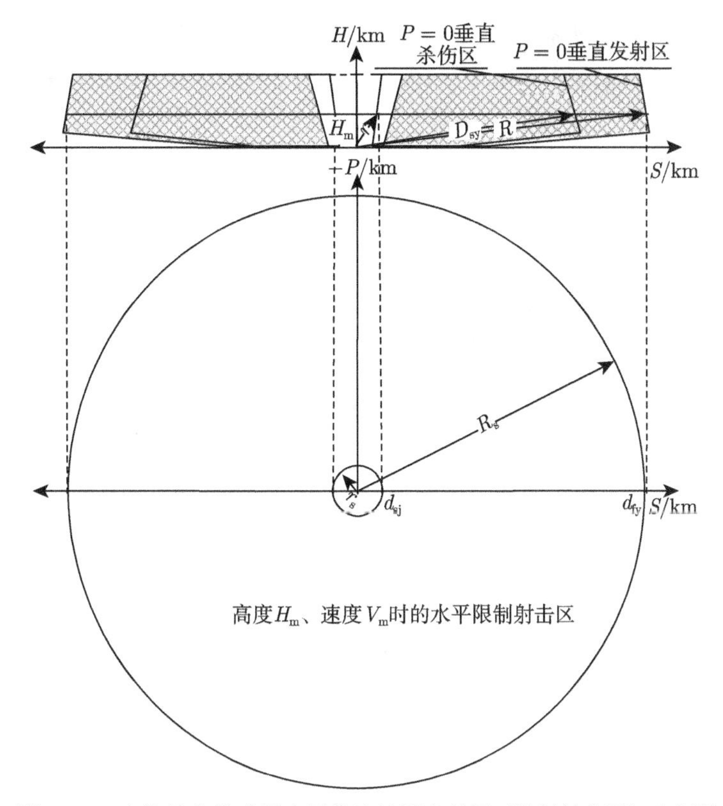

图 6.11　全部地空导弹射击区作为协同交战区 (限制射击区) 示意图

上述公式取目标航路捷径 $P_{\mathrm{m}}=0$，则圆环的外径 R_{s} 和内径 r_{s} 的计算模型为

$$R_{\mathrm{s}}=d_{\mathrm{fy}}=\sqrt{D_{\mathrm{sy}}^2-H_{\mathrm{m}}^2}+V_{\mathrm{m}}\cdot t_{\mathrm{zy}} \tag{6.46}$$

$$r_{\mathrm{s}}=d_{\mathrm{sj}}=\sqrt{D_{\mathrm{sj}}^2-H_{\mathrm{m}}^2} \tag{6.47}$$

式中　d_{fy}——给定高度 H_{m} 的地空导弹射击区远界水平距离，km；

D_{sy}——给定高度 H_{m} 的地空导弹杀伤区远界斜距离，km；

d_{sj}——给定高度 H_{m} 的地空导弹杀伤区近界水平距离，km；

D_{sj}——给定高度 H_{m} 的地空导弹杀伤区近界斜距离，km；

H_{m}——目标的飞行高度，km；

V_{m}——目标的飞行速度，km/s；

P_{m}——目标的航路捷径，km；

t_{zy}——地空导弹从发射至杀伤区远界遭遇点的飞行时间，s。

2. 部分地空导弹射击区作为协同交战区的计算模型

部分地空导弹射击区作为协同交战区的方式有三种：只规定高度区间、只规定距离范围和规定立体空域，如图 6.12 所示。

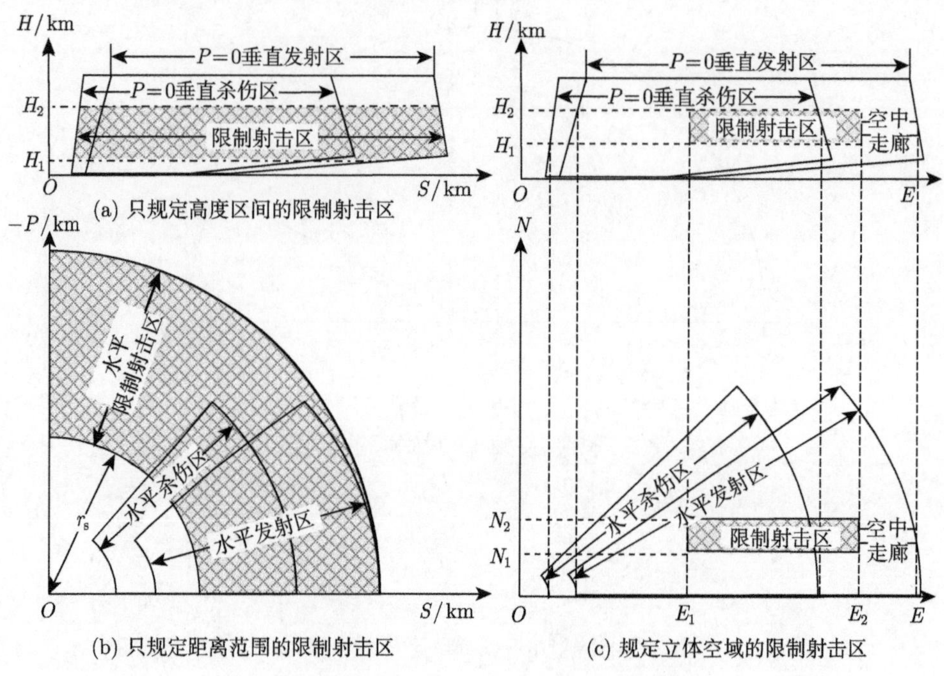

图 6.12　部分地空导弹发射区作为协同交战区 (限制射击区) 示意图

(1) 只规定高度区间。如图 6.12(a) 所示，当歼击航空兵在规定高度 ($H_{\mathrm{r\,min}} < H_{\mathrm{m}} < H_{\mathrm{r\,max}}$) 内作战时，该高度内的水平协同交战区形状为以地空导弹阵地为中心，地空导弹射击区 (发射区) 远界水平距离 $d_{\mathrm{fy}} = \sqrt{D_{\mathrm{sy}}^2 - H_{\mathrm{m}}^2} + V_{\mathrm{m}} \cdot t_{\mathrm{zy}}$ 为外径，典型杀伤区近界水平距离 $d_{\mathrm{sj}} = \sqrt{D_{\mathrm{sj}}^2 - H_{\mathrm{m}}^2}$ 为内径的圆环，其他高度区则是地空自由射击区或飞行禁区。综合考虑各种测高误差，歼击航空兵实际控制高度 H_1 和 H_2 的计算模型为

$$H_1 = H_{\mathrm{r\,min}} - \Delta H_{\mathrm{J}} - \Delta H_{\mathrm{D}} - \Delta H_{\mathrm{L}} \tag{6.48}$$

$$H_2 = H_{\mathrm{r\,max}} + \Delta H_{\mathrm{J}} + \Delta H_{\mathrm{D}} + \Delta H_{\mathrm{L}} \tag{6.49}$$

式中　H_1、H_2——歼击航空兵作战实际控制的最大、最小高度，km；

$H_{\mathrm{r\,max}}$、$H_{\mathrm{r\,min}}$——规定的歼击航空兵作战任务最大、最小高度，km；

ΔH_{J}——歼击机最大算高误差，km；

ΔH_{D}——地空导弹武器系统标高误差与雷达最大测高误差之和，km；

ΔH_{L}——数据链系统引起的最大算高误差，km。

(2) 只规定距离范围。如图 6.12(b) 所示，只规定协同交战区的歼击航空兵作战任务线斜距离 r_{h}，综合考虑各种测距误差，该斜距离所对应飞行高度 H_{m} 的内径 r_{s} 计算模型为

$$r_{\mathrm{s}}=\sqrt{(r_{\mathrm{h}}+\Delta r_{\mathrm{J}}+\Delta r_{\mathrm{D}}+\Delta r_{\mathrm{L}})^2-H_{\mathrm{m}}^2} \tag{6.50}$$

式中　r_{h}——规定的歼击航空兵作战任务线斜距离，km；

Δr_{J}——歼击机最大算距误差，km；

Δr_{D}——地空导弹武器系统雷达最大测距误差，km；

Δr_{L}——数据链系统引起的最大算距误差，km。

(3) 规定立体空域。如图 6.12(c) 所示，为便于计算，这个立体空域通常被设置成包含高度区间和坐标区间的长方体。当这个长方体被地空导弹射击区包围时，通常作为空中走廊供己方飞机进出。该长方体的“高度–坐标”区间模型为

$$\text{高度：}H_1<H_{\mathrm{m}}<H_2 \tag{6.51}$$

$$\text{纬度：}N_1<N_{\mathrm{m}}<N_2 \tag{6.52}$$

$$\text{经度：}E_1<E_{\mathrm{m}}<E_2 \tag{6.53}$$

6.3.3　空域协调区计算模型

空域协调区是在执行近距离空中支援任务时，为己方飞机对地攻击行动所划设的一个保护区，通常可用圆柱体来表示，见图 6.13。空域协调区一般以己方飞机攻击阵位中心为中心，圆柱体中心坐标为 $(x_{\mathrm{m}}, y_{\mathrm{m}}, z_{\mathrm{m}})$，$h_{\max}$ 为最大高度，r_{gj} 是己方飞机以攻击阵位为中心的活动半径。

由于空域协调区是一个动态区域，假设己方飞机占用该区域的时间为 t，则空域协调区的划设模型为

$$(x-x_{\mathrm{m}})^2+(z-z_{\mathrm{m}})^2=r_{\mathrm{gj}}^2 \tag{6.54}$$

$$0\leqslant y_{\mathrm{m}}\leqslant h_{\max} \tag{6.55}$$

$$t\in[\mathrm{XX:XX}\sim\mathrm{XX:XX}] \tag{6.56}$$

参数 $h_{\max}$、r_{gj} 可以根据己方飞机出动的机型、架数和飞行高度等条件确定，时间 t 包括空域协调区开启和关闭时间，可以用“时 : 分”表示。

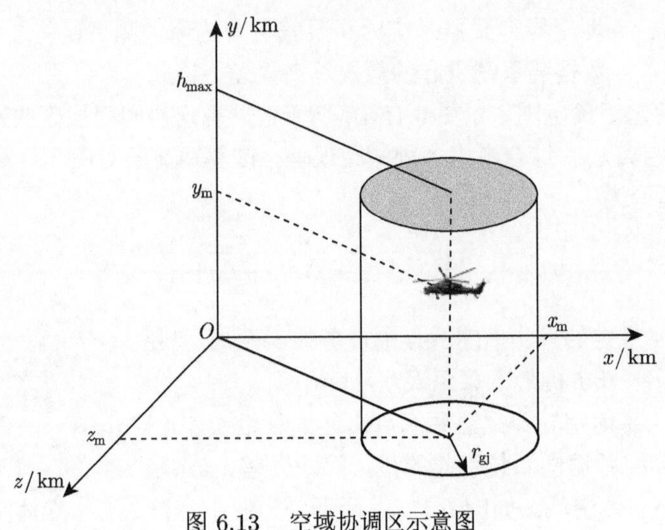

图 6.13 空域协调区示意图

6.4 空中交战及其他空域规划计算模型

空中交战及其他空域规划计算模型是航空兵组织战前空域静态划设和战中空域动态管理的基本计算模型，主要包括空中自由交战区、空中待战巡逻区、空中预警监视区、远距支援电子战区、空中走廊及限制性空域等计算模型。

6.4.1 空中自由交战区计算模型

空中自由交战区是歼击航空兵对入侵敌机实施独立交战的空域，应确保航空兵在此区域内执行空中截击任务时不受己方地面防空火力的干扰和限制。航空兵空中截击交战行动通常包括机场待战截击和空中待战截击两种方式。在执行空中截击任务时，空中自由交战区可依据航空兵最远截击线、最近截击线进行划定。航空兵截击线是航空兵开始攻击目标的预定位置线，其距保卫目标越远则越有利于及早消灭敌机 [29]。

为了能及时有效拦截空中敌机，并考虑空中作战时的指挥引导、信息传递和空情保障，同时不与己方地面防空火力冲突，空中自由交战区的远界通常应不大于航空兵最远截击线，近界通常应不小于最近截击线。

1. 最远截击线计算模型

航空兵最远截击线，是从目标进入防空识别区后 (雷达开始发现目标)，战斗机从待战区域 (机场或空中待战巡逻区) 出动，经平飞、接敌转弯，直到与敌机遭遇，开始接战时敌机可能所处的位置点连线。当采用机场待战截击方式计算截击线时，通常还要考虑飞机出动、爬升的相关因素，如图 6.14 所示 [29]。

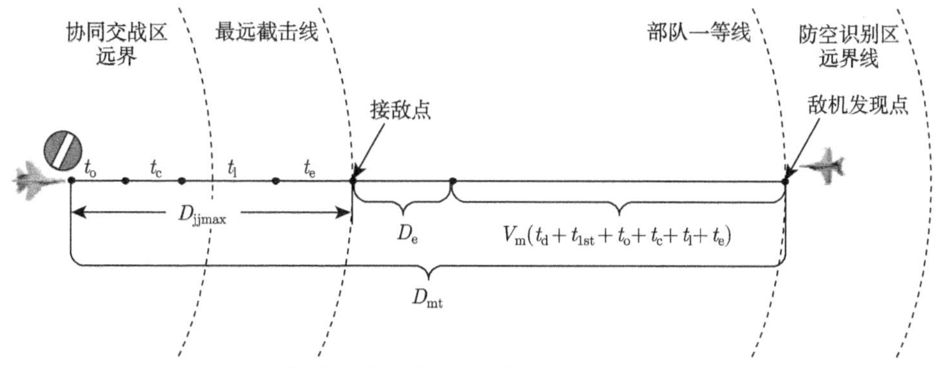

图 6.14　航空兵最远截击线示意图 (机场待战截击方式)

由图 6.14 可知，当采用机场待战截击方式时，最远截击距离 D_{jjmax} 的计算模型为

$$D_{jjmax} = D_{mt} - D_e - V_m\left(t_d + t_{1st} + t_o + t_c + t_l + t_e\right) \tag{6.57}$$

式中　D_{mt}——敌机发现点距我机的水平距离，km；

D_e——我机到达接敌点发现敌机时距敌机的水平距离，km(此距离与截击方式有关，当采用目视截击则距离较近只有数千米，当采用机载雷达配合中距空空导弹截击则距离较远可达数十千米)；

V_m——敌机水平飞行速度，km/s；

t_d——雷达情报传递到航空兵指挥所的时间，s；

t_{1st}——航空兵转入一等战斗值班的时间，s；

t_o——从开始下令战斗机起飞至飞抵出航起点的时间，s；

t_c——从战斗机出航起点爬升到预定高度的时间，s；

t_l——战斗机从预定高度开始平飞到接敌点的时间，s；

t_e——从战斗机接敌点开始接敌转弯调整飞行诸元及搜索占位的时间，s。

当采用空中待战截击方式时，最远截击线如图 6.15 所示。

由图 6.15 可知，当采用空中待战截击方式时，最远截击距离 D_{jjmax} 的计算模型为

$$D_{jjmax} = D_{mt} - D_e - V_m\left(t_d + t_f + t_e\right) \tag{6.58}$$

式中　D_{mt}——敌机发现点距我机的水平距离，km；

D_e——我机到达接敌点发现敌机时距敌机的水平距离，km；

V_m——敌机水平飞行速度，km/s；

t_d——雷达情报传递到航空兵指挥所的时间，s；

t_f——从开始下令战斗机从空中待战巡逻区前出飞抵至接敌点的时间，s；

t_e——从战斗机接敌点开始接敌转弯调整飞行诸元及搜索占位的时间，s。

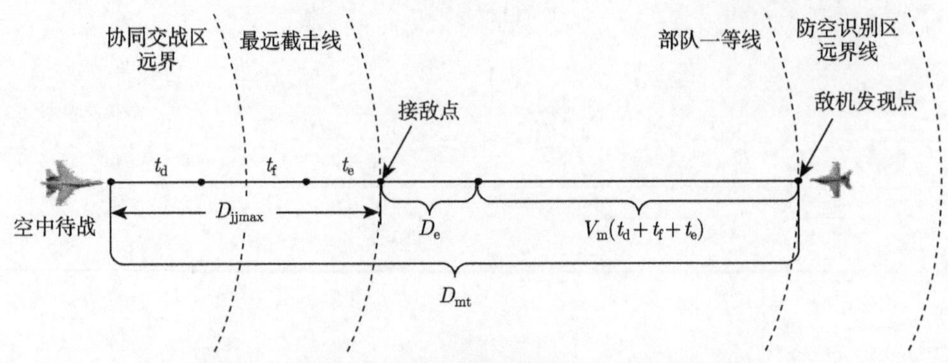

图 6.15 航空兵最远截击线示意图 (空中待战截击方式)

2. 最近截击线计算模型

航空兵最近截击线，是为了保证我保卫目标安全，便于航空兵与地面防空兵协同作战，航空兵最晚必须开始交战的界线，该界线距保卫目标的距离是最近截击距离 D_jjmin。为保证我保卫目标的安全，航空兵应在敌机到达其完成任务线 (敌机投放炸弹或发射空地导弹的阵位) 之前就要将其消灭。

最近截击线的大小还与地空导弹火力范围有关，当敌机完成任务线在地空导弹射击区远界线之外，即满足 $D_\mathrm{mf} > D_\mathrm{l} + R_\mathrm{jd}$ 时，拦截敌机可不用考虑地空导弹火力范围的影响。同时为便于协同，航空兵必须在敌机进入地空导弹火力范围之前攻击完毕并退出战斗，计算时要考虑我机退出攻击时向保卫目标接近的距离 (相当于我机的转弯半径 R_tc) 等因素。具体如图 6.16 所示。

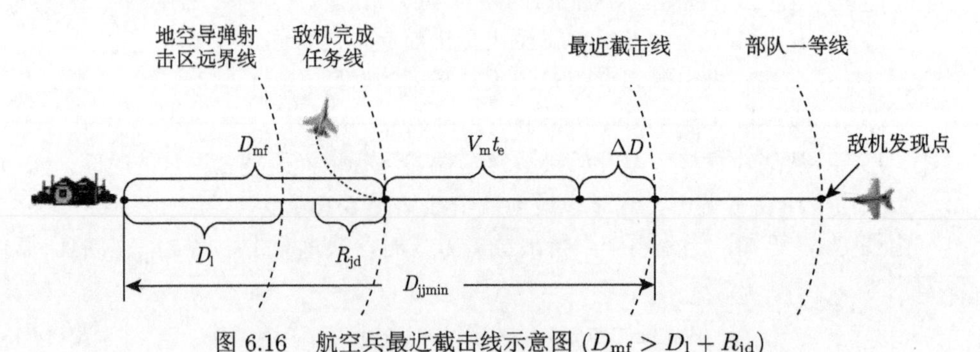

图 6.16 航空兵最近截击线示意图 ($D_\mathrm{mf} > D_\mathrm{l} + R_\mathrm{jd}$)

当敌机完成任务线在地空导弹射击区远界线之外时的最近截击距离 D_jjmin 计算模型为

$$D_\mathrm{jjmin} = D_\mathrm{mf} + V_\mathrm{m}t_\mathrm{e} + \Delta D \qquad (D_\mathrm{mf} > D_\mathrm{l} + R_\mathrm{jd}) \tag{6.59}$$

式中 D_mf——敌完成最远投弹任务时距离保卫目标的距离，km；

V_m——敌机飞行速度，km/s；

t_e——从战斗机接敌点开始接敌转弯调整飞行诸元及搜索占位的时间，也是此过程中敌机飞行的时间，s；

ΔD——指挥引导不准或其他原因引起的误差，km；

D_l——地空导弹射击区远界线距保卫目标的距离，km；

R_{jd}——我机转弯退出攻击时向保卫目标接近的距离，km。

当敌机完成任务线在地空导弹射击区远界线之内，此时满足 $D_{mf} \leqslant D_l + R_{jd}$，且我机通常不进入地空导弹火力范围，具体如图 6.17 所示。

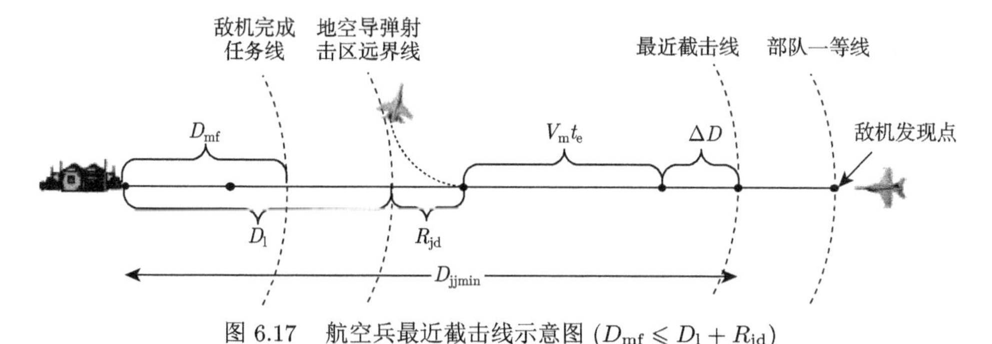

图 6.17 航空兵最近截击线示意图 ($D_{mf} \leqslant D_l + R_{jd}$)

当敌机完成任务线在地空导弹射击区远界线之内时的最近截击距离 $D_{jj\,min}$ 计算模型为

$$D_{jj\,min} = D_l + R_{jd} + V_m t_e + \Delta D \qquad (D_{mf} \leqslant D_l + R_{jd}) \tag{6.60}$$

式中 D_l——地空导弹射击区远界线距保卫目标的距离，km；

R_{jd}——我机转弯退出攻击时向保卫目标接近的距离，km；

V_m——敌机飞行速度，km/s；

t_e——从战斗机接敌点开始接敌转弯调整飞行诸元及搜索占位的时间，也是此过程中敌机飞行的时间，s；

ΔD——指挥引导不准或其他原因引起的误差，km。

6.4.2 空中待战巡逻区计算模型

空中待战巡逻区是航空兵在执行空中待战任务或警戒巡逻任务时使用的空域。空中待战巡逻区的位置设置应合理，确保待战巡逻飞机按照地面或空中的指挥引导能够及时转入截击行动。空中待战巡逻区的区域大小与采用的待战巡逻航线样式有关，通常有双 180° 跑道型航线或“8”字形航线。常用的空中待战巡逻区及航线样式如图 6.18 所示。

空中待战巡逻区的正面宽度、纵深与待战巡逻飞机的搜索目标方式有关，当采用目视搜索时，为便于飞行员观察通常选择垂直于敌机来袭方向的航线飞行。

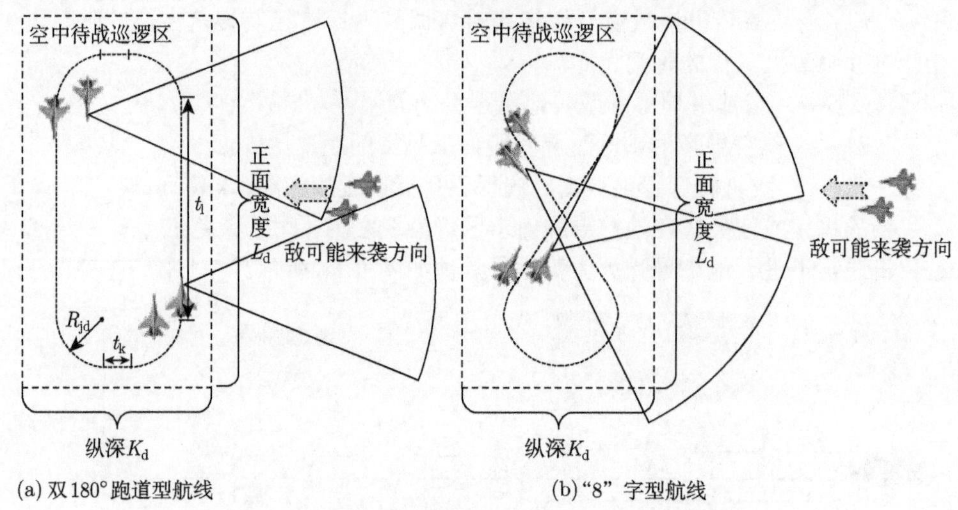

图 6.18　常用的空中待战巡逻区及航线样式示意图

当采用机载雷达搜索时，待战巡逻区的正面宽度可适当缩短，而纵深应尽量加大，以保证歼击机面向敌机来袭方向飞行时，能获得较长的机载雷达搜索时间，以提高发现概率。同时，待战巡逻飞机在区域里的转弯不能太过频繁，至少要保证有 2～3min 的平飞时间，以便保持队形和搜索警戒。

当采取双 180° 跑道型时，待战巡逻区正面宽度 L_d 和纵深 K_d 计算模型为

$$L_{\rm d} = V_{\rm m}t_{\rm l} + 2R_{\rm jd} \tag{6.61}$$

$$K_{\rm d} = 2R_{\rm jd} + V_{\rm m}t_{\rm k} \tag{6.62}$$

$$R_{\rm jd} = \frac{V_{\rm TAS}^2}{g \cdot \tan\beta} \tag{6.63}$$

式中　$V_{\rm m}$——飞机平飞时的速度，m/s；

$t_{\rm l}$——飞机在正面方向上的平飞时间，s；

$R_{\rm jd}$——飞机调整方向时的转弯半径，m；

$t_{\rm k}$——飞机在纵深方向上的平飞时间，s；

$V_{\rm TAS}$——飞机的真空速，m/s；

β——飞机转弯时的坡度角，°；

g——重力加速度，取 9.8m/s^2。

假设歼击机飞行速度 250m/s(约 0.7Ma)，平飞时间 150s，转弯坡度角 60° 计算，待战巡逻区正面宽度大约为 45km。待战巡逻区的纵深通常为飞机转弯半径的两倍加上在纵深方向上的平飞距离，但两次转弯间的平飞时间一般相对较短，按照歼击机飞行速度 250m/s，平飞时间 10s，转弯坡度角 45°～75° 计算，则待战巡逻区纵深为 6～15km。综合分析，空中待战巡逻区通常以 50km×30km 为宜。

空中待战巡逻区的数量通常可根据掩护正面的宽度、敌机战术运用情况以及己方机场情况等综合确定。每个空中待战巡逻区内的战斗机数量，昼间通常为 4~8 架，夜间通常为双机编队，各飞行编队按照高度分层进行配置，以便于拦截不同高度层的敌机。为便于识别和使用，空中待战巡逻区通常按照“坐标、高度”的形式给定。

6.4.3　空中预警监视区计算模型

空中预警监视区是预警机实施空中巡逻监视的一个特定飞行区域。预警机的巡逻航线通常有双 180° 跑道型航线和“8”字形航线，并垂直于敌机来袭方向。空中预警监视区见图 6.19。

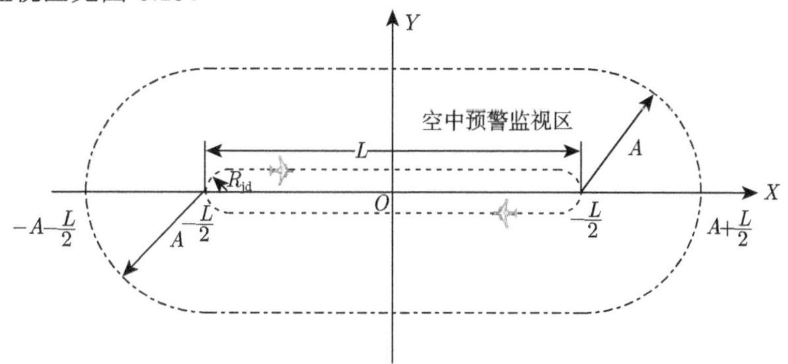

图 6.19　空中预警监视区 (双 180° 跑道型航线) 示意图

其巡逻航线的边长 L 可由下式得出：

$$L=\frac{1}{2}\left(\frac{2A-B}{\tan\alpha}-\frac{A}{\sin\alpha}-\pi R_{\mathrm{jd}}+\sqrt{A^2-B^2}\right) \tag{6.64}$$

式中　A——预警机机载雷达对典型目标的水平最远探测距离，km；

B——预警机发现安全近界，km(为及时引导己方飞机拦截敌机并同时能够保证预警机自身安全的临界距离，通常要求预警机与来袭敌机之间的距离应大于该距离，预警机才有足够时间规避敌机对预警机的可能攻击)；

R_{jd}——预警机的转弯半径，km；

α——角度，°，且 $\alpha=\arctan(V_{\mathrm{m}}/V_{\mathrm{A}})$。

V_{m}——敌机的飞行速度，km/s；

V_{A}——预警机的飞行速度，km/s；

6.4.4　远距支援电子战区计算模型

远距支援电子战区的区域划设模型可参照空中预警监视区模型，其远距支援电子战计算模型可参照地空电子对抗区计算模型。远距支援干扰示意图见图 6.20[68]。

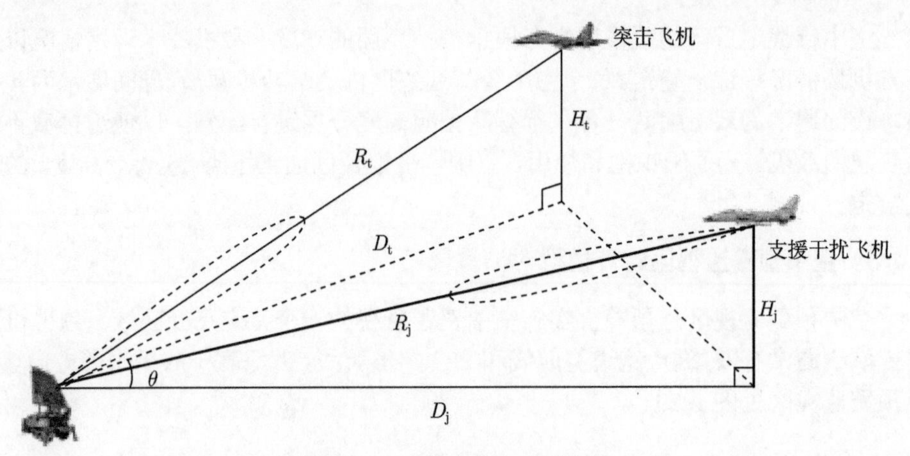

图 6.20　远距支援干扰示意图

在图 6.20 中，地面被压制雷达天线指向突击飞机，干扰机天线指向地面雷达，雷达对突击飞机和支援干扰飞机的水平张角为 θ，突击飞机的高度为 H_{t}，距地面雷达的水平距离为 D_{t}，斜距为 R_{t}，支援干扰飞机的高度为 H_{j}，距地面雷达的水平距离为 D_{j}，斜距为 R_{j}。

式 (6.27) 中，令常数 $A = \dfrac{4\pi\gamma_{\mathrm{j}}}{\sigma} \cdot \dfrac{P_{\mathrm{j}}G_{\mathrm{j}}}{P_{\mathrm{t}}G_{\mathrm{t}}} \cdot \dfrac{\Delta f_{\mathrm{r}}}{\Delta f_{\mathrm{j}}} \cdot \dfrac{1}{K_{\mathrm{j}}}$，则雷达干扰方程变为

$$\frac{G'_{\mathrm{t}}(\theta)}{G_{\mathrm{t}}} \cdot R_{\mathrm{t}}^4 \geqslant \frac{R_{\mathrm{j}}^2}{A}$$

即

$$\frac{G'_{\mathrm{t}}(\theta)}{G_{\mathrm{t}}} \cdot (D_{\mathrm{t}}^2 + H_{\mathrm{t}}^2)^2 \geqslant \frac{(D_{\mathrm{j}}^2 + H_{\mathrm{j}}^2)^2}{A} \tag{6.65}$$

以地面雷达为极点，雷达与干扰飞机连线的水平投影为极轴，建立极坐标系，以 θ 为自变量，绘出 D_{t} 满足的曲线，可形成支援干扰飞机对地面雷达的干扰压制区，见图 6.21。使用地面雷达天线水平方向图简化模型公式 (6.32)，则压制区边界满足 [68]

$$\begin{cases} D_{\mathrm{t}}^2 = \dfrac{D_{\mathrm{j}}^2 + H_{\mathrm{j}}^2}{\sqrt{A}} - H_{\mathrm{t}}^2 & \left(0 \leqslant |\theta| \leqslant \dfrac{\theta_{0.5}}{2}\right) \\ D_{\mathrm{t}}^2 = \dfrac{D_{\mathrm{j}}^2 + H_{\mathrm{j}}^2}{\sqrt{A}} \cdot \dfrac{|\theta|}{q\theta_{0.5}} - H_{\mathrm{t}}^2 & \left(\dfrac{\theta_{0.5}}{2} < |\theta| \leqslant 90^\circ\right) \\ D_{\mathrm{t}}^2 = \dfrac{D_{\mathrm{j}}^2 + H_{\mathrm{j}}^2}{\sqrt{A}} \cdot \dfrac{90^\circ}{q\theta_{0.5}} - H_{\mathrm{t}}^2 & (90^\circ < |\theta| \leqslant 180^\circ) \end{cases} \tag{6.66}$$

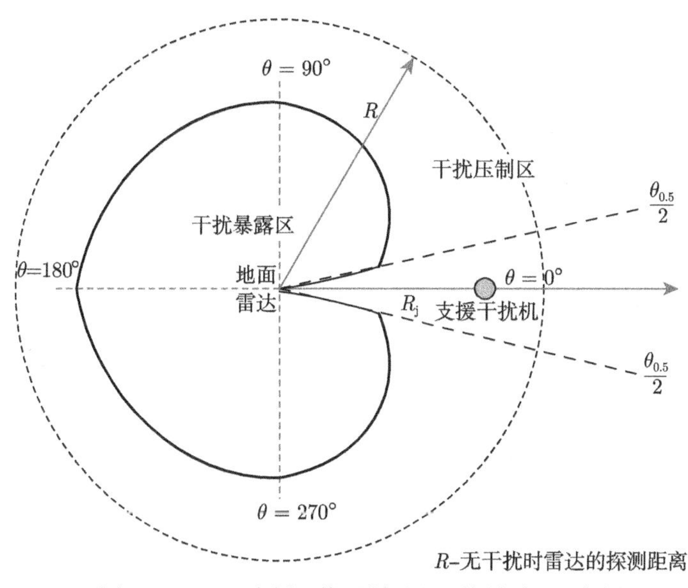

图 6.21　远距支援干扰压制区和干扰暴露区示意图

由图 6.21 可以看出，干扰压制区的边界是以地面雷达和支援干扰飞机水平连线为轴、上下对称的一个心形曲线。曲线之外是干扰压制区，曲线之内是干扰暴露区 (即地面雷达烧穿区)，突击飞机在干扰压制区时将不会被地面雷达发现，突击飞机在干扰暴露区时先前被压制的地面雷达可以发现远距支援干扰掩护下的突击飞机。

6.4.5　空中走廊计算模型

空中走廊是在地面防空火力范围内划设的可供航空兵进出的空中通道，包括静态空中走廊和动态空中走廊两种类型。

1. 静态空中走廊

静态空中走廊的设置参数主要包括走廊起始地理坐标 (E_{11}, N_{11})、(E_{12}, N_{12})，终止地理坐标 (E_{21}, N_{21})、(E_{22}, N_{22})，走廊方向 θ、走廊宽度半径 ΔL、高度 (H_1, H_2) 等，如图 6.22 所示。静态空中走廊的模型参数见表 6.1。

设地理坐标与平面直角坐标的转换函数为 $X = F(E, N), Y = \varPhi(E, N)$，则在平面直角坐标系中静态空中走廊的水平计算模型如下。

当 $X_1 - \Delta L \sin\theta \leqslant X < X_1 + \Delta L \sin\theta$ 时

$$Y_1 - (X - X_1)\cot\theta \leqslant Y \leqslant Y_1 + (X - X_1)\,\mathrm{tg}\theta + \Delta L(\cos\theta)^{-1} \tag{6.67}$$

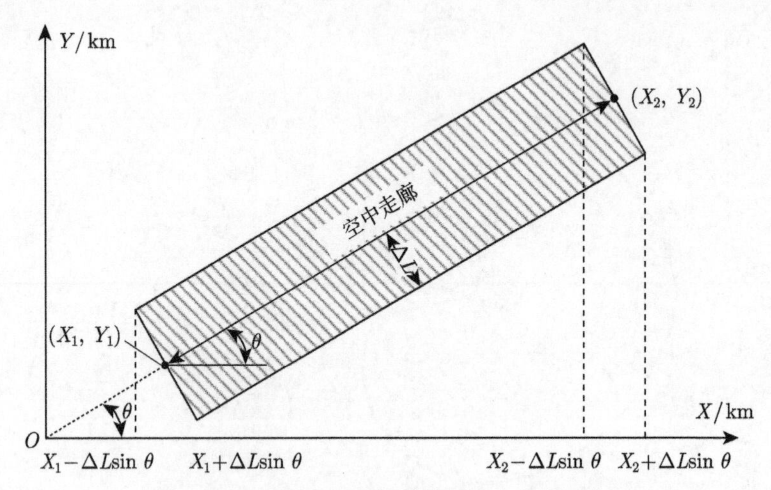

图 6.22 平面直角坐标系静态空中走廊示意图

表 6.1 静态空中走廊的模型参数

要素	初始数据
起始地理坐标	(E_{11}, N_{11})、(E_{12}, N_{12})
终止地理坐标	(E_{21}, N_{21})、(E_{22}, N_{22})
高度范围	$H_1 < H_{\mathrm{m}} < H_2$
走廊方向	θ
走廊宽度半径	ΔL

当 $X_1 + \Delta L \sin\theta \leqslant X < X_2 - \Delta L \sin\theta$ 时

$$Y_1 + (X - X_1)\tan\theta - \Delta L(\cos\theta)^{-1} \leqslant Y \leqslant Y_1 + (X - X_1)\tan\theta + \Delta L(\cos\theta)^{-1} \tag{6.68}$$

当 $X_2 - \Delta L \sin\theta \leqslant X \leqslant X_2 + \Delta L \sin\theta$ 时

$$Y_2 + (X - X_2)\tan\theta - \Delta L(\cos\theta)^{-1} \leqslant Y \leqslant Y_2 - (X - X_2)\tan\theta \tag{6.69}$$

式中

$$X_1 = F(E_1, N_1), Y_1 = \varPhi(E_1, N_1)$$

$$X_2 = F(E_2, N_2), Y_2 = \varPhi(E_2, N_2)$$

$$\theta = \operatorname{arcot}[(Y_2 - Y_1)/(X_2 - X_1)]$$

2. 动态空中走廊

动态空中走廊的计算模型与静态空中走廊计算模型相同，只是其起止地理坐标、高度区间和走廊宽度是实时参数，具体如表 6.2 所列。

表 6.2 动态空中走廊的模型参数

要素	初始数据
起始地理坐标	$(E_{11\mathrm{d}}, N_{11\mathrm{d}})$、$(E_{12\mathrm{d}}, N_{12\mathrm{d}})$
终止地理坐标	$(E_{21\mathrm{d}}, N_{21\mathrm{d}})$、$(E_{22\mathrm{d}}, N_{22\mathrm{d}})$
高度范围	$H_{1\mathrm{d}} < H_{\mathrm{md}} < H_{2\mathrm{d}}$
走廊方向	θ
走廊宽度半径	ΔL
起止时间	XX:XX~XX:XX

动态空中走廊高度范围

$$H_{1\mathrm{d}} = H_{\mathrm{m1d}} - \Delta H_{\mathrm{hm\,max}}, \quad H_{2\mathrm{d}} = H_{\mathrm{m2d}} + \Delta H_{\mathrm{hm\,max}} \tag{6.70}$$

动态空中走廊宽度半径

$$\Delta L = \Delta L_{\mathrm{f}}(i-1) + \Delta L_{\mathrm{dd}} + \Delta L_{\mathrm{sm}} + \Delta L_{\mathrm{dl}} + \Delta L_{\mathrm{fl}} \tag{6.71}$$

式中 H_{m1d}——申请的动态空中走廊起点高度，km；
H_{m2d}——申请的动态空中走廊终点高度，km；
$\Delta H_{\mathrm{hm\,max}}$——数据链系统的最大累积测高误差，km；
ΔL_{f}——飞行编队中邻机间的最大水平间距，km；
i——飞行编队中使用同一动态空中走廊的飞机数量；
ΔL_{dd}——机载平显距离分辨率，km；
ΔL_{sm}——地空导弹武器系统制导雷达测距最大误差，km；
ΔL_{dl}——数据链系统引起的最大目标距离误差，km；
ΔL_{fl}——飞机自身定位误差，km。

空中走廊示意图见图 6.23。

6.4.6 限制性空域计算模型

限制性空域通常包括禁飞区、空中禁区、空中限制区、空中危险区、空中加油区、空中放油区等，根据时间长短一般可分为永久性限制性空域和临时性限制性空域。限制性空域示意图如图 6.24 所示。

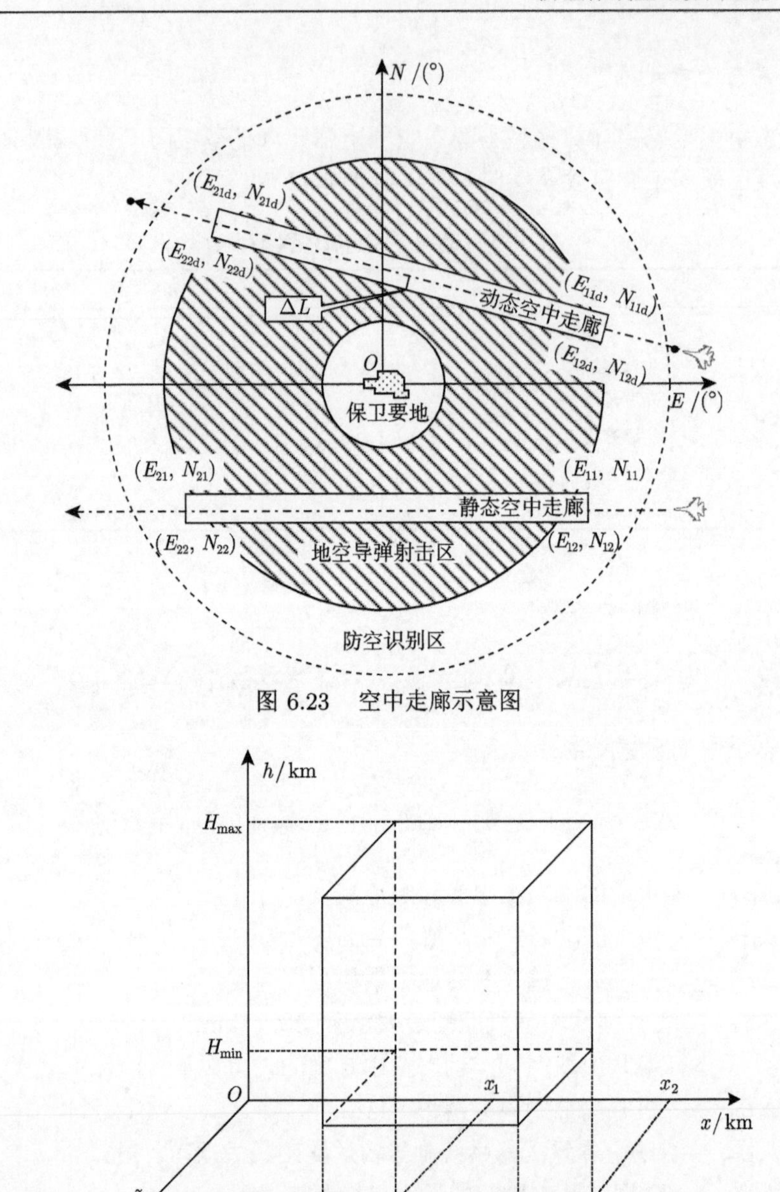

图 6.23　空中走廊示意图

图 6.24　限制性空域示意图

在直角坐标系中，永久性限制性空域的计算模型为

$$H_{\min} < H < H_{\max} \tag{6.72}$$

$$|x_1| < |x| < |x_2| \tag{6.73}$$

$$|z_1| < |z| < |z_2| \tag{6.74}$$

临时性限制性空域的计算模型在永久性空中禁区计算模型上，外加时间限制。起止时间：XX(h):XX(min)~XX(h):XX(min)。

6.5　空地信息协同模型

空地信息协同模型是实施空地信息协同行动的指挥控制依据，依托空地数据链系统实现对协同各方信息行动精准控制。这里讨论敌我识别判断模型和战场频谱管控模型。

6.5.1　敌我识别判断模型

在信息化空天战场上，作战空间有限、兵力众多、敌我交织、对抗激烈，及时、准确地判别敌我是有效组织空地协同的先决条件。敌我识别主要包括基于敌我识别器 (IFF) 和基于数据链两种方式。

1. 基于 IFF 的敌我识别判断模型

敌我识别器主要采用有源询问、应答的二次雷达工作方式对一次雷达 (如警戒或制导雷达) 发现的空中目标进行敌我属性识别，敌我识别器天线通常加装在一次雷达辐射天线上。由于询问、应答是协同式工作方式，询问距离与发射功率二次方根成正比，可以较小的发射功率满足覆盖一次雷达探测威力的要求，同时接收的应答信号强弱不受空中目标形状和尺寸大小的影响，可实现较高概率的应答信号检测。其识别的基本过程：利用敌我识别器对一次雷达发现的目标进行询问，根据目标应答信号估计出目标位置，然后将一次雷达发现目标和敌我识别目标进行位置关联，最后根据应答信号判定该目标的敌我属性。

敌我识别器询问机的有效作用距离应覆盖一次雷达的威力范围，通常询问波束宽度在水平方向上较窄，垂直方向上较宽。一次雷达由于需要具有较高的目标角度分辨能力，其探测跟踪波束很窄，而询问机为了便于己方飞机接收到询问信号，通常其询问波束相较一次雷达探测波束宽很多，造成其角度分辨力较低。对于空中近距离缠斗的敌我两机即便我机有应答信号，有时也很难分辨出是哪一架飞机的应答信号，也就是说敌我识别器很难对近距离交战的空中两机分辨出敌我。

敌我识别器作为一种二次雷达，通常用其分辨单元的大小来作为衡量询问机分辨能力的指标。分辨单元是询问机能够对多个目标进行区分的最小物理空间，如图 6.25 所示。其中，θ_{El}、θ_{Az} 分别为询问机探测波束在高低和方位上的波束宽度 (常用半功率波束宽度或 3dB 波束宽度表征)，其对应的分辨单元高低角和方位角上的距离为 R_{El} 和 R_{Az}。

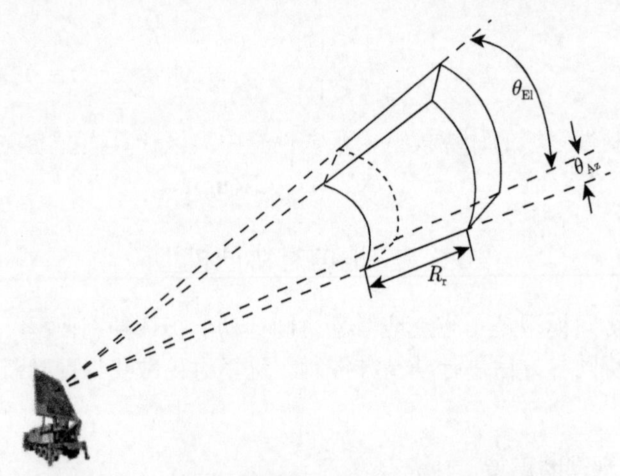

图 6.25 敌我识别器询问机波束分辨单元示意图

询问机在高低角上的分辨率示意图见图 6.26。其中，M_1、M_2 目标在纵向距离上的飞行间隔 $\Delta R=|R_2-R_1|$。

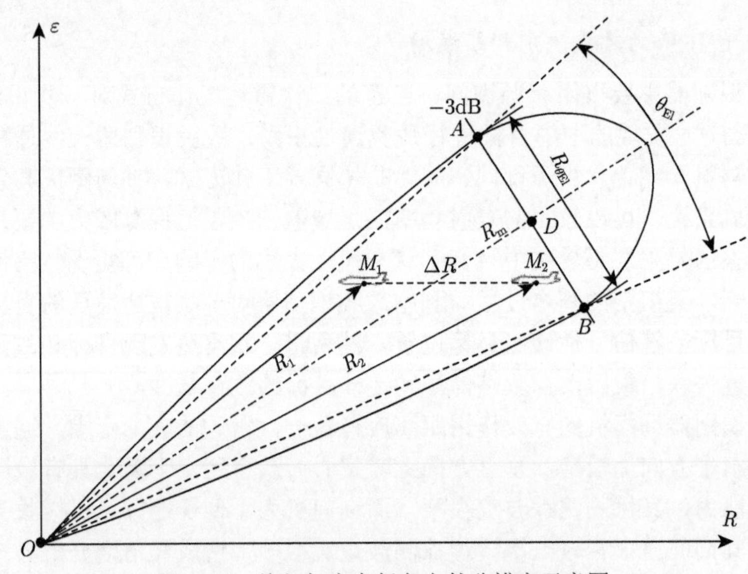

图 6.26 询问机在高低角上的分辨率示意图

分辨单元在角度上的最小分辨距离 R_θ 计算模型为

$$R_\theta = R_{\mathrm{m}} \times 2\sin\left(\frac{\theta}{2}\right) \tag{6.75}$$

式中 R_{m}——询问机到目标的距离，km；

θ——询问机在高低角或方位角上的半功率波束宽度或 3dB 波束宽度，°。

例如，如果询问机到目标的距离 $R_{\rm m}$ 是 50km，询问机探测波束在高低角上的波束宽度是 10°，在方位角上的波束宽度是 6°，则分辨单元在高低角上的分辨距离为

$$R_{\rm El}=50\times10^3\times2\times\sin\frac{10^\circ}{2}\approx8716({\rm m})$$

分辨单元在方位角上的分辨距离为

$$R_{\rm Az}=50\times10^3\times2\times\sin\frac{6^\circ}{2}\approx5234({\rm m})$$

由上述例子可知，如果敌机与我机的间隔距离在高低角上小于 8.716km，同时在方位角上间隔距离小于 6.234km，则询问机在角度上无法将其分辨。

询问机在纵向距离上可分辨的最小距离 $R_{\rm r}$ 计算模型为

$$R_{\rm r}=\frac{c\tau}{2}\tag{6.76}$$

式中　τ——询问脉冲宽度 (持续时间)，μs；

c——光速，取常量 $3\times10^8{\rm m/s}$。

可见，询问机在纵向距离上的分辨力主要由询问脉冲宽度决定，脉冲宽度越窄，则距离分辨力越强。例如，如果探测脉冲宽度为 1μs，则分辨单元的纵向距离为

$$R_{\rm r}=3\times10^8\times\frac{1}{2}=150({\rm m})$$

即当敌我机在纵向上的间隔距离 ΔR 小于 150m 时，询问机无法将两者在纵向距离上分辨开。

可见，询问机的询问波束通常较宽，造成敌我识别器在角度上对目标的分辨力较差，当敌我机近距离交战时很难分辨敌我。在询问机角度、距离分辨力一定的情况下要做到有效分辨，方位角、高低角、距离三个参量中至少保证有一个参量可以分辨。当三个参量均无法分辨时，则近距离交战的敌我机将无法分辨。受敌我识别器询问机空间分辨能力的限制，使用敌我识别器时通常需要将空地数据链下载的我机空中位置信息与一次雷达的跟踪信息进行校对，可较准确地判断我机。

2. 基于数据链的敌我识别判断模型

数据链支持下的目标识别方式有两种，即人工判别和自动识别。人工判别是指挥员根据战场上的敌我综合情报和预先规定的识别准则、原则、方法等，由人工分析确定目标的敌我属性，并将相应标识信息通过数据链系统分发作战部队；自动识别是联合防空信息融合中心及各防空作战部队运用目标识别技术装备及数据链信息融合终端，按照规定的程序、方法、准则，对源自各识别终端的识别信息进行综合、分析和判断，自动确认目标属性，并自动签名共享。

1) 敌我识别的逻辑推理流程

在数据链网络系统中，目标属性识别模块可在目标识别操作员的干预和辅助下，按一定程序和规则自动识别空中目标的属性。识别程序首先选取一批目标航迹的属性标志进行判别，若该批航迹已有确定的属性或人工已指定属性，就不再进行识别处理，否则对该批目标应依次进行我机定位信息识别、敌我识别器识别、空中走廊识别、飞行计划识别和其他情报识别，直到所有目标航迹识别完为止。数据链系统自动识别目标属性的基本流程如图 6.27 所示。

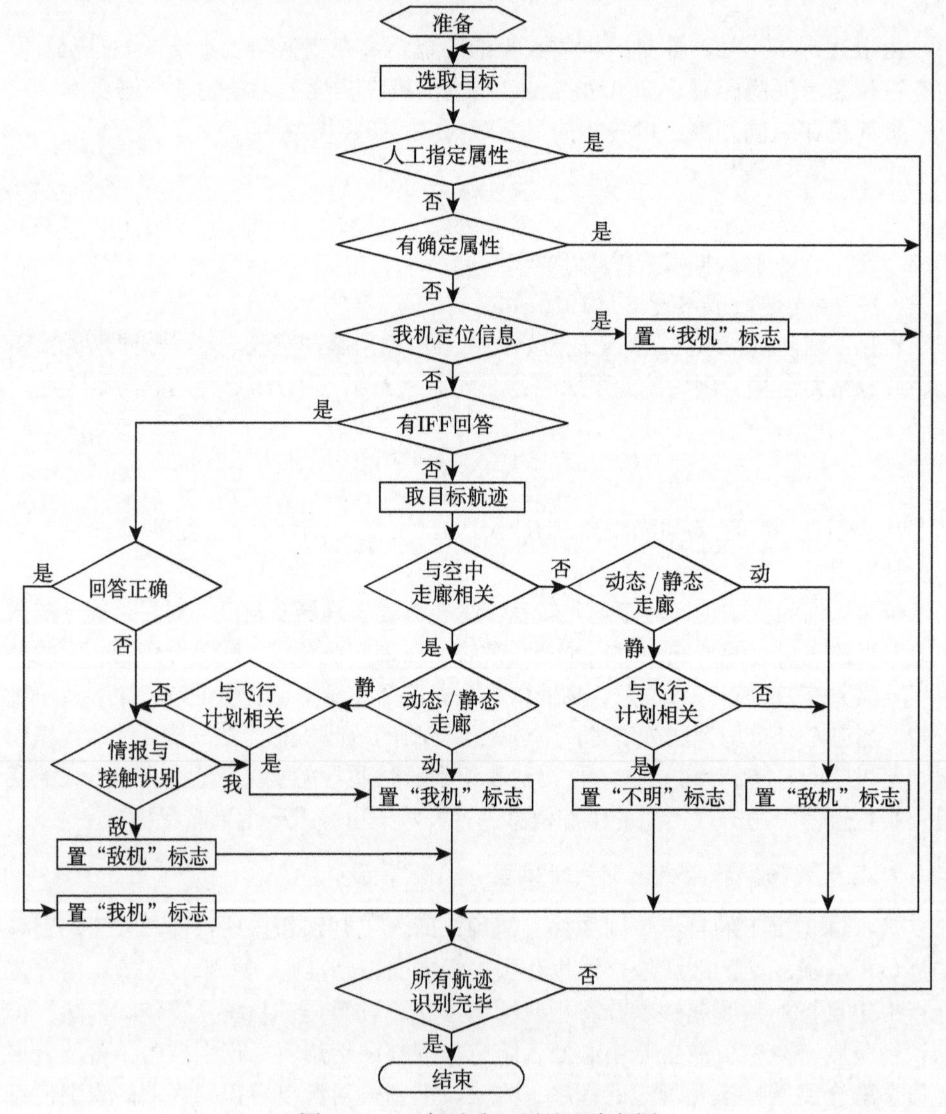

图 6.27　目标敌我识别处理流程图

2) 战术单位目标属性识别冲突的协调准则

当所属各火力单元送来的目标属性识别结果发生冲突时，以数据链综合识别信息为基本依据，战术单位指挥员应统一目标属性；当数据链综合识别为“不明”时，战术单位指挥员应以“人工指定”方式进行协调。

指挥员人工指定的准则：依据目标所在的空域、电子辐射 (ECM)、航线特征、目标速度、目标群规模、我机飞行情况通报和友邻协同单位通报等信息，综合判断并完成指定工作。

6.5.2　战场频谱管控模型

战场频谱管控必须从电磁应用的表征方式出发，针对其特征实施技术战术综合控制，才能使战场范围内的用频装备协调一致地工作。

1. 用频设备配置距离计算模型

战场电磁应用的表征主要区分为频域、空域、时域和能域四个领域，每个领域的表征方式各不相同。频域，通常用电磁频谱参数描述，如波长 λ 或频率 f 等；空域，通常用相关用频装备的辐射空间描述；时域，通常用用频装备的工作时间描述；能域即能量域，通常用发射设备的辐射功率或信号密度进行描述。其中，频域、空域和能域的应用具有关联性。实施频谱管控时，用频装备间的配置距离 L_{yp} 计算模型如下。

频率相同设备间的配置距离：

$$L_{\mathrm{yp}} \geqslant \sqrt{\frac{P \cdot G_{\mathrm{s}} \cdot G_{\mathrm{f}} \cdot \lambda^2}{(4\pi)^2 \cdot p_{\min} \cdot q \cdot k}} \tag{6.77}$$

频率不同设备间的配置距离：

$$L_{\mathrm{yp}} \geqslant \sqrt{\frac{P \cdot G_{\mathrm{s}} \cdot G_{\mathrm{f}} \cdot \lambda^2}{(4\pi)^2 \cdot p_{\min} \cdot q \cdot k \cdot K_{\mathrm{f}}}} \tag{6.78}$$

式中　λ——用频设备的波长，m；

P——起干扰作用的无线电用频设备的发射机功率，W；

G_{f}——起干扰作用的无线电用频设备发射天线的增益系数；

G_{s}——受干扰的无线电用频设备接收天线的增益系数；

$p_{\min}$——受干扰的无线电用频设备接收机的灵敏度，dB；

q——受干扰的无线电用频设备接收机的检测系数；

k——受干扰的无线电用频设备接收机的衰减系数；

K_{f}——频率分割系数，当频率完全去耦时趋于无穷大，当频率重合时等于 1，即 $1 \leqslant K_{\mathrm{f}} \leqslant \infty$。

2. 频谱管控协调控制模型

由于受到电磁信号的开放性、动态性和复杂性等诸多因素的影响，传统的战场频谱管控手段很难及时、准确地把握空地协同频谱管控的界限，难以实时或近实时调控战场频谱的使用。数据链的应用将战场空地用频设备连接为一体，其实时计算与控制功能可辅助各级指挥员实施有效的战场频谱管控。其调控流程如图 6.28 所示。

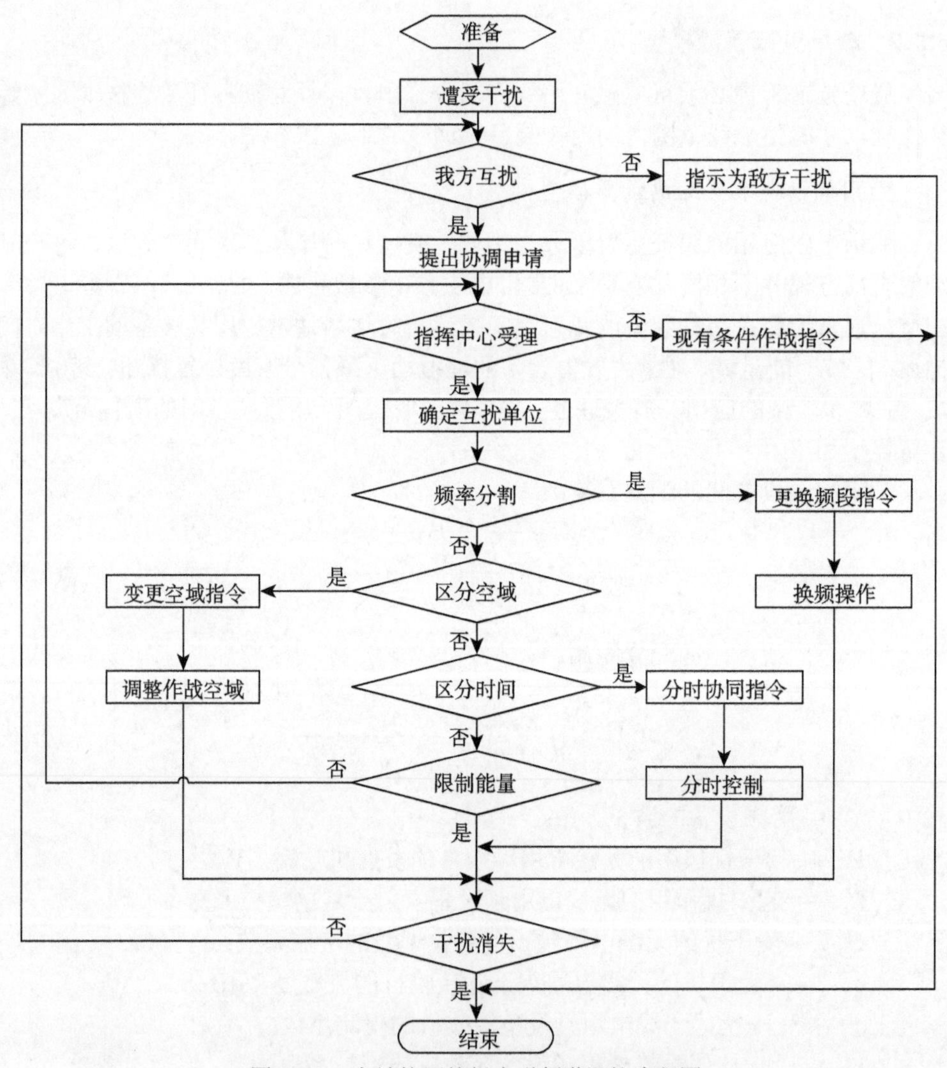

图 6.28　空地协同战场电磁频谱调控流程图

通常由遭受干扰的作战单位根据互扰判断，向联合指挥中心提出频谱协调申请。联合指挥中心根据战场频谱使用情况及整体作战任务需求，做出“协调”或“不予协调”的判断。当判断为“不予协调”时，指示相应作战单位立足干扰条件下作战；当判断为“协调”时，按战场频谱管控准则及相关计算模型计算结果，进行协调控制，直至互扰消失或做出“不予协调”判断为止。

6.6　火力协同运用模型

火力协同运用模型是组织空地作战平台火力协同行动的指挥控制依据，依托空战场管控系统实现对协同各方火力的行动精准控制。这里讨论组织空地战术级集火射击和空地跟踪级火力协同模型 [69]。

6.6.1　空地战术级集火射击计算模型

空地战术级集火射击，是指以地空导弹火力单位 (或舰空导弹系统) 为基准，歼击机与地空导弹火力单位 (或舰空导弹系统) 在大致相同的时间内射击同一批空中目标的火力运用方法。集火射击直接运用空地火力实施打击，可使敌机处于同时遭受来自空中和地面的多方向、多特性火力攻击的境地，难以做出有效的规避动作和对抗操作，能够大幅提升对空中目标的拦截概率和杀伤效果。空地集火射击通常是在兵力充足或射击重点目标、干扰目标、机动目标和可能发射反辐射导弹 (ARM) 的载机时使用。

空地火力单位对目标能否构成集火射击的判断准则：每个火力单位对目标均满足可拦截性条件；两个火力单位对目标具有共同发射区。参加空地集火射击的空地火力单位必须具有共同发射区，才能在大致相同的时间内同时发射导弹。没有共同发射区时，不能同时射击。为此，具有共同发射区是参加集火射击的必要充分条件。

空地集火射击参数约定：集火目标批号 m_{i}；对 m_{i} 批目标的集火纵深 h_{smi}；地空导弹营 (基准火力单位) 号 Y_{z}；集火飞机号 J_{h}；集火飞机的水平速度在坐标轴的投影 $(V_{\bar{\mathrm{S}}\mathrm{J}}, V_{\bar{\mathrm{P}}\mathrm{J}})$；目标水平飞行速度 V_{Smi}；地空导弹营最大允许航路捷径 $P_{\mathrm{zmi\,max}}$；空空导弹动态发射区水平远界点 $(P_{\mathrm{mi}}, S_{\mathrm{hfymi}})$；空空导弹动态发射区水平近界点 $(P_{\mathrm{mi}}, S_{\mathrm{hfjmi}})$；地空导弹营对 m_{i} 批目标的集火发射区远界斜距 D_{zfymi}、近界斜距 D_{zfjmi}；地空导弹营共同发射点斜距 D_{zzfmi}；集火飞机共同发射点坐标 $(P_{\mathrm{hfmi}}, S_{\mathrm{hfmi}})$。

在实施空地集火射击的可能性判断前，先要明确两种武器系统发射区的表达方式及比较标准：

(1) 两种武器系统的发射区都在地面参数直角坐标系中表达，且以地空导弹营为坐标基准点；

(2) 地空导弹武器系统的发射区只考虑目标所在高度的水平发射区范围；

(3) 集火飞机以空空导弹动态发射区间表示可用发射区范围。

如图 6.29 所示，集火飞机的空空导弹动态发射区间是指集火飞机及其拦截目标均沿水平直线飞行，当集火飞机与目标的径向距离小于该方向空空导弹全向发射区远界而大于全向发射区近界时，目标沿其方向飞行的距离在 S 轴上的投影 (S_{hfjmi}，S_{hfymi})。

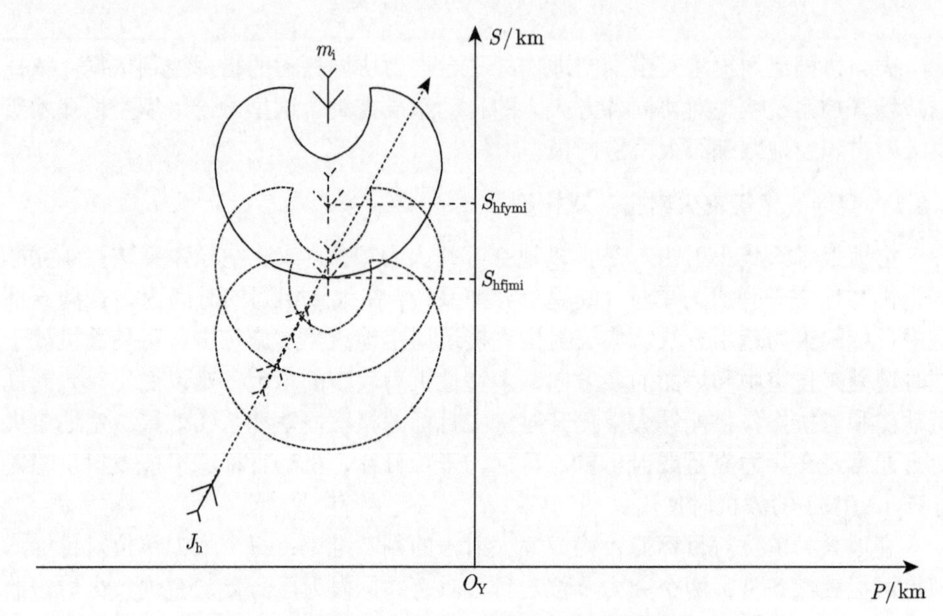

图 6.29　参加集火飞机的空空导弹水平动态发射区示意图

空地战术级集火射击共同发射区判断示意图如图 6.30 所示。空地火力单位集火射击可能性判断方法如下。

步骤 1：建立统一的以地空导弹营为原点的地面参数直角坐标系 (原点坐标 $S_{\text{Y0}} = 0, P_{\text{Y0}} = 0$)。

步骤 2：将集火飞机的有关参数转化为集火坐标。

步骤 3：计算判断参数，主要计算集火飞机对目标 m_{i} 的杀伤区远、近界在 OS 轴上的投影和相应集火飞机的坐标。

$$S_{\text{hymi}} = S_{\text{mi0}} - V_{\text{Smi}}\left(R_{\text{SJ-mi}} - R_{\text{SJFY}}\right) \Big/ \sqrt{V_{\bar{\text{P}}\text{J}}^2 + \left(V_{\bar{\text{S}}\text{J}} + V_{\text{Smi}}\right)^2} \tag{6.79}$$

$$S_{\text{hjmi}} = S_{\text{mi0}} - V_{\text{Smi}}\left(R_{\text{SJ-mi}} - R_{\text{SJFJ}}\right) \Big/ \sqrt{V_{\bar{\text{P}}\text{J}}^2 + \left(V_{\bar{\text{S}}\text{J}} + V_{\text{Smi}}\right)^2} \tag{6.80}$$

$$P_{\text{hfmiy}} = P_{\text{h0}} + V_{\bar{\text{P}}\text{J}}\left(R_{\text{SJ-mi}} - R_{\text{SJFY}}\right) \Big/ \sqrt{V_{\bar{\text{P}}\text{J}}^2 + \left(V_{\bar{\text{S}}\text{J}} + V_{\text{Smi}}\right)^2} \tag{6.81}$$

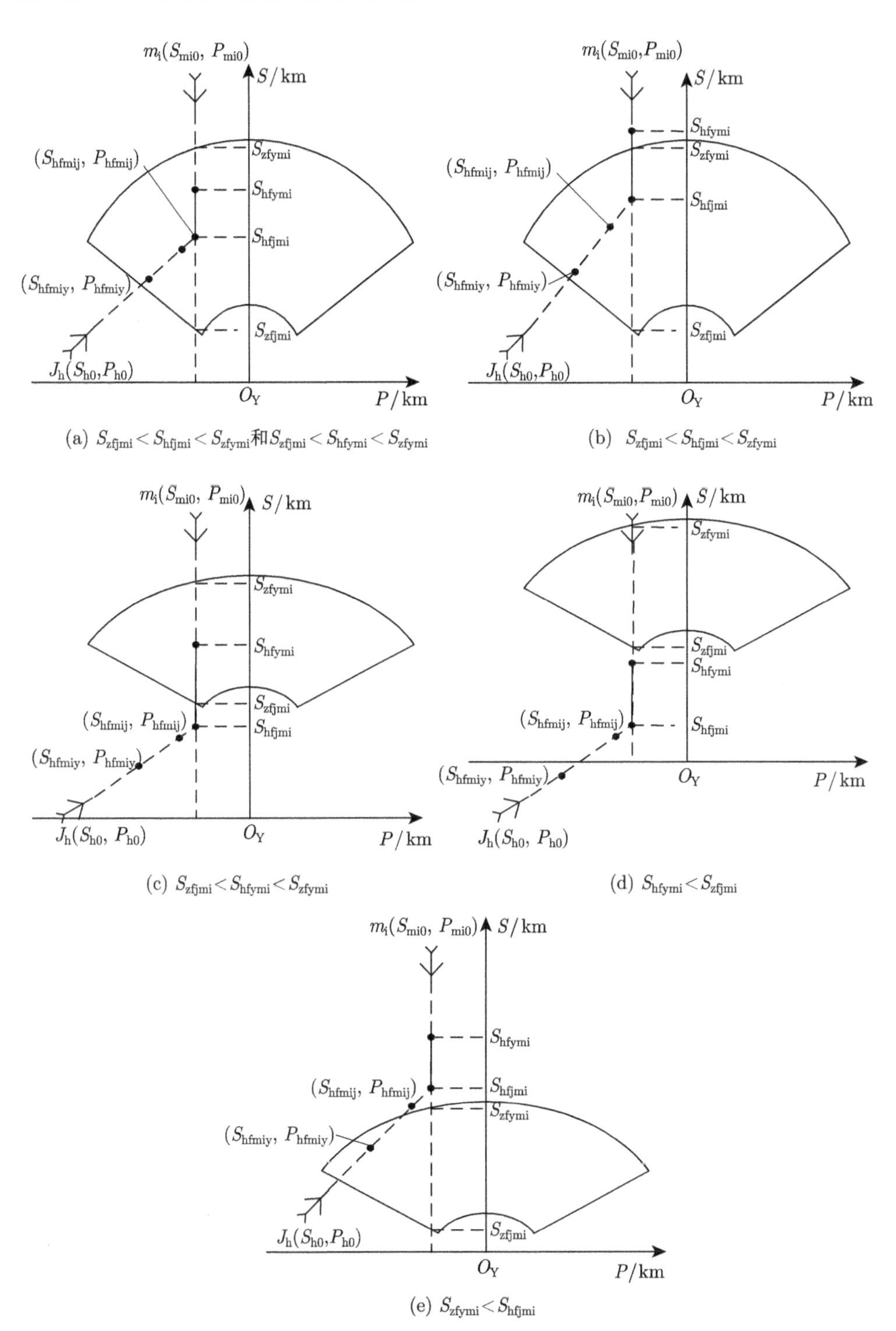

(a) $S_{zfjmi} < S_{hfjmi} < S_{zfymi}$和$S_{zfjmi} < S_{hfymi} < S_{zfymi}$

(b) $S_{zfjmi} < S_{hfjmi} < S_{zfymi}$

(c) $S_{zfjmi} < S_{hfymi} < S_{zfymi}$

(d) $S_{hfymi} < S_{zfjmi}$

(e) $S_{zfymi} < S_{hfjmi}$

图 6.30　空地战术级集火射击共同发射区判断示意图

$$S_{\text{hfmiy}} = S_{\text{h0}} + V_{\bar{\text{S}}\text{J}}\left(R_{\text{SJ-mi}} - R_{\text{SJFY}}\right) / \sqrt{V_{\bar{\text{P}}\text{J}}^2 + \left(V_{\bar{\text{S}}\text{J}} + V_{\text{Smi}}\right)^2} \tag{6.82}$$

$$P_{\text{hfmij}} = P_{\text{h0}} + V_{\bar{\text{P}}\text{J}}\left(R_{\text{SJ-mi}} - R_{\text{SJFY}}\right) / \sqrt{V_{\bar{\text{P}}\text{J}}^2 + \left(V_{\bar{\text{S}}\text{J}} + V_{\text{Smi}}\right)^2} \tag{6.83}$$

$$S_{\text{hfmij}} = S_{\text{h0}} + V_{\bar{\text{S}}\text{J}}\left(R_{\text{SJ-mi}} - R_{\text{SJFY}}\right) / \sqrt{V_{\bar{\text{P}}\text{J}}^2 + \left(V_{\bar{\text{S}}\text{J}} + V_{\text{Smi}}\right)^2} \tag{6.84}$$

$$R_{\text{SJ-mi}} = \sqrt{\left(S_{\text{mi0}} - S_{\text{h0}}\right)^2 + \left(P_{\text{mi0}} - P_{\text{h0}}\right)^2} \tag{6.85}$$

式中　$R_{\text{SJ-mi}}$——集火飞机与目标间的起始径向水平距离，km；

$R_{\text{SJFY}}, R_{\text{SJFJ}}$——集火用空空导弹径向水平发射区远界、近界，km。

步骤 4：具有共同发射区的判断准则如下。

准则 1：$(P_{\text{mi}}, S_{\text{hfjmi}})$，$(P_{\text{mi}}, S_{\text{hfymi}})$ 存在，且 $|P_{\text{mi}}| < P_{\text{zmimax}}$；

准则 2：$S_{\text{zfjmi}}<S_{\text{hfjmi}}<S_{\text{zfymi}}$ 和 $S_{\text{zfjmi}}<S_{\text{hfymi}}<S_{\text{zfymi}}$(图 6.30(a)) 或 $S_{\text{zfjmi}}<S_{\text{hfjmi}}<S_{\text{zfymi}}$(图 6.30(b)) 或 $S_{\text{zfjmi}}<S_{\text{hfymi}}<S_{\text{zfymi}}$(图 6.30(c))。

满足上述条件即有共同发射区，否则无共同发射区 (图 6.30(d)、图 6.30(e))。

6.6.2　空地跟踪级火力协同控制模型

空地跟踪级火力协同的本质是火力单位利用外部提供的精确跟踪信息引导自身导弹攻击空中目标的火力协同方法，即“外部信息制导法”。空地数据链的应用，在技术上实现了空地间对同一目标数据的实时、精确共享，且满足稳定跟踪和导弹引导 (制导) 精度要求，空地协同射击空中动态坐标以达成毁伤空中目标的效果。

数据链支持下空地跟踪级火力协同控制流程图如图 6.31 所示。数据链支持下，空地火力间实施协同射击的主体是火力攻击单位 (导弹发射单元)，协同对象 (客体) 是目标信息支持单位 (协同单元)，实施步骤如下。

步骤 1：协同射击主体对可供协同单位预选，并同时发出协同申请。当火力单位需要实施协同射击时，先判别在该区域内有无火力单位可以实施协同，如果有且在同一区域内可提供协同信息的火力单位不唯一，此时为保证协调意向迅速达成，防止贻误战机，应同时向具备条件的所有单位发出协同射击申请，并做好同时接收回复信息准备。

步骤 2：协同对象在接收到协同申请后，迅速对自己的协同能力进行判断。判断的依据是自身作战任务情况、上级协调情况及对目标掌握情况等。如果无法协同，回复拒绝指令；如果能够协同，执行协同操作。

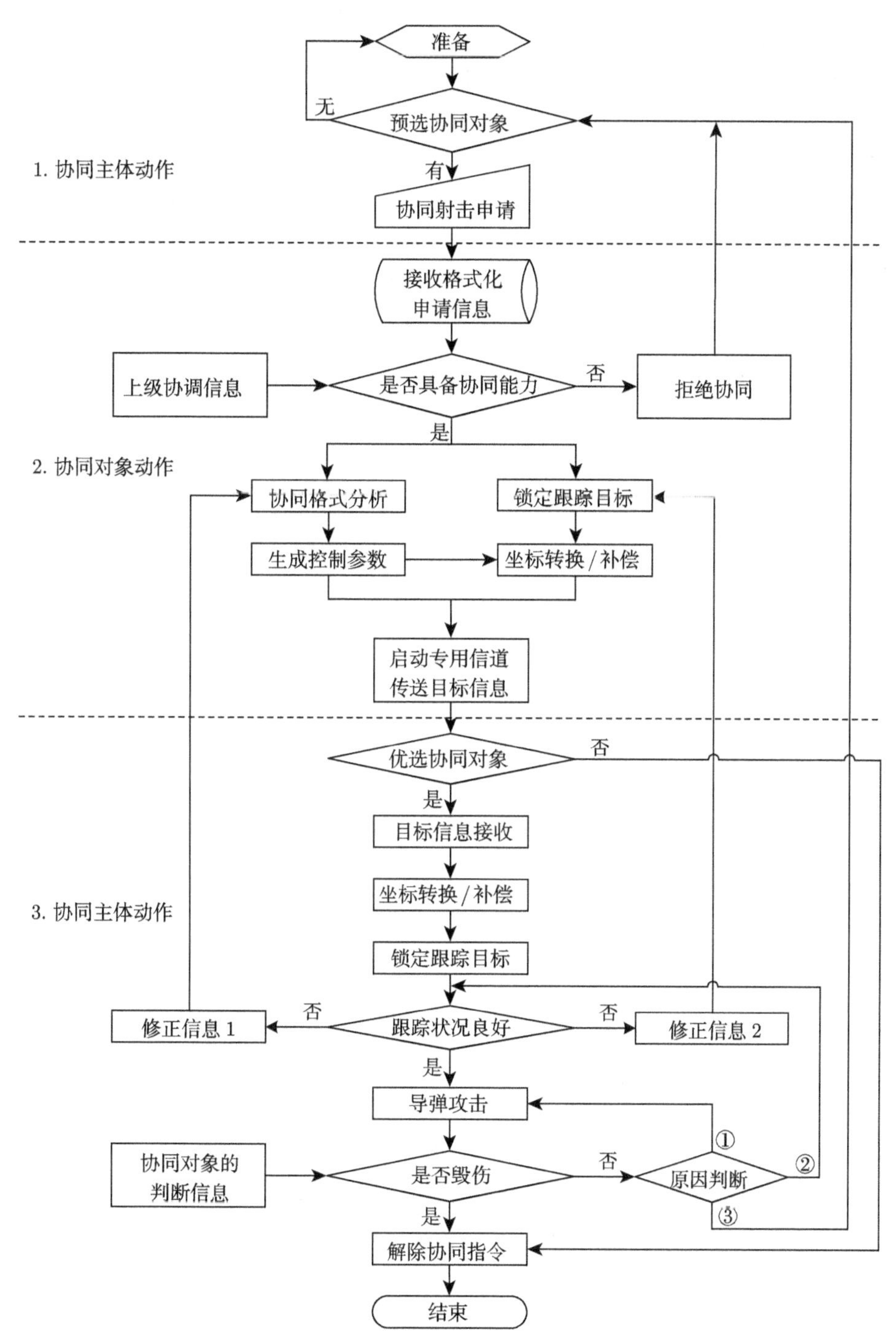

图 6.31　数据链支持下空地跟踪级火力协同控制流程图

步骤 3：协同对象启动装备自动协同程序，执行协同动作。在该步骤中主要完成三项工作：① 根据协同主体对目标信号的技术需求，形成修正/补偿参数及相应控制参数；② 锁定协同主体需求目标，并进行坐标转换；③ 开辟专用信道，并将高精度目标信息转换成通用格式，实时发送给协同主体。开辟专用信道是为了减少延迟，提高目标信息传递效率。

步骤 4：协同对象选择。当有多个协同对象可提供协同行动时，协同主体对协同对象进行选择排序，保留条件最优的两个对象实施协同，其余对象回复“解除协同指令”，终止协同关系。保留的两个协同对象，一个是主用对象，一个是备用对象。当主用对象信息质量下降或不可用时，直接启用备用对象的目标信息。

步骤 5：实施火力打击。协同主体运用协同对象送来的目标信息对空中目标进行精确跟踪、锁定、导弹发射和引导导弹攻击目标，并判断射击效果。在跟踪目标过程中，通过反馈信息及时修正补偿和控制参数。

步骤 6：协同效果判断。当目标被击落，说明协同射击成功，执行协同终止程序。当目标未被击落，迅速判明原因：① 协同信息良好，具备二次射击条件，再次组织射击；② 协同信息不良，重新修正跟踪信息；③ 协同条件不具备，重新选择协同单位或终止协同射击行动。

6.7　协同兵力动态嵌入/退出控制模型

基于数据链开放式信息网络的兵力动态嵌入与退出功能，是实施自主协同的物质基础，也是数据链支持下空地协同实现集中指挥与分散控制有机结合的根本保障。

空地协同兵力动态嵌入/退出包括指挥层和控制层两个层次的连接关系。指挥层连接关系，是指当一个战术单位 (飞行机群、编队或地面防空群) 或火力单位 (单机或地面防空兵营连) 进入到某一防空区域时，在技术上自主与相应区域的共享数据链网络系统连接，成为网络用户的一部分；在战术上确立与网络其他用户间的协同指挥关系，特别是要明确上一级的指挥主体和本级对网络内用户可行使的指挥权限。控制层连接关系，是指防空作战过程中，空地火力单位间因作战任务而需要直接在武器系统间进行信息交换时所确立的控制与被控制的关系，它是实施空地火力协同运用的基础和保障。

空地协同兵力动态嵌入/退出的主体是体系或系统外的作战兵力或武器系统，包括飞行机群 (编队)、单机、地面防空群、火力单位 (武器系统) 等；客体 (对象) 是数据链网络系统连接的局域协同网络体系或具体作战单位 (包括战术单位和火力单位)。其主要采取“人工干预 + 数据链网自动控制”方式实施嵌入/退出操作。

数据链支持下空地协同兵力动态嵌入/退出指挥控制流程图如图 6.32 所示。

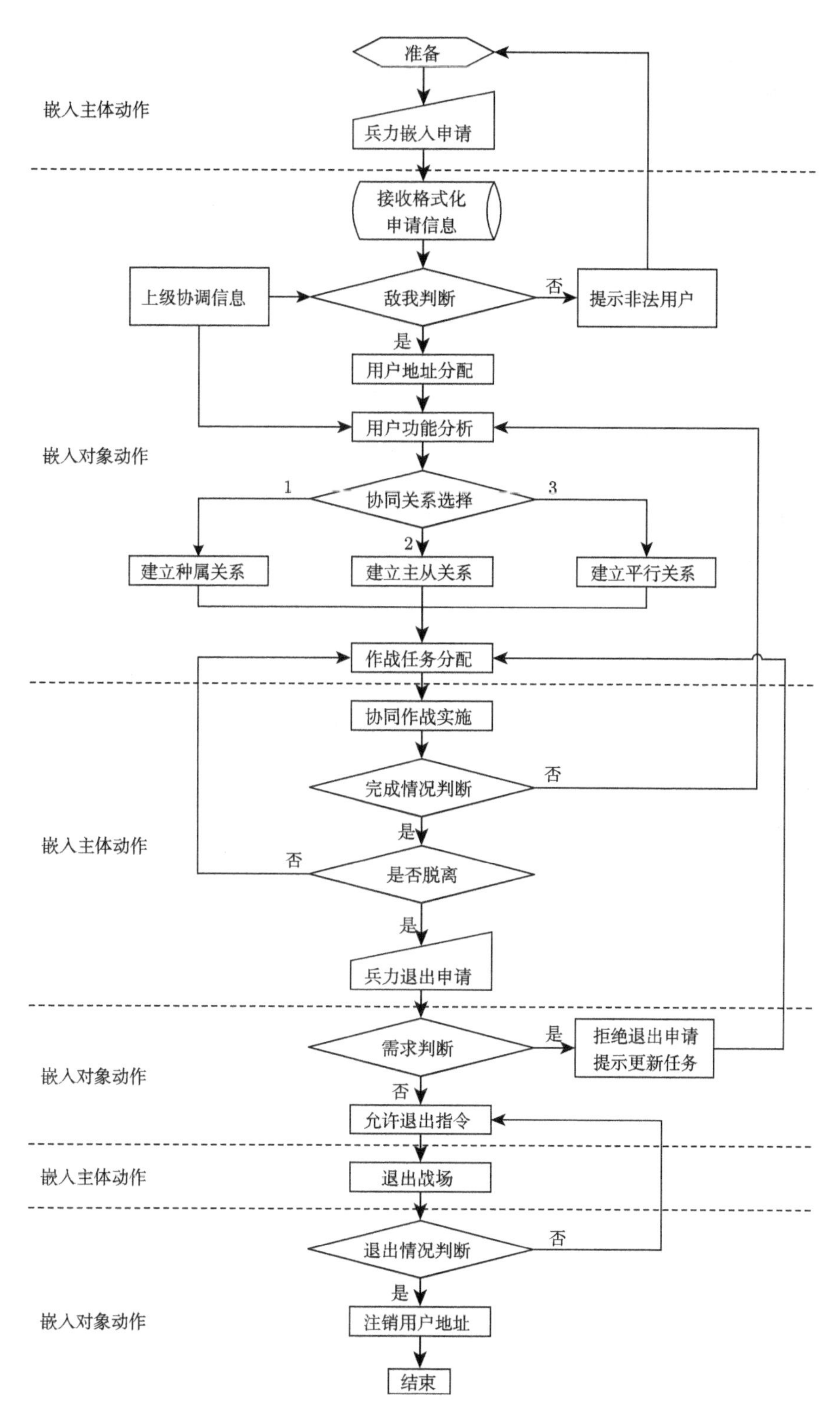

图 6.32　数据链支持下空地协同兵力动态嵌入/退出指挥控制流程图

具体实施步骤如下。

步骤 1：提出嵌入申请。要求动态嵌入的兵力在进入数据链区域网络覆盖空间后，按照格式化要求提出嵌入申请。申请内容主要包括：识别信息 (入网密码)、兵力结构信息 (包括原属番号、兵力组成、武器配置等)、任务需求 (自身作战任务及协同任务) 等。申请方式包括：数据链终端自动申请和人工手动申请。自动申请是默认工作方式，在自动申请失败或不适宜自动申请时，使用人工手动申请方式。

步骤 2：用户识别。区域数据链网络系统在接收到兵力嵌入申请后，实时将申请信息送往联合防空指挥中心和兵力协同需求单位，进行敌我属性识别。敌我识别要在上级协调信息的指导下进行，尽可能全面掌握兵力信息，综合判断敌我。对己方防空兵力分配用户网络地址，作为嵌入期间的用户识别信息；对不明兵力发送提示信息，拒绝嵌入申请。

步骤 3：建立协同指挥控制关系。在明确为己方防空兵力的前提下，对兵力的作战能力和作战任务需求进行综合评估，明确其在区域数据链网络内的指挥控制关系，并与直接协同单位建立相应的种属控制、主从制约或平行协商等协同关系。

步骤 4：实施空地协同作战。依据作战任务需求，运用确立的协同指挥关系实施空地协同作战。任务达成后提出退出申请；未达成或退出申请未批准，系统重新对兵力能力及作战需求进行评估，分配新任务，循环至任务达成或人工撤销任务。

步骤 5：退出协同连接。退出申请批准后，系统发送允许退出指令，兵力退出战场，系统监测并确认其退出后，注销其动态用户地址，兵力动态嵌入/退出控制与操作完成。

第 7 章　防空作战空域时空冲突的检测与消解

联合防空作战具有力量多元、行动多样、时空交错和转换快速的显著特点，当在同一个空域共同实施空中或对空任务时，不可避免地存在时间或空间上的行动冲突，可能发生空中危险接近、空中相撞、弹药危险穿越、误击误伤和协同火力打击时序不当等协同行动配合混乱、无序的严重问题，造成联合防空作战空地协同效率降低或行动失控。可见，作战空域时空的冲突检测与消解是联合防空作战空地协同十分重要的指挥协调环节，对确保联合作战空地协同行动有序、顺畅具有重要作用。

7.1　空域冲突检测与消解基础

空域冲突检测与消解需要具备空域时空检测理论和方法的支撑，是实现空域冲突检测与消解的技术基础，外军在这一领域有较为成熟的理论体系和实践经验可供借鉴参考 [70]。

7.1.1　空域冲突检测与消解的应用时机

根据防空作战空域协同的基本程序可知，空域冲突检测与消解的基本应用时机为：

(1) 计划协同阶段空域冲突的检测与消解。在制定空域协同计划时，对各作战力量提出的空域使用需求进行空域冲突检测与消解。

(2) 临机协同阶段空域冲突的检测与消解。在执行空域协同计划，即按照作战方案实施作战行动时，通过实时监测，对空域协同计划执行时出现的偏差和临机调整的空域协同计划，进行空域冲突检测与消解。

7.1.2　基于地理坐标的通用立体方格参考系统

由于不同空域用户的位置参考系统不尽相同，为了能及时、有效地对不同用户间可能发生的空域冲突进行计算机自动检测判断，需要建立统一的空域位置参考系统。美军在空地协同计划制定和技术实施过程中，主要使用通用地理参考系统 (common geographic reference system，CGRS) 和全球区域参考系统 (global area reference system，GARS) 两类栅格区域参考系统确定各类目标、空域的地理位置坐标。如图 7.1 所示，CGRS 使用左下角的原点 (origin point) 和右上角的终点

(end point) 来确定一个地理栅格，栅格内按照单元 (30′×30′)—键区 (10′×10′)—象限 (5′×5′) 的层级进一步分割，象限为最小的方格区域，纬度上和经度上采用数字、字母等形式进行标识，最终形成一个区域的坐标 (方格编码) 来代替确定的经纬度坐标。空域管理者通过使用区域坐标 (方格编码) 来协调空域的使用。GARS 是 CGRS 的派生，主要区别在于 GARS 原点的位置固定在南极，栅格内按单元 (30′×30′)—象限 (15′×15′)—键区 (5′×5′) 的层级进一步分割，键区为最小的方格区域 [70]。

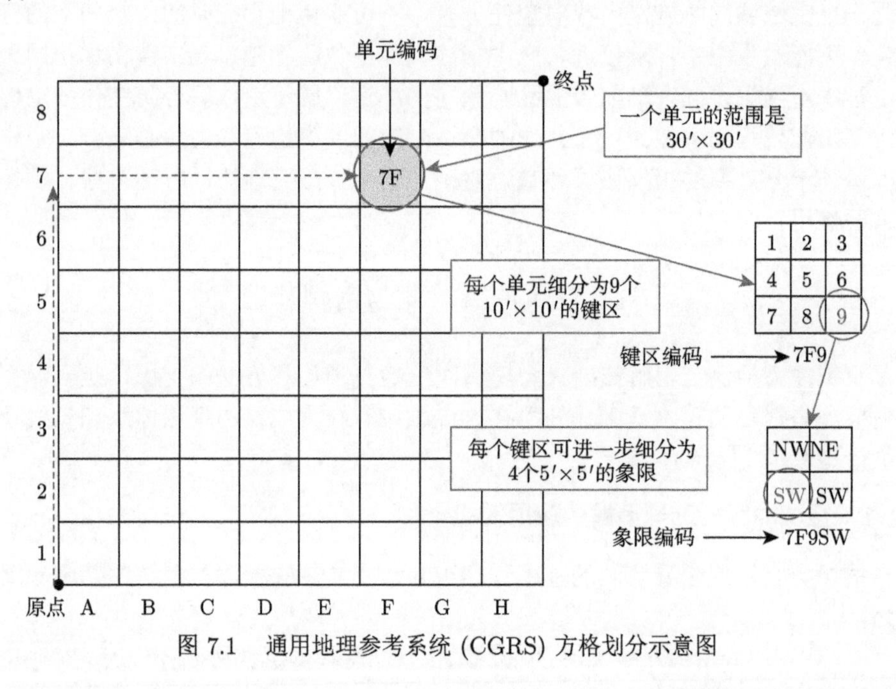

图 7.1 通用地理参考系统 (CGRS) 方格划分示意图

美军的 CGRS 和 GARS 不带高程和时间参数，用于联合作战立体空间有一定局限性，鉴于当前卫星定位系统在军事领域的大量应用，基于经度、纬度、高程等地理坐标参数描述的目标定位方法成为常用的方法，进行联合防空作战时有必要建立一种多军兵种通用的基于地理坐标的参考系统，这里在借鉴各类栅格参考系统的基础上提出一种名为“通用立体方格参考系统”(common 3D grid reference system，C3GRS) 的栅格参考系统作为空域冲突判断和联合作战指挥的通用位置参考系统。

1. 通用立体方格参考系统的组成

通用立体方格参考系统根据地理坐标绘制，由方格编码、高度、方格开启时间等参数组成。根据作战地幅的大小，方格可分为 4 种类型，由大到小分别划分为 A 类方格、B 类方格、C 类方格、D 类方格。一个 A 类方格以军用地图上大地地理坐标纬差 30′，经差 60′ 组成。每个 A 类方格，按“井”字形状等分，划成九个 B 类方格；每个 B 类方格按“井”字形状等分，划成九个 C 类方格；必要时还可以将上述 C 类方格再按“井”字形状等分，划成九个 D 类方格。立体方格通常根据不同的任务划分不同的高度。通用立体方格参考系统方格划分见图 7.2[71]。

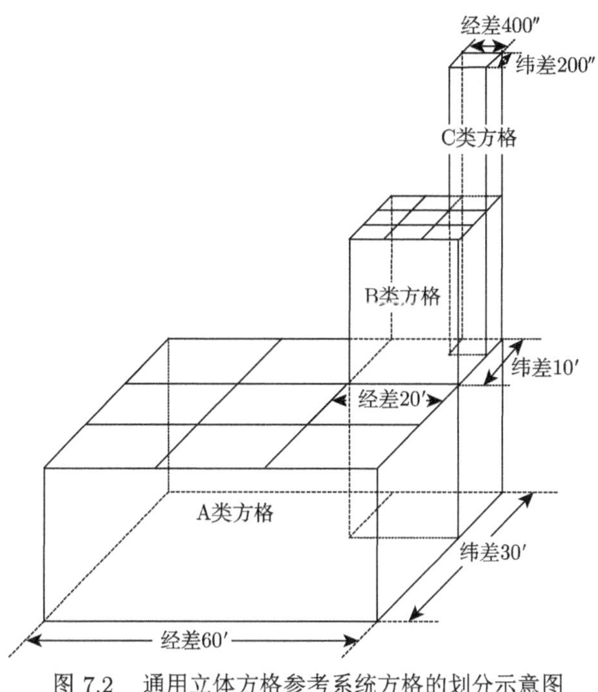

图 7.2　通用立体方格参考系统方格的划分示意图

2. 通用立体方格的编码

通用立体方格参考系统以联合作战地图统一规定的方格网为基准，每个 A 类方格均为基准方格。每个 A 类方格贯以纵、横数码即为该 A 类方格的坐标编码。A 类方格的编号是四位数，前两位数为纵码，后两位数为横码。纵码由北向南递增，横码由西向东递增。纵、横码的数值均在 00～99，超过 99 时不进位，再从 00 开始递增。A 类方格编码方法见图 7.3[71]。

B 类、C 类、D 类方格的坐标编号是一致的，都是一位数。从左上角的方格起，顺时针方向编为 1～8 号，中间方格是 9 号。因此，通用立体方格平面坐标编码一般由 6 位数组成，前 4 位数是 A 类方格坐标，第 5、6 位数分别是 B 类、C 类方格坐标。当需要精确标示目标位置时，增加 D 类方格坐标，即在第 6 位数后增加第 7 位数表示 D 类方格坐标。

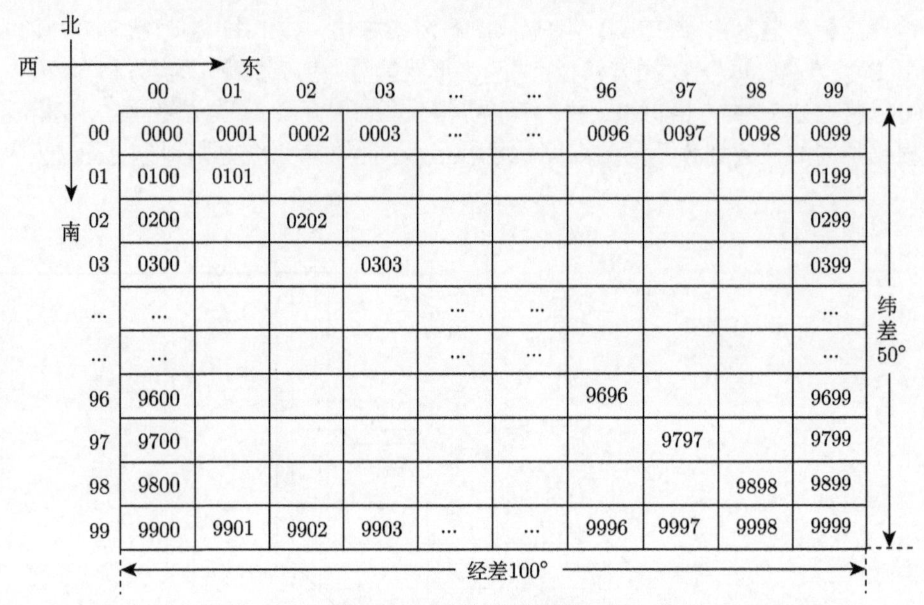

图 7.3　A 类方格的编码方法

B 类、C 类、D 类方格编码见图 7.4，6 位、7 位平面坐标编码见图 7.5。

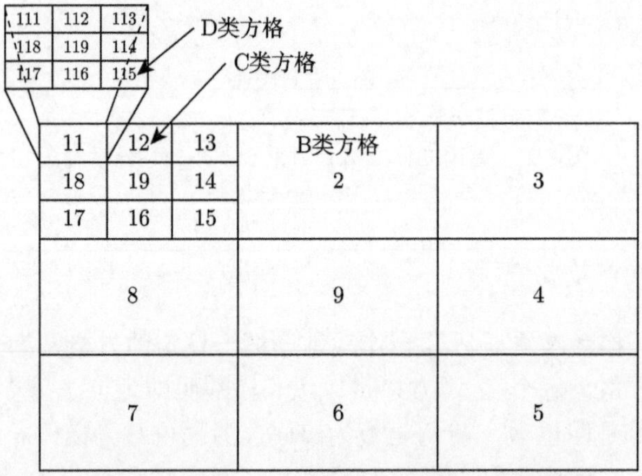

111 112 113
118 119 114
117 116 115
D类方格
C类方格
11 12 13
18 19 14
17 16 15
B类方格
2 3
8 9 4
7 6 5

图 7.4　B 类、C 类、D 类方格编码示意图

在平面坐标基础上增加高度信息就可以表示完整的立体方格坐标，其编码格式为：(6 位平面坐标编码，高度层) 或 (7 位平面坐标编码，高度层)。如果需要显示通用立体方格开启与关闭的时间，则可加上时间信息，其编码格式为：(6 位平面坐标编码，高度层，时间段) 或 (7 位平面坐标编码，高度层，时间段)。通用立体方格坐标编码见图 7.6。

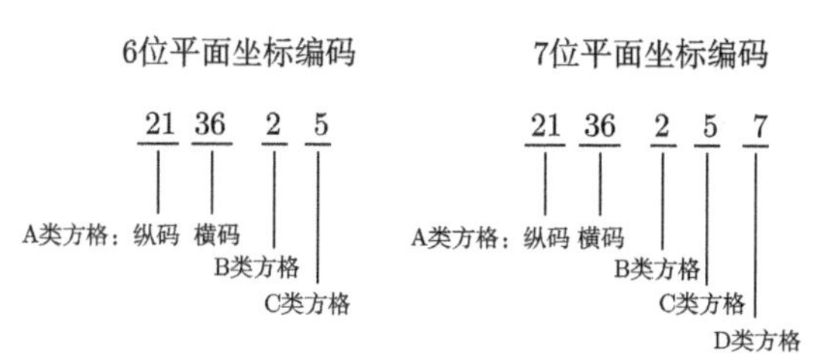

图 7.5　6 位、7 位平面坐标编码示意图

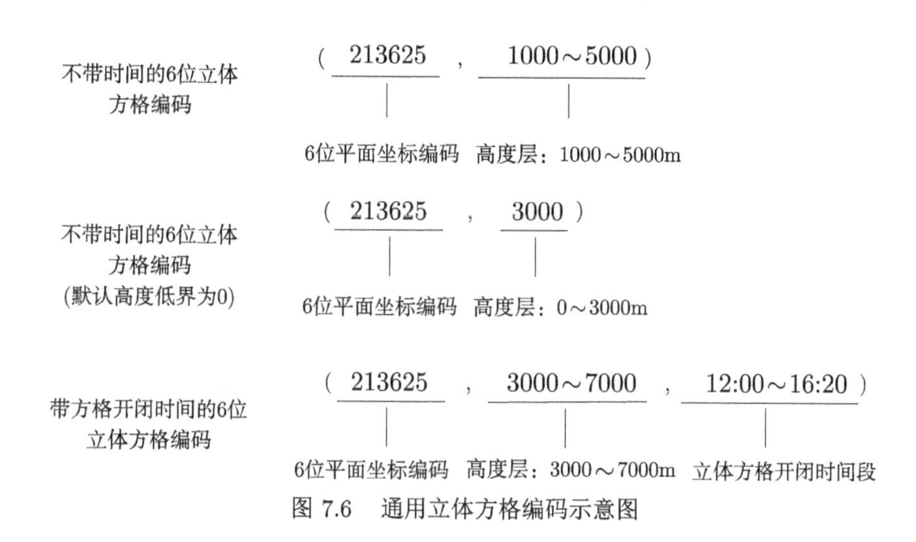

图 7.6　通用立体方格编码示意图

通用立体方格坐标根据上级指示进行更换时，按通知的密钥数字在基准方格坐标上进行加或减运算，得出的“和”或“差”就是这个基准坐标所在立体方格的新坐标。

7.1.3　空域模型的立体方格化

空域模型的立体方格化，是指使用通用立体方格参考系统将作战空域内所有空域使用者占用的和计划占用的空间资源进行立体方格分割并进行编码。将整个作战空域划分为若干个小的立体方格 (立体空间)，当空中和地面的防空作战单元在这些小的立体方格内行动时，若各自作战空域所属的立体方格不相交和互相不进入对方的立体方格，或者各自的飞行器、火炮、导弹的航路、航迹、弹道等不同时进入对方的立体方格，可避免相互干扰或者误击误伤，同时各方根据立体方格的约束进行作战，也能提高协同作战的有效性。空域协同管控系统通过对各空域使用者占用立体方格编码的分析和判断，可以得知作战空域冲突的具体情况，从而进行精准的协调与控制。对于不同空域使用者提出的对立体方格占用的请求，可以根据各立体方格占用状态进行实时的调整，从而大幅缩短空域协调的工作时间。

进行空域模型的立体方格化时，需要确定作战空域的基准方格坐标，所有空域使用者的立体方格坐标都是基于基准方格坐标，基准方格坐标一般由联合防空作战指挥机构确定，并通过相应保密渠道分发到各空域使用者；同时要确定作战空域立体方格的高度，该项参数通常依据防空作战计划、作战空域的地幅、作战空域内各型空中、地面防空武器装备的性能等因素来决定。

根据几何形状，可将协同空域分为面类空域和线类空域两大类。

面类空域可以是环形、扇区、矩形等具有较大面积的空域，如防空识别区、地空导弹射击区等，见图 7.7。

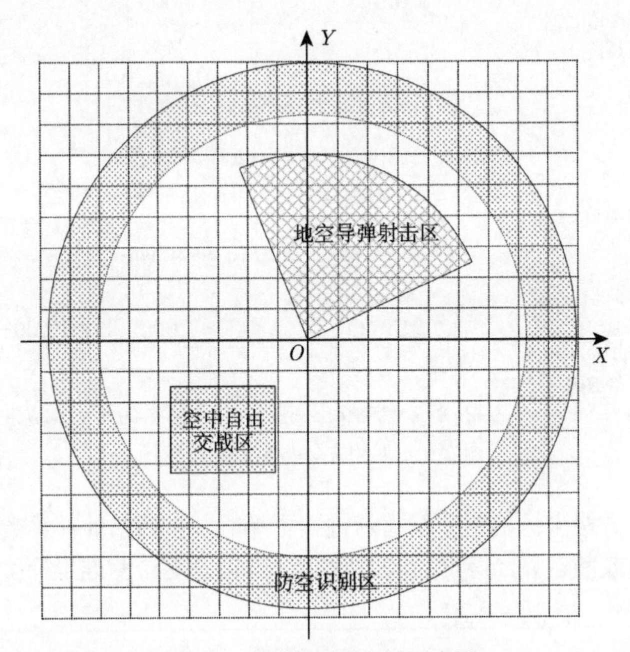

图 7.7 典型的面类空域示意图

线类空域主要是航空兵飞行器的飞行航迹、空中航路、空中走廊等，也可以是短暂飞行的远程炮弹、火箭弹和战术弹道导弹等弹道轨迹占用的空域，见图 7.8。

7.1.4 立体方格的开启与关闭

通用立体方格参考系统中的立体方格不仅具有一般的空间属性，还具有独特的时间属性，在空地协同过程中立体方格的开启与关闭也是从时域上进行协同的一种重要协同方法。空域划设时每个空域都由若干个通用立体方格组成，通过在立体方格编码中明确空域占用的各个立体方格的打开与关闭时间，也就明确了每个空域的开启与关闭时间。空域协同管控系统通过计算机网络或空地数据链

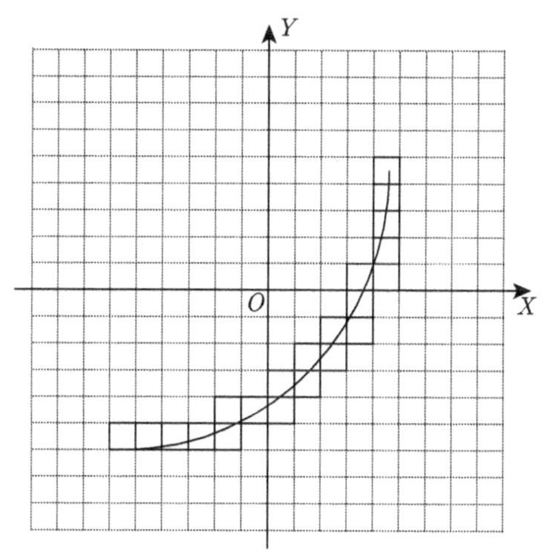

图 7.8　典型的线类空域示意图

等通信系统将通用立体方格的编码信息发送到各空域使用用户，建立统一共享的空情态势信息，对于每个空域用户其收到的立体方格开启与关闭的指令有可能不同，空域用户根据上级发送的具体立体方格开启与关闭的时间来协同作战行动。空域立体方格开启与关闭示例见表 7.1。

表 7.1　空域立体方格开启与关闭示例

空域名称	立体方格开启情况		说明
	地空导弹兵	航空兵	
地空导弹射击区	开启	关闭	地空导弹射击区对地空导弹兵开启时默认对航空兵关闭，航空兵收到指定区域立体方格关闭指令后禁止进入该区域，防止发生误伤
空中自由交战区	关闭	开启	空中自由交战区对航空兵开启时默认对地空导弹兵关闭，地空导弹兵收到指定区域立体方格关闭指令后禁止对进入该区域的目标实施射击，防止发生误伤
协同交战区	开启	开启	协同交战区所占立体方格对地空导弹兵和航空兵都开启，表明此时地空导弹兵和航空兵均可对区域内的敌方实施攻击，但此时需要对射击的目标进行精确识别区分，以防误射我机
	08:00～08:20 开启	07:45～08:00 开启	协同交战区所占立体方格对地空导弹兵和航空兵分时开启，可确保在同一立体方格内对敌交替射击，防止误射我机
空中限制区	关闭	关闭	空中限制区所占立体方格对地空导弹兵和航空兵同时关闭，表明禁止我机进入该方格，也禁止地空导弹兵对方格内目标射击
	开启	关闭	空中限制区所占立体方格对地空导弹兵开启，对航空兵关闭，表明禁止我机进入该方格，但允许地空导弹兵对方格内目标射击

7.2　计划协同阶段空域冲突的预先检测与消解

计划协同阶段空域冲突的预先检测与消解，主要是依据战前各空域使用者上报的空域使用计划，对各类用空行动进行空域冲突的预先检测，及早发现各类用空行动的时空冲突隐患并根据冲突的严重程度采取不同的冲突消解方法。

7.2.1　计划协同阶段空域冲突的检测

计划协同阶段空域冲突检测时，应先将各类空域模型立体方格化，然后通过在时间上进行仿真推演，按照一定的评判准则，判断各类飞行航路、航迹、弹道、区域的立体方格、时间是否相交，如果有任何一项相交 (逻辑与运算) 则判断产生空域冲突，进入冲突消解工作。计划协同阶段空域冲突检测流程见图 7.9[48,72]。

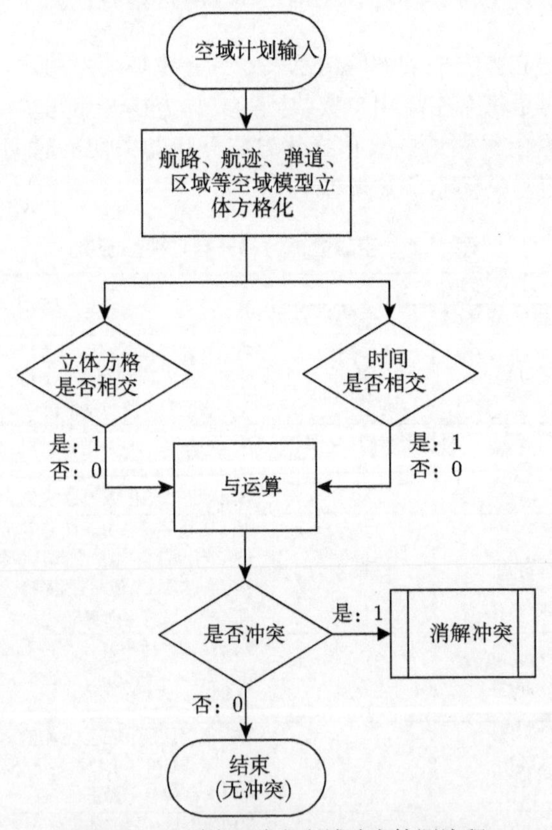

图 7.9　计划协同阶段空域冲突检测流程

1) 空域使用计划输入

计划冲突检测从各空域使用者输入空域使用计划开始。以航空兵的空域使用计划为例，其要输入的作战行动计划信息一般包括：飞行员代号、机型、作战任务、弹药情况、起飞时间、计划飞行时间、空中航路、空中走廊、安全通道、待战巡逻空域、拦截交战空域、机载预警空域、机载指挥通信空域、机载电子战空域、空中侦察空域等参数。

2) 空域模型立体方格化

通过使用通用立体方格参考系统，将作战空域内所有空域使用者占用的和计划占用的空间资源进行立体方格分割并进行编码。

3) 立体方格相交判别

将不同空域的立体方格编码进行比较，如果平面坐标编码、高度、时间都重合，则说明存在立体方格相交。此外，对于航迹、航路空域与武器系统作战空域相交的判别，还可将立体空域投影到平面上，进行平面解析几何判别。

图 7.10 为空域占用的判定。通常情况下可对飞行航路上的每一个点进行判断，实际中，可以用空域单元格中心的距离来判断。当空域单元中心与航路直线距离 OP 小于到顶点的距离 OB 时，则认为该航路通过该空域单元。当经过空域单元的航路为曲线时，可以将曲线线段近似地看作直线线段进行计算。

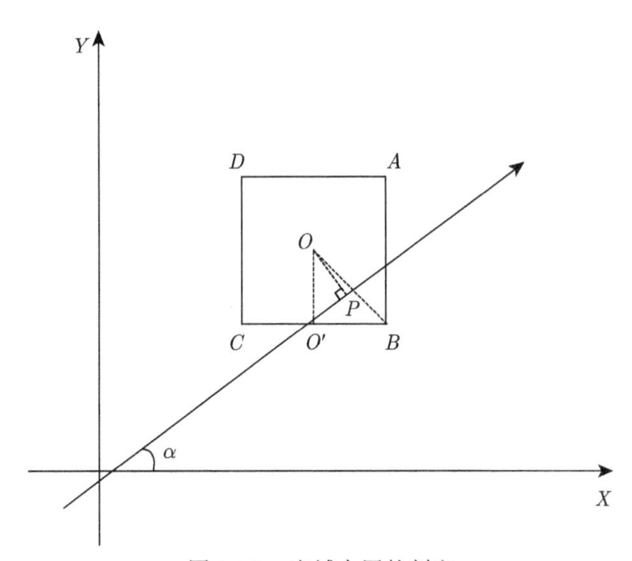

图 7.10　空域占用的判定

4) 时间相交判别

根据空域使用时间进行判断，如果在相同的时间内占用同一个空域单元，则认为产生时间相交的冲突，具体见图 7.11[73,74]。

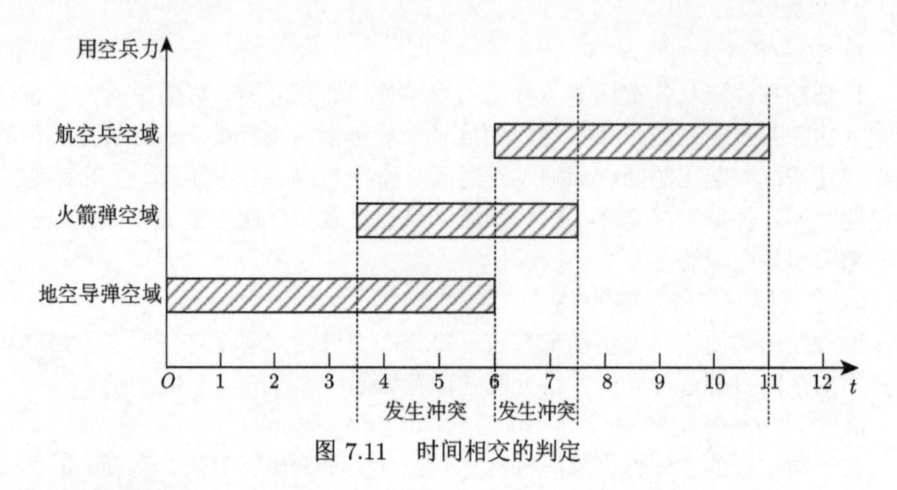

图 7.11　时间相交的判定

5) 冲突判别

空域计划是否冲突的最终判别是进行逻辑与运算。只有在立体方格和时间同时存在相交的情况下，才判定存在计划冲突，只要立体方格和时间中有一个不相交，则认为不存在计划冲突。

7.2.2　计划协同阶段空域冲突的消解

如果在综合各空域使用者的空域计划中判断存在空域使用计划冲突，则需要进行冲突的消解。冲突的消解主要依据冲突的严重程度、消解冲突面临的风险等标准选择不同的消解方法。

1. 选择消解方法的依据

1) 依据冲突的严重程度

以地空导弹与作战飞机间的空域计划冲突为例，按照冲突的严重程度可以分为 I 级冲突、Ⅱ 级冲突和 Ⅲ 级冲突。针对不同的冲突级别可以采取不同的冲突消解方法，如表 7.2 所示。

表 7.2　空域冲突的严重程度划分及冲突消解方法

序号	冲突级别	冲突描述	冲突消解方法
1	I 级	航空兵交战空域与低空导弹火力射界区域冲突，该空域在三维空间和时间上均冲突	必须调整前期规划，可按照高度进行区分，地空导弹火力严禁射击规定飞行高度内的飞行器，或者调整地空导弹火力射界，消除冲突空域
2	Ⅱ 级	航空兵待战巡逻空域与地空导弹火力射界区域冲突	给出明确提示，并明确列出航空兵在此空域内的飞行时间段和飞行高度，地空导弹火力在此时间段内对冲突空域的飞行器严禁射击
3	Ⅲ 级	航空兵飞行走廊、集结空域与地空导弹火力射界区域冲突	明确航空兵在此空域内的飞行时间段和高度，地空导弹部队按照飞行时间段和高度信息密切监视该空域飞行器，除了在指定时间段和高度外，其余时间段均可进行射击

2) 依据消解冲突面临的风险

消解冲突通常会面临两种风险，一是空域使用者之间存在的碰撞风险，二是为了降低碰撞风险而取消或者延迟某项作战任务，对顺利完成整体作战任务而带来的风险。

通常情况下，如果存在碰撞风险，就要采取措施调整空域的使用，在降低碰撞风险的同时尽量不削弱任务的正常执行。但有时为了将碰撞风险降低到一定程度，必须要削弱一个或多个任务的正常执行。此时，指挥员必须要在两种风险中间进行权衡，要么通过调整航空兵作战空域来降低可能的碰撞风险，要么取消地面防空火力对保卫目标的掩护，从而让地面目标在可能承受一定空袭损失的情况下确保不发生误射空中我机的情况，或继续让航空兵和地面防空兵同时在同一空域作战，因而承担一定的误击误伤风险。

2. 计划冲突消解的方法

一旦确认了冲突消解的优先顺序，通常按照消解冲突的优先级从高往低进行冲突消解工作。冲突消解的一个基本原则是在作战任务影响最小的情况下对冲突双方进行协调，优先保证主要作战任务的完成。计划冲突消解的基本方法是从高度、区域和时间三个维度上进行调整，通过合理调整不同空域使用者占用的立体方格及其使用时间，从而避开空域使用计划冲突。

冲突消解的效果通常包括两种：完全的消解冲突和将冲突的严重程度最大化地降低。在实际的作战条件下，第二种情况通常更容易实现。如果在三个维度上都无法进行自动调整，则要将该问题提交授权指挥员裁决，依据指挥员对冲突严重程度和可能风险的主观判断，选择合适的方法进行最终的消解。当所有的计划冲突消解完毕后，要生成新的空域协同计划，并下发给各用空使用者执行。计划协同阶段空域冲突消解流程见图 7.12[75]。

7.3　临机协同阶段空域冲突的实时检测与消解

临机协同阶段空域冲突的实时检测与消解，主要是依据对空地作战行动的实时监控，及时发现可能、即将或正在发生的用空行动冲突，通过早期预警、调控介入而及时加以规避。

7.3.1　临机协同阶段空域冲突的检测

在临机协同阶段对空域使用者之间的实时冲突进行检测，通常要完成下述工作。

(1) 对所有空域使用者所处的位置进行连续不断地定位。目标定位手段包括雷达、二次雷达、数据链、话音等，其中雷达空情主要由雷达兵、地面防空兵等

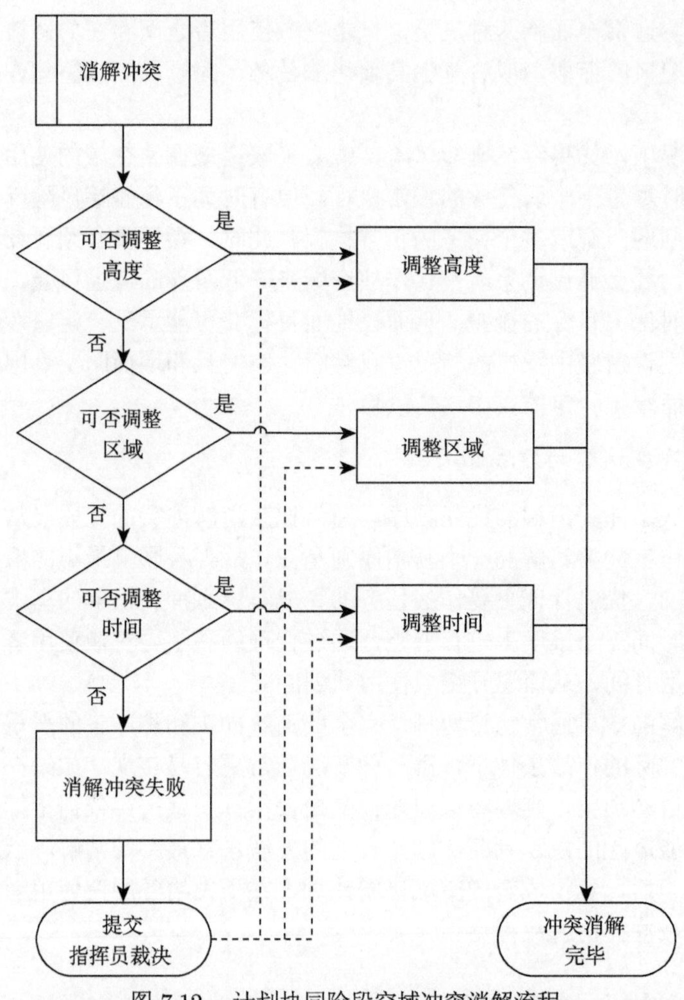

图 7.12　计划协同阶段空域冲突消解流程

装备的目标监视/指示雷达提供；二次雷达空情主要由军用、民用装备的空管控制雷达提供；数据链空情主要由装备空地数据链的航空兵飞机向数据链地面站发送；话音空情主要由航空兵装备的空地无线电话音通信系统向地面报送自身位置信息。

(2) 对所有空域使用者的身份情况进行识别。目标识别手段包括雷达敌我识别器、二次雷达、数据链、话音等，其中雷达敌我识别器是最常用也是最主要的敌我识别手段，但在复杂电磁环境下，可靠性会降低；二次雷达通过获得目标的应答信号，得到“呼救”信号、敌我识别信号和目标编号等目标识别信息，探测距离远，不易受地物、海浪及气象杂波的影响，但不能识别非合作 (未装应答机) 目标，主要用于军用、民用飞行管制；数据链则可以通过保密的无线数据通信发送飞行器自身的识别代号；话音主要由航空兵装备的空地无线电话音通信系统向地面报送自身识别信息。

(3) 掌握空域使用者空域使用计划，预期空域使用者的下一步行动、飞行轨迹、飞行弹道等情况。空域协同机构必须是区域联合作战指挥机构的组成部分，才能够确保掌握作战区域内所有空域使用者的空域使用计划，同时通过空域协同管控系统与航空兵、地面防空兵等诸军兵种的指挥控制系统相交联，获得空中飞行器、地面防空武器等兵器状态，从而掌握空域使用者的近实时工作状态。

(4) 形成防空作战态势图，连续监控和评估当前态势。空域协同管控系统将从其他情报监视系统、指挥控制系统获得的空情情报和武器状态信息综合汇总，形成近实时的防空作战态势图并显示出来，通过计算机自动检测评估和人工判断可能发生的冲突，在防空作战态势图上标绘出来，供指挥控制人员监控、评估使用。指挥控制人员要完成评估判断工作至少包括以下活动：① 检查核实航空兵已经计划好的作战任务是否符合空域的实际运行情况；② 预计是否有可能为当前行动的调整建立新的飞行任务，如伤亡人员的空中后送、使用无人机系统等；③ 确认是否有未按照协同计划协调擅自进入作战空域的空域使用者；④ 了解未被使用空域的状况，以便有紧急情况时可以迅速批准对该空域的使用；⑤ 保持对当前作战行动态势的理解，并预测有可能带来空域冲突的火力运用任务 (地对空、地对地、空对地火力运用)。

(5) 建立实时的空域协同指挥控制网，传送空域协同命令。空域协同机构采用多种手段与上级、友邻、下属建立实时、抗干扰、保密的远程语音和数据通信联系，根据可能发生的冲突，向空域使用者发出相应的空域协同命令以进行冲突消解。必要和条件允许时，空域协同机构可以授权部分空域使用者之间利用空域协同指挥控制网进行自主式协同，以适应更加快速变化的战场情况。

7.3.2　临机协同阶段空域冲突的消解

在实施作战行动和协同行动时，无论计划工作是否周密，空域协同机构都面临作战空域内空域使用者之间出现的各种实时冲突。通过连续监控并评估当前空域实际运行情况和计划执行情况，空域协同机构可以建议或协调使用额外的作战空域用于紧急火力支援、计划外无人机使用、临时战术弹道导弹发射等任务。

由于飞行器的高速性，根据其所处位置进行快速决策存在一定的风险。因为每个飞行器的当前位置通常都是估计的，空域指挥控制人员要根据飞机最后的报告来持续判断飞机的可能位置，通过使用快速更新的位置报告系统 (使用雷达探测或者数据链自动位置报告) 有助于化解风险，此时飞机占用的空域可以用较小的立体方格组成。如果没有近实时的态势感知能力，空域指挥控制人员就要采取预先计划的方法进行风险的化解，同时要预留大量的立体方格以备不时之需。

空域协同管控系统根据自身监测和用空使用者实时上报的各类飞行器、炮弹、导弹的飞行航迹和弹道轨迹，快速计算下一步要使用的立体方格坐标，通过对相同时间内作战空域立体方格占用的判断，预测将要发生空域冲突的立体方格编号，并实时将其通报给冲突的相关方，从而进行相应的调整。

空域协同机构解决作战空域实时冲突的一般方法包括：① 改变一个或多个空域使用者的立体方格 (运行位置、高度) 或时间；② 限制一个或多个空域使用者的作战行动 (依据火力优先原则或者是机动优先原则)；③ 承担一定的风险以使多个空域使用者在同一空域内行动。

空域协同机构通常不负责管理单个空域使用者的飞行轨迹或航线，而是在实施过程中通过整合整个空域的使用来控制风险。只有在两个或两个以上空域使用者产生冲突时，空域协同机构才会指示某个或某些空域使用者改变飞行轨迹，或者为了避免地面、空中的火力误伤，与地面防空部 (分) 队进行协调，以改变火力弹道。航空兵、地面防空兵有责任保持原来的飞行轨迹或弹道，除非受到上级的特别限制或协调，否则指挥员有权选择并接受一些可能带来的风险，以确保主要作战任务的顺利完成。

7.4 空域冲突检测与消解协同案例

这里假设红方歼击机、地空导弹组织对蓝方第三代作战飞机协同作战，给出基于空域立体化方格进行计划协同阶段、临机协同阶段空域冲突检测与消解的应用示例。

1. 初始条件设置

初始条件设置包括敌情、我情和战场环境设置，具体如下。

1) 敌情设置

出动兵力：蓝方第三代战斗机　　2 架
　　　　　小型空射诱饵　　　　4 枚
　　　　　高速反辐射导弹　　　4 枚

作战任务：侦察并摧毁发现的前沿雷达站、地空导弹阵地。

作战方法：1 架蓝方第三代战斗机携带 4 枚小型空射诱饵，在地空预警监视区外投放，小型空射诱饵依照事先规划好的航线飞行，通过伪装为蓝方第三代战斗机的信号特征诱使前沿雷达站和地空导弹制导雷达开机，并在向雷达飞行的过程中发出电子干扰压制；另 1 架蓝方第三代战斗机一旦侦测到地面雷达开机，即发射高速反辐射导弹予以硬摧毁。

2) 我情设置

出动兵力：红方第三代战斗机　　4 架

　　　　　中远程地空导弹营　　1 个

作战任务：争夺制空权，保卫重要目标的安全。

作战方法：红方第三代战斗机每一批两架在海上专属经济区上方待战巡逻空域巡逻，听令对进入防空识别区的目标进行抵近查证和拦截；中远程地空导弹营听令对空辐射，拦截进入地空导弹射击区的敌目标。

3) 战场环境设置

濒海地区防空作战，主要为远海作战。

2. 空域划设和空域模型立体方格化

战场初始态势如图 7.13 所示。

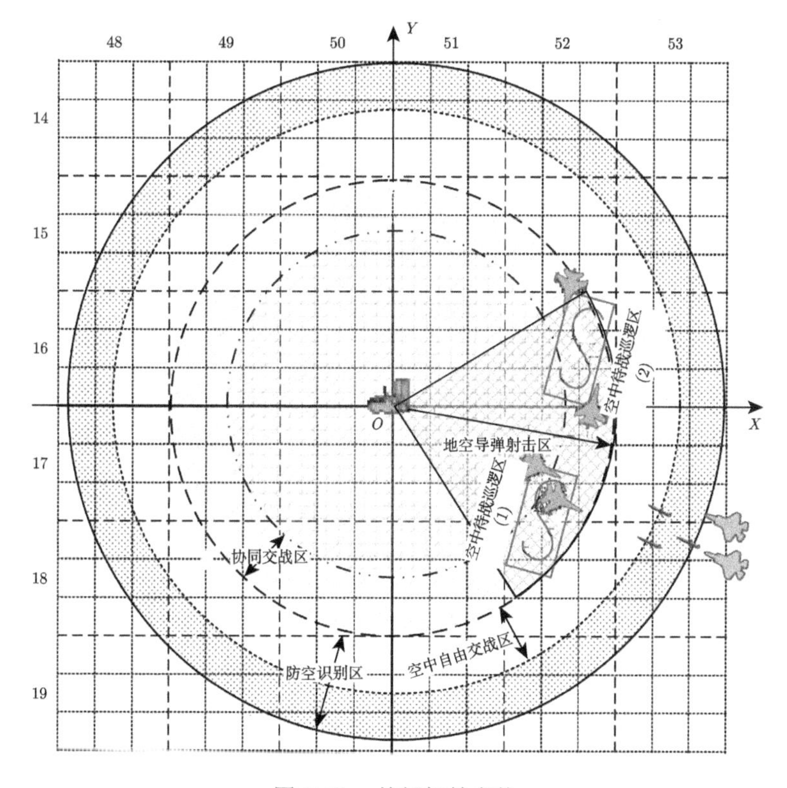

图 7.13　战场初始态势

1) 航空兵

空中自由交战区：呈环状分布，设在地空导弹兵最大射程之外，不占用地空导弹兵空域。

协同交战区：呈环状分布，远界为地空导弹最大射程，近界为地空导弹保险杀伤区远界。

空中待战巡逻区：设在协同交战区内，也在地空导弹射程以内，可以受到地空导弹保护，T1、T2 分别代表空中待战巡逻区 (1)、空中待战巡逻区 (2) 空域立体方格开启关闭的可用时间段，如表 7.3 所示。

表 7.3 空中待战巡逻区占用的立体方格

空域名称	占用的立体方格
空中待战巡逻区 (1)	(17526，3000~8000，T1)(17527，3000~8000，T1) (17528，3000~8000，T1)(17529，3000~8000，T1) (18521，3000~8000，T1)(18522，3000~8000，T1) (18528，3000~8000，T1)(18529，3000~8000，T1)
空中待战巡逻区 (2)	(16522，3000~8000，T2)(16523，3000~8000，T2) (16524，3000~8000，T2)(16525，3000~8000，T2) (16526，3000~8000，T2)(16529，3000~8000，T2)

2) 地空导弹兵

地空导弹射击区：以地空导弹阵地为圆心，最大射程为半径的圆环。在敌可能来袭方向上，按照扇区区分与航空兵的作战地域，地空导弹射击区 (扇区) 角度为 90°，T3 代表地空导弹射击区空域立体方格开启关闭的可用时间段，如表 7.4 所示。

表 7.4 地空导弹射击区占用的立体方格

空域名称	占用的立体方格
地空导弹射击区	(16514，27000，T3)(16515，27000，T3) (16516，27000，T3)(16517，27000，T3) (16519，27000，T3) (16521，27000，T3)~(16529，27000，T3) (17511，27000，T3)(17512，27000，T3) (17513，27000，T3)(17514，27000，T3) (17515，27000，T3)(17516，27000，T3) (17518，27000，T3)(17518，27000，T3) (17521，27000，T3)~(17529，27000，T3) (18511，27000，T3)(18512，27000，T3) (18521，27000，T3)(18522，27000，T3) (18523，27000，T3)(18528，27000，T3) (18529，27000，T3)

3. 空域冲突检测与消解

1) 计划协同阶段

根据冲突检测程序进行立体方格编码是否相交的检测判断，假设时间 T1=T2=T3，则可得出航空兵与地空导弹兵相冲突的立体方格编码，见表 7.5。

表 7.5　冲突空域占用的立体方格 (以航空兵视角)

冲突空域名称	占用的立体方格
空中待战巡逻区 (1) 地空导弹射击区	(17526，3000~8000，T1)(17527，3000~8000，T1) (17528，3000~8000，T1)(17529，3000~8000，T1) (18521，3000~8000，T1)(18522，3000~8000，T1) (18528，3000~8000，T1)(18529，3000~8000，T1)
空中待战巡逻区 (2) 地空导弹射击区	(16522，3000~8000，T2)(16523，3000~8000，T2) (16524，3000~8000，T2)(16525，3000~8000，T2) (16526，3000~8000，T2)(16529，3000~8000，T2)

根据冲突消解程序进行空域冲突消解，可将航空兵的两个空中待战巡逻区移出地空导弹射击区 (扇区)。计划协同阶段空域冲突消解后的空域划设见图 7.14。

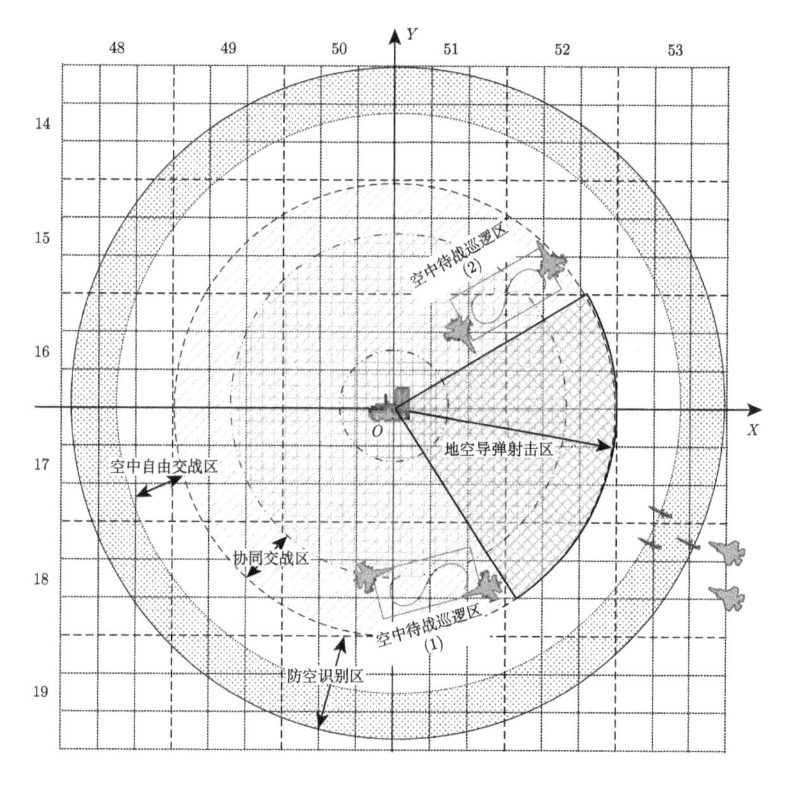

图 7.14　计划协同阶段空域冲突消解后的空域划设

2) 临机协同阶段

假设在防空识别区内发现敌情后，航空兵从待战巡逻空域飞向敌释放的小型空射诱饵进行抵近查证，此时空战场管控系统通过各种传感器持续不断地对敌我双方属性及其位置坐标进行查证判断，当检测到红方第三代战斗机所处的立体方格已进入地空导弹射击区：立体方格 (16529，27000，T3) 重合，或按照当前航向和速度即将进入地空导弹射击区：即将进入立体方格 (16528，27000，T3)，系统发出检测到实时空域冲突的提示，空战场管控操作人员或指挥员根据当前敌我态势，判断由航空兵处置空中敌空射诱饵，实时向地空导弹兵指挥信息系统发出“暂停射击”的协同指示，地空导弹营暂停对空中敌机的射击操作，转入跟踪状态待命，临机协同阶段的空域冲突就此消解。临机协同阶段空域冲突的检测见图 7.15。

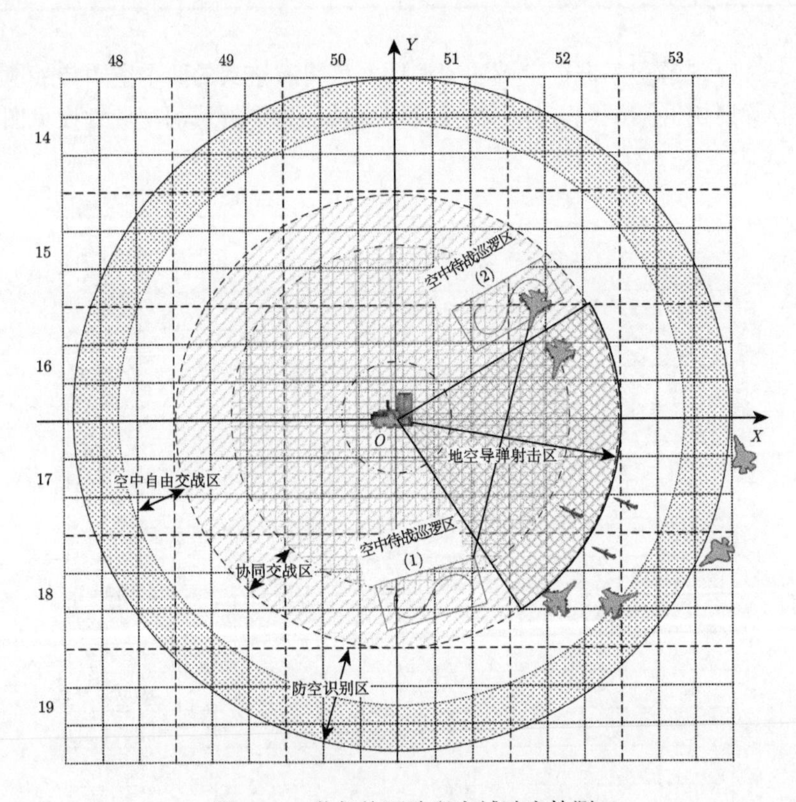

图 7.15 临机协同阶段空域冲突检测

参考文献

[1] 赫尔曼·哈肯. 协同学——大自然构成的奥秘 [M]. 上海: 上海译文出版社, 2005.

[2] 王凤山. 现代防空学 [M]. 北京: 航空工业出版社, 2008.

[3] 张东, 雷正伟, 牛刚, 等. 美军指挥信息系统发展历程及其结构特征 [J]. 兵工自动化, 2018, 37(2): 19-22.

[4] 裴燕, 徐伯权. 美国 C^4ISR 系统发展历程和趋势 [J]. 系统工程与电子技术, 2005, 27(4): 666-671.

[5] 龚旭, 荣维良, 李金和, 等. 聚焦俄军防空指挥自动化系统 [J]. 指挥控制与仿真, 2006, 28(6): 116-120.

[6] 吕辉, 贺正洪, 李续武, 等. 防空指挥自动化系统 [M]. 西安: 西北工业大学出版社, 2006.

[7] 樊县林, 孙健. 发展的数据链与协同作战能力 [J]. 指挥信息系统与技术, 2017, 8(6): 5-11.

[8] 黄振, 周永将. 美军网络中心战的重要元素——协同数据链 [J]. 现代导航, 2017, 8(1): 70-73.

[9] 吴敏文. 解密战术数据链 [J]. 环球, 2021(18): 37-39.

[10] 庄健, 郭维娜, 黄洋. 传统与颠覆性作战概念下机载雷达使用研究 [J]. 空载雷达, 2017, 48(3): 1-7.

[11] 马欣. 智能全域规划精准全时管控——智能化战争形态下战场空域管控 [J]. 指挥信息系统与技术, 2017, 8(5): 38-42.

[12] 韩韧. 熵与耗散结构理论在企业管理中的应用 [J]. 合作经济与科技, 2016(5): 108-109.

[13] 湛垦华, 沈小峰, 等. 普利高津与耗散结构理论 [M]. 西安: 陕西科学技术出版社, 1982.

[14] 王东生, 黄培义. 战术的哲学基础 [M]. 北京: 解放军出版社, 2008.

[15] 刘振, 徐学文, 李静. 考虑协同制导的编队一体化防空问题分析与求解 [J]. 指挥与控制学报, 2018, 4(3): 213-219.

[16] 中国军事百科全书编审室. 中国军事百科全书 [M].2 版. 北京: 中国大百科全书出版社, 2014.

[17] 温睿. 作战方案计划推演评估 [M]. 北京: 兵器工业出版社, 2021.

[18] 唐得胜. 美军联合筹划纲要 [R]. 北京: 知远战略与防务研究所, 2019.

[19] 逯杰, 宋兵, 王伦武. 舰艇电子防空与火力防空电磁兼容性研究 [J]. 舰船电子对抗, 2013, 36(1): 53-56.

[20] 邱千钧, 范英飚, 陈海建, 等. 美海军舰艇编队协同作战能力 CEC 系统研究综述 [J]. 现代导航, 2017, 8(6): 457-462.

[21] 粘松雷, 严建钢, 陈榕. 编队协同防空决策优化模型研究 [J]. 计算机工程与应用, 2013, 49(6): 257-261.

[22] 王超, 王家文. 基于协商的舰艇编队协同防空决策冲突消解 [J]. 舰船电子工程, 2019, 39(4): 14-17.

[23] 吴红星, 叶志林, 沈培华, 等. 舰机协同防空体系构建及效能 [J]. 四川兵工学报, 2018, 29(6): 96-97.

[24] 王克强. 防空概论 [M]. 北京: 国防工业出版社, 2012.

[25] 陈国生, 刘钢, 贾子英. 舰机协同防空体系网络化效应分析 [J]. 指挥控制与仿真, 2011, 33(5): 16-19.
[26] 辛欣, 武文军, 彭小龙. 现代防空体系中三层作战问题研究 [J]. 现代防御技术, 2006, 34(6): 16-19.
[27] 徐品高. 三道防线是防空领域的重大军事变革 [J]. 现代防御技术, 2004, 32(5): 1-7.
[28] 王凤山. 信息时代的国家防空 [M]. 北京: 航空工业出版社, 2004.
[29] 朱荣昌, 梁万义, 王步涛, 等. 空军大辞典 [M]. 上海: 上海辞书出版社, 1996.
[30] 丰宗旭, 高文明. 空域特性及空域管理 [J]. 空中交通管理, 2002(5): 1-8.
[31] 马拴柱, 刘飞. 地空导弹射击学 [M]. 西安: 西北工业大学出版社, 2012.
[32] 全军军事术语管理委员会. 中国人民解放军军语 (全本)[M]. 北京: 军事科学出版社, 2011.
[33] 徐干, 曹近齐. 国外空中加油技术的现状及发展 [J]. 航空科学技术, 1995(1): 27-30.
[34] 李琳琳, 魏振华. 数据链技术及应用 [M]. 西安: 西北工业大学出版社, 2015.
[35] 赵志勇, 毛忠阳, 张嵩, 等. 数据链系统与技术 [M]. 北京: 电子工业出版社, 2014.
[36] 罗金亮, 宿云波, 张恒新. "作战云" 体系构建初探 [J]. 火控雷达技术, 2015, 44(3): 26-30.
[37] 黄山良, 卜卿, 梅发国, 等. 防空探测预警系统与技术 [M]. 北京: 国防工业出版社, 2015.
[38] 张军. 空地协同的空域监视新技术 [M]. 北京: 航空工业出版社, 2011.
[39] 刘文学, 冯伟, 韩斌, 等. 通用航空器协同监视系统技术研究 [J]. 信息通信, 2017, 30(2): 41-43.
[40] 廖卫东, 王建. 基于资源池的雷达协同探测系统资源调度策略 [J]. 现代防御技术, 2017, 45(5): 93-99.
[41] 张平定, 郑寇全, 王睿. 空地协同网络化防空数据融合系统建模 [J]. 现代雷达, 2011, 33(3): 5-7.
[42] 张修社, 石静, 范文新. 协同作战系统工程导论 [M]. 北京: 国防工业出版社, 2019.
[43] 严永锋. 防空武器协同交战误差分析与建模仿真研究 [J]. 舰船电子工程, 2018, 38(5): 72-76.
[44] 刘奎, 陈浩. 信息化条件下联合作战战场信息流转模式探析 [J]. 军事学术, 2015(10): 24-26.
[45] 张利群. 空战场管控 [M]. 北京: 国防工业出版社, 2016.
[46] 程季锃, 程健, 何福. 空防空管一体化运行体系能力需求分析 [J]. 中国民航飞行学院学报, 2012, 23(1): 15-22.
[47] 陈辉, 林强, 王永攀, 等. 空防空管雷达网一体化建设问题探讨 [J]. 舰船电子对抗, 2012, 35(4): 47-51.
[48] 毛亿, 陈志杰, 肖雪飞. 联合战术空域管控技术 [M]. 北京: 科学出版社, 2021.
[49] 缪旭东, 王永春. 舰艇编队协同防空任务规划理论及应用 [M]. 北京: 国防工业出版社, 2013.
[50] 韩志钢. 李天荣. 基于信息系统的陆军空地协同作战应用研究 [J]. 现代导航, 2018, 3(9): 227-228.
[51] 顾云涛. 协同作战能力的需求、内涵与应用 [J]. 舰船电子工程, 2015, 35(11): 14-16.
[52] 孙鑫, 陈晓东, 严江江. 国外任务规划系统发展 [J]. 指挥与控制学报, 2018, 4(1): 8-14.
[53] 张晓伟, 孙巨为, 王鑫, 等. 联合任务规划通用基础框架及模型构建技术 [J]. 指挥与控制学报, 2017, 3(4): 312-318.
[54] 宋伟, 李新. 美海军协同作战能力 [J]. 舰船电子对抗, 2007, 30(3): 9-12.

[55] 王君, 高晓光, 空中目标敌我识别模型 [J]. 火力与指挥控制, 2009, 34(6): 100-103.
[56] 王君, 娄寿春, 陈绍顺. 空袭目标综合识别模型的研究 [J]. 系统工程与电子技术, 2002, 24(5): 52-54.
[57] 徐品高. 防空导弹体系总体设计 [M]. 北京: 宇航出版社, 1996.
[58] 王超, 王义涛. 编队协同防空作战中的电磁兼容判断模型 [J]. 火力与指挥控制, 2011, 36(6): 64-66.
[59] 潘世田. 舰载软硬武器使用中电磁兼容问题的探讨 [J]. 飞航导弹, 2001(12): 38-42.
[60] 段国栋, 张旭昕, 邹钊, 等. 基于规则推理的电磁频谱管理辅助决策方法 [J]. 电子信息对抗技术, 2018, 33(4): 49-53.
[61] 唐得胜, 程晓东. 美军联合防空反导 [R]. 北京: 知远战略与防务研究所, 2019.
[62] 孙振武, 主大伟, 徐翋. 美军战场空域控制 [M]. 济南: 黄河出版社, 2016.
[63] 张利华. 美军建设发展互联互通互操作能力的启示 [J]. 华东交通大学, 2005, 22(3): 76-79.
[64] 王肖飞, 严建钢, 丁伟锋, 等. 舰艇编队协同防空作战体系研究 [J]. 舰船电子工程, 2011, 31(7): 1-4.
[65] 孙之光, 潘冠华, 白奕. 基于 DDS 的编队协同防空火控系统集成技术研究 [J]. 指挥控制与仿真, 2011, 33(6): 8-12.
[66] 程季锃, 程健. 国外空战场管控理论与实践 [J]. 雷达与电子战, 2014(3): 30-33.
[67] 解放军新闻传播中心融媒体. 联合文化, 美军为何情有独钟 [N]. 解放军报: 2017-7-18.
[68] 邵国培. 电子对抗战术计算方法 [M]. 北京: 解放军出版社, 2010.
[69] 申卯兴, 曹泽阳, 周林, 等. 现代军事运筹学 [M]. 北京: 国防工业出版社, 2014.
[70] 孙晓鸣. 美军战术空域综合管理系统研究 [J]. 舰船电子工程, 2012, 32(12): 1-8.
[71] 娄寿春. 地空导弹指挥控制模型 [M]. 北京: 国防工业出版社, 2009.
[72] 张朱峰, 吴玲. 编队区域防空舰空导弹冲突判断与消解 [J]. 现代防御技术, 2019, 47(4): 52-58.
[73] 刘玉亮, 安景新, 刘忠, 等. 舰机协同防空中的冲突检测 [J]. 舰船电子工程, 2015, 35(8): 34-37.
[74] 陈晨, 崔德光, 程朋. 空中交通管制中改进型冲突探测算法研究与应用 [J]. 计算机工程与应用, 2002, 38(19): 250-253.
[75] 戚晓华. 飞行冲突解脱程序应用研究 [J]. 中国民用航空, 2016(231): 84-86.